Nils Horn

Weltretter Grundwissen

Bildquelle Wikimedia Commons und eigene Bilder

Copyright: © 2018 Nils Horn, Hamburg

Verleger: Lulu.com, Standard Copyright License

ISBN: 978-0-244-63257-1

Inhalt

Einleitung

Einleitung

<u>1968: Die 68er-Revolte (Video 3 Min.)</u>

<u>BRD: 68er-Bewegung (24 Min.)</u>

Man schrieb das Jahr 1968. Die Studentenbewegung begann. In Vietnam tobte ein blutiger Krieg zwischen den Amerikanern und den Nordvietnamesen. Überall auf der Welt erhoben sich die Studenten und demonstrierten für Frieden, Liebe und Demokratie. Es war eine Zeit, in der sich die Werte in der westlichen Welt veränderten.

Mit etwas zeitlicher Verzögerung erreichte die Studentenbewegung die Schulen. Die Schüler begannen sich zu organisieren und hielten Schulversammlungen ab. Nils war mittendrin dabei. Er war jetzt ein Sozialist. Er wollte, dass alle Menschen in Frieden zusammenleben. Er wollte eine Welt, in der der Reichtum gerecht verteilt ist und alle Menschen etwas zu essen haben. Er war begeistert von dem großen Ziel einer glücklichen Welt. Er wollte die Welt verändern. Auf seine Schultasche hatte er mit großen Buchstaben geschrieben: Make Love Not War!

Persönlich hatte Nils noch einige Schwierigkeiten mit der Liebe. Er hatte immer noch keine Freundin. Aber das änderte sich im Jahr 1970. Nils war jetzt achtzehn Jahre alt. In den Sommerferien fand ein internationales Jugendtreffen in Berlin statt. Mit sozialer Arbeit, vielen Gesprächen und vielen Feiern. Nils machte sich auf den Weg nach Berlin.

Aus allen Städten Deutschlands strömten die Jugendlichen im Sommer 1970 in Berlin zusammen. Da alle Menschen frei, gleich und brüderlich sein sollten, schliefen sie zusammen auf Luftmatratzen im selben Raum. Jungen und Mädchen, Gruppenleiter und Gruppenteilnehmer, alles bunt durcheinander.

Die Gruppenleiter wurden Teamer genannt. Nils verliebte sich in eine Teamerin. Sie hieß Helga. Sie war Studentin und wollte sich durch das Jugendtreffen etwas Geld dazuverdienen.

Nils war ein pragmatischer Mensch. Er wünschte sich eine längerfristige Beziehung. Auf dem Jugendtreffen gab es viele sympathische Frauen. Es gab einige sehr attraktive Französinnen. Aber es gab nur zwei Frauen aus Hamburg, aus der Stadt in der Nils lebte. Die eine Frau war kein zu Nils passender Typ.

Also machte sich Nils an die andere Frau heran. Das war nicht so einfach, weil Nils nur ein Schüler und Helga eine hochangesehene Studentin war. Aber Nils war geschickt. Er probierte es mit unverfänglichen Gesprächen, in denen er deutlich machte, dass er Helga sehr sympathisch fand.

Letztlich war alles gar nicht so schwierig. Helga hatte gerade keinen Freund. Es gab viele Parties, auf denen man sich kennenlernen konnte. Jeden Abend war irgendeine Feier. Mit Kerzen auf Flaschenhälsen, Rotwein und Matratzen als Sitzgelegenheiten. Dazu gab es schöne Musik und ständig spannende Gespräche. Es ging über Politik, über das Verhältnis von Männern und Frauen und über tausend andere interessante Dinge.

Helga fand es wunderbar, wie gut sie mit Nils über Psychologie und über Politik reden konnte. Nils hatte so eine Art an sich die Dinge immer ganz klar zu sehen. Er wußte immer genau wo es lang ging. Helga wußte das überhaupt nicht. Sie hatte sich völlig in dem Gewirr der vielen psychologischen und politischen Theorien verloren. Sie genoß es in Nils einen klaren Haltepunkt zu haben. Nils wußte so viel. Er hatte so gründlich über alle Dinge nachgedacht und selbstsicher seine eigene Linie gefunden. Und das, obwohl er erst ein Schüler war.

Dafür war Nils noch ziemlich unerfahren, was die Liebe zwischen Männern und Frauen anbelangt. Hier hatte Helga einige Pluspunkte. Hier konnte sie Nils viel geben. Es war eine hochdynamische Verbindung. Spannung lag in der Luft.

Helga und Nils kamen einander näher. Als es Nacht wurde, legten sie ihre Matratzen aneinander. Nils kam zu Helga unter die Decke. Dann knutschten sie etwas. Dann hatte Helga Lust auf Sex. Nils wußte zwar nicht genau wie es geht, aber mit etwas Hilfe gelang es dann ganz gut.

Der Tanz begann. Nacht für Nacht schliefen sie auf der Matratze von Helga. Eine große Liebesenergie entstand zwischen beiden. Nils fand Helga wundervoll. Sie war für ihn das Schönste und unvorstellbar Größte auf der Welt.

Die Tage gingen dahin in einem Rausch aus Liebe und Musik. Nils öffnete sein Herzchakra so weit, dass er in eine Dimension der umfassenden Liebe und des Glücks eintrat. Alles war lichtdurchflutet. Nils hatte seine erste Erleuchtungserfahrung. Sie hielt tagelang an.

Nils bemerkte seinen besonderen Bewußtseinszustand das erste Mal, als er mit Helga in Berlin in der U-Bahn fuhr. Bis dahin hatte er sich vollständig auf Helga konzentriert und nichts anderes wahrgenommen. Jetzt in der U-Bahn kam er etwas zur Ruhe. Nils betrachtete die Welt um sich herum. Sie sah so anders aus als früher. Sie war voller Licht. Die ganze U-Bahn war voller Licht.

Wer erleuchtet ist, sieht die Energiestrahlung Gottes (der höheren Dimension des Kosmos) in der Welt. Er nimmt sie als helles Licht wahr. Gleichzeitig entsteht ein Gefühl der Einheit mit der ganzen Welt. Man ist im Einklang mit sich und der Welt. Man ist auf einer tiefen Ebene glücklich. Die Welt ist voller Licht, Liebe und Harmonie.

Alle Dinge in der Welt strahlen von sich aus. Sie werden sehr intensiv wahrgenommen. Sie werden plötzlich sehr plastisch, fast räumlich erfahrbar. Es gibt im Yoga viele Erzählungen von Erleuchteten, die sich am Anfang ihrer Erleuchtung gar nicht satt sehen konnten an der neuen Schönheit der Welt. So ging es Nils auch. Er betrachtete voller Erstaunen das Licht in der Welt, wenn er nicht gerade mit Helga beschäftigt war.

Im Frühjahr 1973 machte Nils sein Abitur. Jetzt standen ihm alle Wege offen. Welchen Weg sollte er in seinem Leben gehen? Nils dachte gründlich nach. Er spürte tief in sich hinein und erkannte, dass drei Dinge für ihn sehr wichtig waren. Er wünschte sich eine gute Beziehung, er wollte für das Glück aller Menschen arbeiten und er sah die Notwendigkeit sein inneres Glück zu entwickeln.

Nach längerer Überlegung kam er zu dem Schluss, dass Rechtswissenschaft das richtige Studium für ihn war. Er wollte als Sozialist den Marsch durch die Institutionen antreten. Das war damals bei den 68igern eine verbreitete politische Idee. Alle Sozialisten werden Lehrer, Verwaltungsbeamte, Richter und Politiker. Sie unterwandern die wichtigsten Institutionen des Staates und verwandeln dann eines Tages den Staat in eine sozialistische Demokratie.

Diese Idee wurde auch weitgehend in die Tat umgesetzt. Nur dass dann der Staat/der Beruf die Sozialisten in Normalbürger verwandelt hat. Damit hatte keiner gerechnet. Frühere Kommilitonen von Nils wurden Bundeskanzler, Außenminister, Regierungsräte, Richter und Lehrer. Einige ihrer politischen Ideale konnten sie durchsetzen. Aber im Wesentlichen blieb Deutschland so wie es war.

Die Reichen wurden weiterhin immer reicher. Die Armen blieben arm. Die Umwelt wurde schmutziger. Die sozialen Verhältnisse wurden kälter. Die Solidarität blieb auf der Strecke. Jeder kämpfte gegen jeden. Statt sozialer Gemeinsamkeit verbreitete sich ein individualistischer Egoismus. Die Konsumideologie hatte über die sozialistischen Ideale gesiegt. Deutschland wurde ein fester Bestandteil des globalen Kapitalismus.

Berühmte Weltretter

<u>Gandhi</u>

Mahatma Gandhi (* 2. Oktober 1869; † 30. Januar 1948 in Neu-Delhi, Delhi) war ein indischer Rechtsanwalt, Widerstandskämpfer, Revolutionär, Publizist, Morallehrer, Asket und Pazifist. Zu Beginn des 20. Jahrhunderts setzte sich Gandhi in Südafrika gegen die Rassentrennung und für die Gleichberechtigung der Inder ein. Danach entwickelte er sich ab Ende der 1910er Jahre in Indien zum politischen und geistigen Anführer der indischen Unabhängigkeitsbewegung. Gandhi forderte die Menschenrechte für Unberührbare und Frauen, er trat für die Versöhnung zwischen Hindus und Muslimen ein, kämpfte gegen die koloniale Ausbeutung und für ein neues, autarkes, von der bäuerlichen Lebensweise geprägtes Wirtschaftssystem. Die Unabhängigkeitsbewegung führte mit gewaltfreiem Widerstand, zivilem Ungehorsam und Hungerstreiks schließlich das Ende der britischen Kolonialherrschaft über Indien herbei (1947), verbunden mit der Teilung Indiens. Ein halbes Jahr danach fiel Gandhi einem Attentat zum Opfer. (Wikipedia)

Mutter Teresa - Ihre Spiritualität und ihr Glaube

Mutter Teresa (Heilige Teresa von Kalkutta) (geboren * 26. August 1910; † 5. September 1997 in Kalkutta, Indien) war eine indische Ordensschwester und Missionarin albanischer Herkunft. Weltweit bekannt wurde sie durch ihre Arbeit mit

Armen, Obdachlosen, Kranken und Sterbenden, für die sie 1979 den Friedensnobelpreis erhielt. In der katholischen Kirche wird Mutter Teresa als Heilige verehrt. (Wikipedia)

Nelson Mandela - Ein Leben für die Freiheit

Nelson Mandela (* 18. Juli 1918 - † 5. Dezember 2013), war ein führender südafrikanischer Aktivist und Politiker im Jahrzehnte andauernden Widerstand gegen die Apartheid, sowie von 1994 bis 1999 der erste schwarze Präsident seines Landes. Ab 1944 hatte er sich im African National Congress (ANC) engagiert. Aufgrund seiner Aktivitäten gegen die Apartheidpolitik in seiner Heimat musste Mandela von 1963 bis 1990 insgesamt 27 Jahre als politischer Gefangener in Haft verbringen.

Neben Mahatma Gandhi, Aung San Suu Kyi und Martin Luther King gilt er als herausragender Vertreter im Freiheitskampf gegen Unterdrückung und soziale Ungerechtigkeit. Mandela war der wichtigste Wegbereiter des versöhnlichen Übergangs von der Apartheid zu einem gleichheitsorientierten, demokratischen Staatswesen in Südafrika. 1993 erhielt er deshalb den Friedensnobelpreis. Bereits zu Lebzeiten wurde er für viele Menschen weltweit zum politischen und moralischen Vorbild.

Während seiner Regierungszeit wurden zahlreiche Gesetze der Apartheidszeit widerrufen. Kinder unter sechs Jahren, schwangere und stillende Mütter erhielten eine kostenlose Gesundheitsfürsorge; 1996 wurde die „Primäre Gesundheitsfürsorge" für alle Südafrikaner kostenfrei. Im Februar 1996 begann die von Mandela eingesetzte Wahrheits- und Versöhnungskommission (TRC) unter Leitung des Friedensnobelpreisträgers Desmond Tutu mit der Aufarbeitung der Verbrechen zur Zeit der Apartheid. Die Haushalte von rund zwei Millionen Menschen wurden an das Stromnetz angeschlossen, drei Millionen erhielten einen Wasseranschluss, 750.000 Häuser wurden neu gebaut. Mit dem Land Restitution Act of 1994 und dem Land Reform Act 3 of 1996 wurden Schritte zu einer Landreform unternommen. (Wikipedia)

Oscar Romero - ein Priester gegen die Militärdiktatur

Óscar Romero (* 15. August 1917 - † 24. März 1980) war Erzbischof von El Salvador. Er trat für soziale Gerechtigkeit und politische Reformen in seinem Land ein und stellte sich damit in Opposition zur damaligen Militärdiktatur in El Salvador. Er gilt als einer der prominentesten Verfechter der Befreiungstheologie. Romero wurde während einer von ihm in einer Krankenhauskapelle in San Salvador zelebrierten Messe von einem mit dem Mord beauftragten Soldaten erschossen. Sein Tod markierte den Beginn des Bürgerkriegs in El Salvador. Am 23. Mai 2015 sprach Papst Franziskus Óscar Romero in San Salvador selig. (Wikipedia)

Ökumenisches Heilgenlexikon: Die Politik in El Salvador war geprägt von Unterdrückung der Arbeiter, der Bauern und Teilen des Klerus durch das Militär und die rechtsgerichteten Herrscherfamilien. Romero galt als Konservativer, der ein gutes Einvernehmen mit der Regierung garantierte. Doch die Brutalität der Militärs und die Not der Landbevölkerung bewirkten eine deutlich kritische Positionierung des neuen Erzbischofs. Schlüsselerlebnisse waren für Romero das im Februar 1977 von Militärs und Sicherheitskräften verübte Massaker an Demonstranten, die sich versammelt hatten, um gegen den Betrug bei den Präsidentschaftswahlen zu protestieren, zum anderen die Ermordung des Jesuitenpaters Rutilio Grande und zweier seiner Begleiter im 1977. Sein radikales Eintreten für die Armen, Entrechteten und Ausgebeuteten und sein unbeugsamer Einsatz für Gerechtigkeit machten ihn bald schon zur herausragenden Stimme der lateinamerikanischen Befreiungstheologie.

Martin Luther King Jr. - A 5 Minute Biography

Martin Luther King jr. (* 15. Januar 1929 in Atlanta ; † 4. April 1968 in Memphis, Tennessee) war ein US-amerikanischer Baptistenpastor und Bürgerrechtler. Er gilt als einer der herausragenden Vertreter im Kampf gegen Unterdrückung und soziale Ungerechtigkeit und war zwischen Mitte der 1950er und Mitte der 1960er Jahre der bekannteste Sprecher der US-amerikanischen Bürgerrechtsbewegung (Civil Rights Movement). Er propagierte den zivilen Ungehorsam als Mittel gegen die politische Praxis der Rassentrennung (Racial segregation) in den Südstaaten der USA und nahm an entsprechenden Aktionen teil.

Wesentlich durch Kings Einsatz und Wirkkraft ist das Civil Rights Movement zu einer Massenbewegung geworden, die schließlich erreicht hat, dass die Rassentrennung gesetzlich aufgehoben und das uneingeschränkte Wahlrecht für die schwarze Bevölkerung der US-Südstaaten eingeführt wurde. Wegen seines Engagements für soziale Gerechtigkeit erhielt er 1964 den Friedensnobelpreis. Am 4. April 1968 wurde King bei einem Attentat in Memphis erschossen. Ab etwa 1963 wurde „We Shall Overcome", gesungen von Joan Baez, die politisch mit King zusammenarbeitete, zur Hymne der Bürgerrechtsbewegung.

King wandte sich ab 1966 mehr und mehr gegen den Vietnamkrieg. Wie viele weiße Amerikaner standen auch große Teile der schwarzen Bevölkerung auf Seiten der Befürworter dieses Krieges. Doch King wich nicht zurück, er ging von da an den eingeschlagenen gewaltlosen Weg nicht nur gegen die Rassentrennung im Süden, sondern auch zunehmend gegen Armut und Krieg. In diesem Zusammenhang argumentierte er oft, dass viele Milliarden US-Dollar, mit denen große soziale Probleme behoben werden könnten, in den Krieg investiert würden. Er versuchte, nun für alle benachteiligten Menschen bessere Lebensbedingungen zu erreichen.

King kritisierte in Ost-Berlin in den überfüllten Kirchen vor Tausenden Menschen „trennende Mauern der Feindschaft" und überbrachte ihnen Grüße aus der ganzen Welt: „Es gibt eine gemeinsame Menschlichkeit, die uns für die Leiden untereinander empfindlich macht. In diesem Glauben können wir aus dem Berg der Verzweiflung einen Stein der Hoffnung schlagen. In diesem Glauben werden wir miteinander arbeiten, miteinander beten, miteinander kämpfen, miteinander leiden, miteinander für die Freiheit aufstehen in der Gewissheit, dass wir eines Tages frei sein werden."

Dalai Lama - ein Porträt (ARD)

Tenzin Gyatso (* 6. Juli 1935) ist der 14. Dalai Lama. Ab seiner Inthronisierung war er, wie alle Dalai Lamas zuvor, Oberhaupt der tibetischen Regierung und gilt als geistliches Oberhaupt der Tibeter. 1989 wurde er mit dem Friedensnobelpreis ausgezeichnet.

Während des Tibetaufstands gegen die chinesische Besetzung verließ Tenzin Gyatso am 17. März 1959 seinen Sommerpalast Norbulingka und floh nach Indien. Am 3. April 1959 informierte Jawaharlal Nehru das indische Parlament darüber, dass er dem Dalai Lama, seiner Familie und den Begleitern Asyl gewährte.

Neben früheren politischen Aktivitäten setzt sich der 14. Dalai Lama stets intensiv für den friedfertigen, konstruktiven und mitfühlenden Dialog der Menschen ein. Dazu führte er Vortragsreisen rund um den Globus und gab Schriften heraus, in denen die differenzierten Vorstellungen der tibeto-buddhistischen Religion zu Fragen der Lebenspraxis, zur Natur des menschlichen Bewusstseins und weiteren existenziellen Fragen erläutert werden. Der Dalai Lama gilt als Freund des Christentums und war oftmals Gast im Vatikan; freundschaftlich verbunden war er mit Papst Johannes Paul II.

Für seine Bemühungen, mit friedlichen Mitteln auf die Lage in seinem Heimatland Tibet aufmerksam zu machen, wurde ihm 1989 der Friedensnobelpreis verliehen. 2005 erklärte er in einer Rede, Krieg sei „veraltet" („out of date"), und das Ziel eine demilitarisierte Welt. Er ist Unterstützer der Internationalen Kampagne zur Abschaffung von Atomwaffen (ICAN). (Wikipedia)

Papst Franziskus

(* 17. Dezember 1936 in Buenos Aires, Argentinien) ist seit
dem 13. März 2013 der 266. Bischof von Rom und damit
Papst, Oberhaupt der römisch-katholischen Kirche und
Souverän des Vatikanstaats. Franziskus ist als Argentinier der
erste Lateinamerikaner in diesem Amt und zudem der erste
Papst, der dem Orden der Jesuiten angehört.

Wegen seines jahrzehntelangen Eintretens für die Armen
erwarteten Befreiungstheologen, Vertreter kirchlicher
Hilfswerke und Historiker von Franziskus erhebliche
Kirchenreformen, starke Solidarität mit Randgruppen und eine

scharfe Kritik am neoliberalen Wirtschaftsmodell. Im Juli 2013 besuchte Franziskus bei seiner ersten Fernreise und als erster Papst die italienische Mittelmeerinsel Lampedusa und das dortige Aufnahmelager für Armutsflüchtlinge aus Afrika. Er bat um Vergebung für die im Jahresdurchschnitt 1500 bei Überfahrten ertrunkenen Bootsflüchtlinge und kritisierte die „Globalisierung der Gleichgültigkeit" gegenüber diesem Elend.

In Gottesdiensten rief er kirchliche Amtsträger mit einem Zitat Mutter Teresas dazu auf, „Christus in den Armen zu dienen", Elendsviertel aufzusuchen, Jugendliche einzuladen, Christus auch an den Rändern der Gesellschaft zu folgen und eine „Kultur der Begegnung" statt der von „Wegwerfmentalität" geprägten Kultur aufzubauen. Die Jugend rief er dazu auf sich einzumischen, als christliche Antwort auf die sozialen und politischen Unruhen eine gerechte, solidarische Welt zu bauen und dazu notfalls auch in ihren Diözesen für Unruhe zu sorgen. Er bat um ein Ende aller bewaffneten Konflikte und forderte dazu auf, die Schreie der Leidenden und Sterbenden, etwa im Nahen Osten, zu hören.

In seinem Lehrschreiben Evangelii Gaudium (Abschnitte 53–60) entfaltete Franziskus eine Kritik der gegenwärtigen freien Marktwirtschaft: „Diese Wirtschaft tötet." Gemäß Gottes Gebot „Du sollst nicht töten" müsse die Kirche dem Grenzen setzen: „Nein zu einer Wirtschaft der Ausschließung", „Nein zur neuen Vergötterung des Geldes", „Nein zu einem Geld, das regiert, statt zu dienen", „Nein zur sozialen Ungleichheit, die Gewalt hervorbringt". Die Kriterien der Konkurrenzfähigkeit und das „Gesetz des Stärkeren" hätten große Bevölkerungsanteile von Arbeit und Lebensperspektiven ausgeschlossen. Der Mensch werde nur noch als Konsumgut behandelt und daher nicht bloß ausgebeutet und unterdrückt, sondern wie Müll weggeworfen. Die „Überlauf"-Theorie, wonach Wirtschaftswachstum von allein mehr Gleichheit und soziale Einbindung bewirke, sei empirisch nie bestätigt worden. Die entstandene „Globalisierung der Gleichgültigkeit" mache unfähig zum Mitgefühl gegenüber dem Leiden anderer und zur Fürsorge.

Die tiefste Ursache der gegenwärtigen Finanzkrise sei, dass die Vorherrschaft des Geldes akzeptiert und der Vorrang des Menschen geleugnet werde. Ideologien, die die absolute Autonomie der Märkte und Finanzspekulation verteidigen und jede staatliche Kontrolle ablehnten, hätten eine wachsende Kluft zwischen den Einkommen und eine neue unsichtbare Tyrannei erzeugt. Schulden, deren Zinsen, Korruption und Steuerhinterziehung hätten weltweite Ausmaße angenommen. In diesem System sei „alles Schwache wie die Umwelt wehrlos gegenüber den Interessen des vergötterten Marktes, die zur absoluten Regel werden." Die ökonomisch erzeugte soziale Ungleichheit bewirke ihrerseits Gewalt, „weil das gesellschaftliche und wirtschaftliche System an der Wurzel ungerecht ist": „Das in den ungerechten Gesellschaftsstrukturen kristallisierte Böse ist der Grund, warum man sich keine bessere Zukunft erwarten kann."

Franziskus hat sich, genauso wie Johannes Paul II., offen gegen die Mafia gestellt. Bei einem Besuch in Kalabrien im März 2014 hat er gegen Italiens Mafiosi ein Zeichen gesetzt. Im Juni 2014 bekräftigte Franziskus erneut seine diesbezügliche Haltung mit markanten Worten. Zum Weltumwelttag der Vereinten Nationen am 5. Juni 2013 appellierte Franziskus, der „Verschwendung und Vernichtung von Lebensmitteln Einhalt zu gewähren". Er kritisierte die allgemeine Denkweise der „Wegwerfkultur" und die Macht des Geldes – nicht der Mensch, sondern das Geld regiert. Er appellierte, der Kultur des Verschwendens und Wegwerfens entgegenzuwirken. In einer Rede vor brasilianischen Verantwortungsträgern aus Politik und Gesellschaft rief Franziskus im Juli 2013 zum Schutz des Amazonas auf.

Am 18. Juni 2015 veröffentlichte der Vatikan die Enzyklika Laudato si', die sich maßgeblich mit dem Umwelt- und Klimaschutz befasst sowie mit Problemen, die durch Ignorieren ökologischer Zusammenhänge verschärft werden wie sozialer Ungerechtigkeit oder Erschöpfung der natürlichen Ressourcen. Gestützt auf wissenschaftliche Erkenntnisse nannte er den Menschen als Hauptverursacher der globalen Erwärmung und vieler weiterer Umweltprobleme. Er forderte einen Ausstieg aus der Nutzung Fossiler Energieträger, insbesondere Kohle und Erdöl, und erklärte die Energiewende, d. h. den Übergang zu nachhaltigen Energiegewinnung in Form von erneuerbaren Energien, zu einer moralischen Notwendigkeit. Zudem kritisiert er die Plünderung von wertvollen Ressourcen für wirtschaftliche Tätigkeiten und kritisiert den hierdurch verursachten Verlust an Biodiversität, wodurch Spezies und ihre Gene, die in Zukunft wertvolle Ressourcen z. B. für medizinische Zwecke darstellen könnten, unwiederbringlich verloren gingen.

Im September 2017, kurz nachdem die Hurrikans Irma und Harvey große Verwüstungen in der Karibik und den USA verursacht hatten, kritisierte Franziskus Leugner des menschengemachten Klimawandels. Klimawandelleugner sollten „bitte zu den Wissenschaftlern gehen und sich bei ihnen informieren", diese würden sich „sehr klar und präzise" ausdrücken. Zudem äußerte er, man müsse schon „dumm" und „stur" sein, um den Klimawandel zu leugnen, was als indirekte Anspielung auf den amerikanischen Präsidenten Donald Trump interpretiert wurde.

Vor Vertretern anderer Kirchen und Religionen am 19. März 2013 bekräftigte Franziskus, er werde den ökumenischen und interreligiösen Dialog im Geist des Zweiten Vatikanischen Konzils fortsetzen. Die Anhänger aller Religionen könnten gemeinsam viel zur Bewahrung der Schöpfung, für die Armen und den Weltfrieden tun. Er wolle durch den Dialog „Brücken zu Gott und zwischen den Menschen" bauen, um Feindschaft und Konkurrenz durch Brüderlichkeit zu überwinden. Dafür sei der Dialog zwischen den Religionen, besonders mit dem Islam und Nichtgläubigen, zu verstärken.

Malala Yousafzai

Malala Yousafzai (* 12. Juli 1997) ist eine Kinderrechtsaktivistin aus dem Swat-Tal in Pakistan. Am 10. Oktober 2014 wurde ihr gemeinsam mit Kailash Satyarthi der Friedensnobelpreis zuerkannt. Seit dem 10. April 2017 ist Yousafzai Friedensbotschafterin der UN.

Seit Januar 2009, als sie elf Jahre alt war, berichtete Yousafzai auf einer Webseite der BBC in einem Blog-Tagebuch unter dem Pseudonym Gul Makai über Gewalttaten der pakistanischen Taliban im Swat-Tal. Diese Terrororganisation hatte seit 2004 im Swat-Tal Einfluss gewonnen und 2007 damit begonnen, Schulen für Mädchen zu zerstören und gegnerische Pakistaner zu ermorden. Sie verboten Mädchen den Schulbesuch, das Hören von Musik, das Tanzen und das unverschleierte Betreten öffentlicher Räume. Im Dezember 2008 kam ein Reporter der BBC auf die Idee, eine betroffene Schülerin berichten zu lassen, und sprach den Leiter einer Privatschule an, der schließlich seine Tochter Malala vorschlug. Ihr Blog wurde schnell in Pakistan bekannt und schließlich ins Englische übersetzt. Im Jahr 2011 wurde ihr Pseudonym aufgedeckt, als sie für den Internationalen Kinder-Friedenspreis nominiert wurde.

Am 9. Oktober 2012 hielten einige Taliban ihren Schulbus auf der Heimfahrt an und fragten nach Yousafzai. Ein Taliban schoss aus nächster Nähe auf sie. Dabei wurde sie durch Schüsse in Kopf und Hals schwer verletzt. Außerdem verletzten die Attentäter einige ihrer Mitschülerinnen. Yousafzai musste in einem Militärkrankenhaus in Peschawar operiert werden. Später wurde sie nach Großbritannien ausgeflogen und ins Queen Elizabeth Hospital in Birmingham verlegt.

Im Dezember 2012 wurde in Zusammenarbeit mit der UNESCO der Malala-Fonds gegründet, um weltweit das Recht von Kindern auf Bildung durchzusetzen. Das Magazin Time kürte sie nach Barack Obama zur zweitwichtigsten Person des Jahres 2012.

Am 7. Februar 2013 konnte Yousafzai das Krankenhaus in Birmingham verlassen. Am 12. Juli 2013, ihrem 16. Geburtstag, sprach sie vor der Jugendversammlung der UNO. Es war ihre erste öffentliche Rede seit dem Attentat. Sie überreichte dem anwesenden UNO-Generalsekretär Ban Ki Moon die Petition für die Bildung aller Kinder mit vier Millionen Unterschriften.

Am 11. Oktober war sie Gast bei US-Präsident Barack Obama und seiner Familie im Weißen Haus. Bei dieser Gelegenheit dankte sie ihm einerseits für die Hilfe der USA für Pakistan und die Bildung von Mädchen, kritisierte andererseits aber Obamas Fortführung des Drohnenkrieges: „Ich habe auch meine Besorgnis ausgedrückt, dass Drohnenangriffe Terrorismus fördern. Durch diese Taten werden unschuldige Opfer getötet, und das führt zu Abscheu in der Bevölkerung Pakistans."

<u>Video: Ein Engel und seine Kinder</u>

Sie war Klofrau in Düsseldorf, die Ghanaerin Harriet Bruce-Annan. Das ist 15 Jahre her. Selbst fremd in Deutschland, sammelte sie jahrelang Spenden, um Kindern in Ghana eine Schulausbildung und ein Abitur zu ermöglichen. Ein aufbauendes Video. Ein einzelner Mensch kann viel bewirken. Mein Respekt für die heutige Weltretterin. <u>http://african-angel.de/</u>

Bloggerin Pham Tanh Nguyen

http://www.tagesschau.de/ausland/menschenrechte-vietnam-101.html

Beim APEC-Gipfel gibt sich Vietnam als aufstrebendes Land mit boomender Wirtschaft. Doch die Menschenrechtslage ist katastrophal. Wer der kommunistischen Führung laut widerspricht, muss mit Folter rechnen. Unaufhörlich rasen die Polizeieskorten der Politiker durch Da Nang. Aus ihren schwarzen Limousinen sehen die angereisten Staatschefs Hochhaustürme aus Glas und Stahl, Baukräne, Wachstum.

Vietnam - so ist zu hören und zu lesen - habe den Spagat geschafft zwischen kommunistischer Einparteiendiktatur und rasant boomender Wirtschaft. Eine Erfolgsgeschichte, lobte US-Präsident Donald Trump in seiner Rede vor dem asiatisch-pazifischen APEC-Gipfel.

Die Bloggerin Pham Tanh Nguyen (Name vermutlich geändert) hat eine andere Sicht auf ihre Heimat. "Wir wachen jeden Morgen auf und haben Angst. Wir akzeptieren, dass es die Norm ist, geschlagen, verhaftet und misshandelt zu werden, wenn man nicht schweigt zu der Ungerechtigkeit im Lande. Aber wir haben keine Wahl, wir müssen das aushalten. Der Hunger nach Freiheit, nach einem Leben in Würde - das treibt uns vorwärts."

Die kommunistische Partei hat bis heute immer Recht und duldet keinen Widerspruch. Schätzungsweise 200 politische Häftlinge sitzen derzeit in Gefängnissen. Amnesty spricht von Folter: Schläge, Elektroschocks, Einzelhaft ohne Kontakt zur Außenwelt. Im Pressefreiheitsindex liegt Vietnam auf Platz 174 von 180. Reporter ohne Grenzen nennt Vietnam "nach China das zweitgrößte Gefängnis für Blogger und Netzbürger".

Um inhaftiert zu werden, reiche ein kritischer Post in sozialen Netzwerken, sagt Pham Tanh Nguyen. Denn der Staat liest immer mit. "Es ist schwierig, sich mit Gleichgesinnten zu treffen oder sich in einem Netzwerk zu unterstützen. Wenn wir uns irgendwo äußern, wird das sofort registriert, und es droht uns Gefängnis. Die Anklage lautet dann auf Umsturzversuch oder Verbrechen gegen den Staat."

Insgesamt vier Jahre saß die zierliche Frau in Haft, medizinische Behandlung wurde ihr trotz angeschlagener Gesundheit verweigert. Ihre letzte Festnahme liegt gut ein Jahr zurück, sie protestierte mit 3000 Gleichgesinnten friedlich gegen die "Formosa Plastic Group". Der taiwanesische Chemiekonzern hatte giftige Abwässer ins Meer geleitet und ein Massensterben von Fischen ausgelöst. Die Umweltkatastrophe zerstörte die Existenzgrundlage von Zehntausenden Fischern.

"Ein Zivilpolizist warf mich zu Boden und trat mir mit dem Stiefel ins Gesicht. Wir wurden 14 Stunden lang festgehalten, und ich wurde in dieser Zeit dreimal geschlagen. Ich bin bis heute gesundheitlich und psychisch angeschlagen. Aber ich werde trotzdem weiterkämpfen."

Kommentar von Wikreuz
Es ist eine bekannte Weisheit: In einer Diktatur gibt es keinen "Rechtsstaat" und dem zufolge keine Menschenrechte! Ob China, Russland, Türkei, Vietnam oder in der ehemaligen DDR.......es ist überall gleich..... leben kann man in solch einem Staat nur, wenn man sich mit dem System arrangiert. Wehe man gilt als "Systemkritiker". Von einem Berufsverbot über Haft bis zum Mord ist alles möglich.

Nils: Viele Menschen riskieren ihr Leben, um für eine bessere Welt zu kämpfen. Sie sind unsere Helden. Wir sollten es achten, dass wir in einer Demokratie leben und frei unsere Meinung sagen können. Wir sollten unsere Möglichkeiten nutzen für eine Welt der Liebe, des Friedens und des Glücks einzutreten. Ich bin heute etwas müde auf meinem Weg, aber dieser Artikel gibt mir Kraft weiterzumachen.

Daphne Caruana

17.10.2017 *Heute verehre ich* Daphne Caruana. Sie gab ihr
Leben für eine bessere Welt.
http://www.tagesschau.de/ausland/malta-journalistin-101.html

Sie hatte an den "Malta Files" gearbeitet und wollte
nachweisen, dass EU-Konzerne mithilfe des Inselstaats in
großem Stil Steuern hinterziehen: Die Journalistin Caruana ist
mit einer Bombe getötet worden. Vor zwei Wochen erst hatte
Daphne Caruana Anzeige erstattet - wegen der
Todesdrohungen, die sie erhalten hatte. Jetzt ist sie in ihrem
Auto umgebracht worden, mit einer Bombe, die im Fahrzeug
versteckt war. Die Investigativjournalistin hatte an den

sogenannten Malta Files gearbeitet, rund 150.000 vertraulichen Dokumenten der maltesischen Finanzbehörde, die offenlegen, wie Unternehmen und Privatleute über Malta in großem Umfang Steuerzahlungen vermeiden. Viele Unternehmen haben dort Briefkastenfirmen gegründet. Darunter auch DAX-Konzerne wie BMW, BASF und die Lufthansa. Caruana Galizia war Zeugin des U-Ausschusses zu Geldwäsche und Steuerhinterziehung.

Für eine bessere Politik

1. Die Hauptforderung ist eine Welt der Liebe, des Friedens und des allgemeinen Glücks. Daran orientieren sich unsere Unterforderungen. Sie sind Schritte auf dem Weg zu einer besseren Welt.

2. Die derzeitige Welt ist gekennzeichnet durch den globalen Kapitalismus. Der Kapitalismus bewirkt extremen Reichtum bei einigen wenigen Menschen und äußeres und inneres Unglück bei der Mehrheit. In Deutschland verfügen

die obersten zehn Prozent über rund 40 Prozent des Gesamteinkommens und die unteren 50 Prozent über 17 Prozent. Ihr unermesslicher Reichtum ermöglicht es den Superreichen Politiker zu bestechen (weltweite Korruption, siehe dazu in Deutschland die Flick-Affäre, Parteienfinanzierung, Lobbyismus), die Massenmedien zu kaufen (Werbefinanzierung, direkte Eigentümerrechte beim Privatfernsehen) und die Weltwirtschaft zu kontrollieren.

3. Auf der Welt dominiert der Egoismus. Viele Völker der Welt bekämpfen sich statt gemeinsam an dem Aufbau einer bessern Welt zu arbeiten. Es gibt viele Kriege, Flüchtlinge, Ausbeutung, Armut und Hunger. Fast eine Milliarde Menschen auf der Welt leiden an Hunger, obwohl genug Reichtum auf der Welt existiert um alle Menschen satt zu machen. Die Massenmedien verbreiten die Ideologie des äußeren Glücks, des Konsums und des ewigen Kampfes. Es ist eine Lüge, durch die die Menschheit verdummt wird, um besser beherrscht und ausgebeutet werden zu können.

4. Die Wahrheit ist, dass eine bessere Welt möglich ist. Alle Menschen könnten in Glück, Liebe und Frieden miteinander leben. Die Welt könnte ein Paradies sein. Dazu müssen nur die Erkenntnisse der Wissenschaft umgesetzt werden. Es gibt eine Glücksforschung, die uns Anhaltspunkte für eine glückliche Welt liefert. Es gibt eine wirtschaftswissenschaftliche Forschung, die genau herausgearbeitet hat wie der Hunger in der Welt überwunden werden kann. Es gibt viele Hilfsorganisationen, die an dem großen Ziel einer besseren Welt arbeiten. Das Wissen für eine bessere Welt ist da. Es muss nur umgesetzt werden. Dazu braucht es viele Menschen, die sich für eine Welt der Liebe, des Frieden und

des allgemeinen Glücks engagieren.

5. Wir arbeiten nicht gegen die anderen Parteien. Wir arbeiten mit allen positiv gesinnten Menschen zusammen. Unser Weg ist nicht der Kampf, sondern das Miteinander. Wir glauben an die Wahrheit, Weisheit und Liebe. Der erste Schritt ist es, dass wir in uns Frieden schaffen und eine Motivation der Liebe erzeugen. Dabei können Yogatechniken wie Meditation und positives Denken helfen.

6. Der zweite Schritt ist die Entwicklung und Förderung positiver Werte. Wir brauchen eine Neubesinnung auf positive Werte wie Liebe, Frieden, Weisheit, Rechtschaffenheit und Glück. Diese Neubesinnung kann durch jeden Einzelnen, durch die Schulen, durch die öffentlichen Massenmedien und auch durch die Politiker erfolgen. Sie sind Bestandteil des deutschen Grundgesetzes. Sie müssen nur konsequent gelebt werden.

7. Damit inneres Glück entsteht, müssen Glücksstrukturen in der Gesellschaft aufgebaut werden. Wichtig ist die Einführung des Faches Glück an den Schulen. Die Glücksforschung an den Universitäten muss gefördert werden. Das öffentlich-rechtliche Fernsehen ist aufgerufen den Menschen in Deutschland das Wissen vom Glück zu vermitteln. Das kann durch die Rundfunkräte durchgesetzt werden. Freiwillige Glücksschulung für Familien und Menschen in Beziehungen. Glückliche Familien entstehen durch glücksförderndes Verhalten und günstige äußere Rahmenbedingungen. Förderung des Miteinanders und nicht des Gegeneinanders in der Gesellschaft.

8. Thesen zur Umwelt und zum Tierschutz. Artgerechte

Tierhaltung. Stopp der Klimaerwärmung. Mehr Sonne in Deutschland (Spaß muss auch sein).

9. Statt mehr Geld für das Militär soll mehr Geld für die Entwicklunghilfe bereitgestellt werden. Dabei soll darauf geachtet werden, dass mit dem Geld nicht die Reichen und die Korruption gefördert wird, sondern das es direkt den Armen und Bedürftigen zugute kommt. Nothilfe muss geleistet werden, aber der Schwerpunkt soll auf der Förderung der Eigeninitiative und dem Aufbau der Selbstversorgung liegen.

10. Gesellschaftpolitisch gehen wir den Weg der sanften Schritte. Wir bewahren alles was sich bewährt hat. Wir stärken dort die Liebe, den Frieden und das Glück, wo es möglich ist. Stärkere Besteuerung der Unternehmen. Arbeit für alle. Genug Geld zum Leben für alle.

Nils: Die Dummheit und der Egoismus regieren die Welt. Trump ist der Präsident der mächtigsten Nation der Welt. Seine Politik ist darauf ausgerichtet, die Reichen noch reicher zu machen. Das hat er gerade durch seine Steuerreform geschafft. Langfristig werden dadurch die USA erheblich überschuldet und kein Geld mehr für Sozialprogramme haben. Trump hat die Regulierung der Banken abgeschafft, wodurch die Wirtschaft langfristig instabil und krisenanfälliger wird. Die Rüstung boomt und Trump provoziert mit seiner aggressiven Machtpolitik einen Atomkrieg mit Nordkorea.

Trump ist mit seiner Politik nicht der einzige egoistische Machtpolitiker. Erdogan, Putin und die Chinesen handeln so ähnlich. Nur gelingt es ihnen noch besser die Demokratie und die Meinungsfreiheit auszuschalten. Sie beherrschen die Massenmedien, was bei Trump nur begrenzt der Fall ist.

Allerdings dominieren auch in den USA die kapitalistischen Privatsender, die überwiegend die kapitalistische Sichtweise unterstützen und die Massen mit ihren egozentrischen Spielfilmen verdummen. Die Welt wird von den Bösen beherrscht. So einfach ist das.

Es gibt aber auch die Guten, die sich an vielen Orten um eine Welt der Liebe, des Friedens und des allgemeinen Glücks bemühen. Politik ist ein ständiges Ringen zwischen den Guten und den Bösen. Mir gefällt an Trump, dass er Spaß an der Politik hat. Nur leider macht er die falsche Politik. Sich durch die Massenmedien zu informieren, finde ich nicht grundfalsch. Die Massenmedien bestimmen die öffentliche Debatte in den westlichen Demokratien. Man erfährt so, was allgemein gedacht wird und kann mitdiskutieren.

Wichtig ist es, dass man über eine gute Grundinformation verfügt und das Geschehen richtig einordnen kann. Und das kann letztlich kaum jemand, weil fast keiner den Weg der Erleuchtung kennt und sich auch nicht an der Glücksforschung orientiert. So geht es in der Politik normalerweise immer nur um Macht und Geld. Glücklich macht das die Menschen nicht wirklich, weil ihr Denken immer das Gleiche bleibt.

Glücklich werden die Menschen erst dann, wenn Grundsätze wie Liebe, Frieden und Glück in ihrem Geist verankert sind. Das kann zwar jeder für sich alleine tun, aber eine glückliche Welt entsteht erst, wenn weltweit die dafür notwendigen Strukturen aufgebaut werden. Wir brauchen eine Glückskultur, und zwar keine Konsumkultur, sondern eine Kultur der Positiven Werte.

Wir brauchen eine neue Perspektive. Wir müssen das Land von den Grundsätzen des Glücks, des Friedens, der Weisheit und der Liebe neu organisieren. Wir brauchen eine Welt der Liebe, des Friedens und des allgemeinen Glücks. Es wird ein langer Weg. Der erste Schritt besteht darin, das Ziel klar zu sehen.

Selbst wenn die Armen etwas mehr Geld hätten, würde sie das nicht glücklicher machen. Glücklicher werden die Menschen nur, wenn wir Deutschland nach den Erkenntnissen der Glücksforschung neu organisieren. Dazu gehört das Schulfach Glück und die Verbreitung des Glückswissens durch das öffentlich rechtliche Fernsehen. Dazu gehört auch endlich zu akzeptieren, dass es den Weg der Erleuchtung gibt. Und dieser Weg sollte auch in die deutschen Universitäten Eingang finden. Und durch Forschungsgelder gefördert werden.

Trump im Weißen Haus Der stete Kampf des Präsidenten 11.12.2017
http://www.tagesschau.de/ausland/trump-weisseshaus-101.html

Wie verbringt US-Präsident Trump seine Tage im Weißen Haus? Das wollte die "New York Times" genauer wissen. Ihr zufolge liest der Präsident weder Akten noch Dossiers. Ihm gehe es um den Erhalt seiner Macht. Dafür führe er einen steten Kampf. Und er ernährt sich schlecht.

Wenn US-Präsident Donald Trump nach fünf bis sechs Stunden Schlaf morgens um halb sechs aufwacht, schaltet er als erstes den Fernseher an. Meist zappt er zwischen drei Nachrichtensendern hin und her: CNN für den ersten Überblick, dann zur Bestätigung seiner Weltsicht "Fox & Friends", das Morgenmagazin seines Lieblingssenders Fox News. Und schließlich folgt das linksliberale Kontrastprogramm MSNBC, dass ihm Munition für seine morgendlichen Twitter-Salven liefert. Die schießt er meist noch vor dem Frühstück vom Bett aus ab.

So habe Trump überall im Weißen Haus Karten aufhängen lassen, auf denen alle Wahlkreise farblich hervorgehoben sind, die er gegen Hillary Clinton gewann. Und obwohl Trump schon seit fast einem Jahr Präsident sei, sehe er sich noch immer als Außenseiter im Kampf gegen das Establishment. Er lese weder Akten noch Dossiers, sondern bevorzuge kurze mündliche Briefings, sagt Baker im Interview mit MSNBC. Seine wichtigste Informationsquelle seien jedoch die Nachrichtensender, die er täglich zwischen vier und acht Stunden lang verfolge.

"Er beobachtet ständig die Fernsehprogramme, will wissen, was die Leute über ihn sagen, und dann reagiert er über Twitter oder vor Fernsehkameras", so Baker. "Er genießt diesen Kampf, der für seine persönliche Identität so wichtig ist."

Neues Buch über Trump Intrigantenstadl im Weißen Haus
04.01.2018
http://www.tagesschau.de/kommentar/trump-buch-101.html

Das Enthüllungsbuch von Michael Wolff schlägt hohe Wellen in den USA. Auch wenn nur die Hälfte von dem wahr sein sollte, was in Vorabauszügen bekannt wurde, bestätigen sie den Eindruck, den man als Beobachter von außen ohnehin gewonnen hat. Das Weiße Haus unter Präsident Donald Trump ist eine Chaos-Truppe! Unvorbereitet, ohne Plan, voller Intrigen. Eine Schlangengrube, in der der Präsident jeden gegen jeden ausspielt. Erst der neue Stabschef John Kelly hat ab dem Sommer für mehr Disziplin gesorgt. Eine der Hauptquellen des Autors ist Trumps ehemaliger Chefstratege Steve Bannon. Sein Nachtreten gegen Trumps Kinder und

Schwiegersohn Kushner ist die Rache für seinen Rausschmiss aus dem Weißen Haus.

Eigentlich müsste ihm klar gewesen sein, dass dies zum Bruch mit Trump führen würde. Ebenso wie die typische Reaktion Trumps: Rechtliche Schritte einleiten und die Bedeutung Bannons kleinreden. Bannon habe wenig mit seinem historischen Wahlsieg zu tun gehabt, sondern vor allem Interna an die Medien durchgestochen. Dass Trump noch vor kurzem seinen rechtspopulistischen Vordenker als guten Freund bezeichnet hat - Geschwätz von gestern.

Manches aus dem Buch wusste man bereits: Dass Trump ein von seinem Image in der Öffentlichkeit besessener Egomane ist. Dass er im Schlafzimmer mehrere Fernsehschirme gleichzeitig verfolgt und dabei Cheeseburger isst und twittert. Für Psychologen ist das interessant, politisch eher unbedeutend.

Politisch brisant sind dagegen Bannons Aussagen zur Russland-Connection. Ebenso wie die Kritik Bannons an "schmierigen" Geldgeschäften von Trumps Schwiegersohn, unter anderem mit der Deutschen Bank.

Eigentlich hätte Donald Trump mit Rückenwind in das neue Jahr starten können. Die US-Wirtschaft floriert, der Aktienmarkt boomt. Und mit der Steuerreform hat Trump auch ein wichtiges Wahlversprechen durch den Kongress gebracht. Stattdessen beginnt das neue Jahr wie das alte endete: Intrigantenstadl im Weißen Haus, Politik im Stile von Reality TV.

G20-Gipfel in Hamburg 2017

Gestern war ich auf dem Gipfel für internationale Solidarität.
Er fand zwei Tage vor dem Treffen der 20 Staatschefs in
Hamburg in der Kampnagelfabrik statt. Hauptrednerin war
Vandana Shiva, die berühmte indische Menschen- und
Umweltschutzaktivistin. Desweiteren sprachen ein
brasilianischer und ein südafrikanischer Gewerkschaftsvertreter
und zwei deutsche Menschenrechtsaktivistinnen.

Der Tag begann glücklich. Ich wachte rechtzeitig auf, fuhr
sofort los und kam eine halbe Stunde vor Beginn am
Veranstaltungsort an. Eine riesige Menschenschlange erwartete
mich. Sehr viele Menschen wollten Vandana Shiva sehen. Die
Halle war überfüllt und wer später kam, bekam keinen Platz
mehr. In der Vorhalle gab es Stände der verschiedensten
Organisationen. Ich versorgte mich ausreichend mit
Flugblättern und Broschüren. Darin stand, wie man den
Kapitalismus überwinden und eine bessere Weltordnung
aufbauen kann. Ich muss mir das noch gründlich durchlesen.

Es scheint ziemlich kompliziert zu sein. Einfache Rezepte zur Weltrettung gibt es nicht. Und vor allem sind alle Rezepte nur schwer umsetzbar, weil die Reichen und Mächtigen natürlich dagegen sind. Vanadana riet uns, unsere Stimme zu erheben und uns nicht den Mund verbieten zu lassen.

Alle Weltretter sollten zusammenarbeiten und gemeinsam eine Welt der Liebe, des Friedens und des Glücks aufbauen. Und da fingen schon die Schwierigkeiten an. Bei den Teilnehmern dieses Forum handelte es sich hauptsächlich um Sozialisten und linke Umweltaktivisten. Sie glauben nicht an die Erleuchtung, den inneren Frieden und das innere Glück. Sie sind deshalb unfähig eine echte Perspektive für eine glückliche Welt aufzubauen. Sie können nur die Probleme der Welt wie Hunger, Ungerechtigkeit, Umweltzerstörung und Krieg kritisieren und kurzfristige Lösungen anbieten.

Vor allem können sie das Problem der Gewalt nicht lösen, weil sie nicht in der Lage sind in sich selbst Frieden zu schaffen. Deshalb zerstreiten sie sich ewig und können letztlich nicht zu einem gemeinsamen Handeln finden. Und natürlich können sie keine glückliche Welt aufbauen, weil sie die Gesetze des Glücks nicht kennen. Kaum jemand beschäftigt sich mit seiner eigenen Psyche. Keiner kennt die wissenschaftliche Glücksforschung. Keiner kennt sich mit inneren Energien und hilfreichen spirituellen Übungen aus.

Christen fehlten hier, weil Christen und Sozialisten wie Katze und Hund zueinander sind. Dabei leben beide Gruppen auf dieser Welt und können nur gemeinsam Frieden schaffen. Um in der Gesellschaft Mehrheiten zu finden, müssen spirituelle und soziale Menschen zusammenarbeiten. Um die Probleme der Welt lösen zu können, müssen beide Gruppen voneinander lernen. Ich war wohl der einzige Spiri auf dieser Veranstaltung. Ich vereine soziales und spirituelles Denken in mir. Aber auf das Podium hätte ich mich nicht gewagt und wäre sicherlich auch nicht eingeladen worden.

Obwohl auch Vandana Shiva nicht unspirituell ist. Sie ist eine Hindufrau, was man schon äußerlich an ihrem Sari erkennen kann. Und ihr großes Vorbild ist Mahatma Gandhi. Darauf nahm sie in ihrer Rede immer wieder Bezug. Mahatma Gandhi war ein spiritueller Mensch, der sich sozial und politisch engagierte. Er lebte in einem Ashram nach den Grundsätzen des Yoga wie Wahrhaftigkeit, umfassende Liebe und Gewaltlosigkeit. Er war sogar ein extremer Asket und lehrte die Einfachheit und Rückkehr zu einer natürlichen Lebensweise.

Vandanas Vision ist auch durchaus spirituell. Sie meinte, dass wir von einer Weltwirtschaft der Gier (ich nenne es Egoismus) zu einer Weltwirtschaft der Liebe kommen müssen. Das sind richtige Worte, nur leider fehlt ihr eine klare Perspektive der Umsetzung. Sie meint, dass wir alle indische Bauern werden sollten und dem weltlichen Konsum abschwören müssen. Händis, Autos und Fernseher gehören abgeschafft. Keine schlechte Idee, aber sie wird bei den meisten Menschen nicht auf Begeisterung stoßen. Meine Idee ist es Spiritualität, Gerechtigkeit, Umweltschutz und moderne Lebensweise zu verbinden.

Wir dürfen moderne Kleidung tragen, fernsehen und auch Auto fahren. Aber wir sollten es sozial und umweltverträglich tun. Wir sollten den Grundsätz der Genügsamkeit beachten und unseren Genugpunkt kennen. Das Wachstumsprinzip als Zentrum des globalen Kapitalismus wurde zu recht von den Teilnehmern kritisiert. Es ist eine falsche Ideologie, die zu sinnlosem Reichtum bei einer Minderheit und zur Verelendung der Mehrheit und zur Umweltzerstörung führt.

Deutlich können wir beobachten, dass der weltweite Kapitalismus große Slums, viel Arbeitslosigkeit und viel Hunger hervorbringt. Und bei den Arbeitenden zu übergroßem

Stress, psychischen Problemen bis hin zu Depressionen. Die kapitalistische Wachstumsideologie macht die Mehrheit der Menschen unglücklich und eine Minderheit nicht wirklich glücklich. Weil man Geld nicht essen kann, beziehungsweise durch viel Geld das innere Glück nicht wesentlich ansteigt. Nach der Glücksforschung braucht man genug Geld um zu leben, aber weitere Anhäufung von Reichtum macht dann nicht glücklicher. Im Gegenteil verstärkt es oft den Egoismus und macht die Menschen zu charakterlichen Fehlentwicklungen. Das kann man deutlich bei den meisten Diktatoren und Machthabern der Welt beobachten. Sie rasten bei den kleinsten Angriffen aus und haben keine Hemmung Kriege zu verbreiten und ihre Mitmenschen foltern zu lassen. So verhält sich kein normaler Mensch.

Nach der Veranstaltung fuhr ich mit der U-Bahn nach Hause. Und da traf ich sie wieder, die normalen Menschen. Total unpolitisch, nur mit sich und ihrem Konsum beschäftigt. Was interessiert sie der Hunger in Afrika? Wen kümmert es, dass weit weg große Wüsten entstehen, Länder vom Meer verschlungen werden und Kriege mit deutschen Waffen geführt werden? Hauptsache wir können billige Nahrung und Kleidung kaufen, auch wenn dafür die Bauern und Textilarbeiterinnen in fernen Ländern leiden müssen und Hungerlöhne kriegen. Der erste Schritt zu einer gerechten Welt ist es sich umweltbewusst und fair im Alltag zu verhalten. Da bin ich leider auch nur begrenzt ein Vorbild, weil ich gerne billig im Supermarkt einkaufe und zu selten in den Bioladen gehe.

Sozialisten und Christen gemeinsam für eine gerechte Welt

In Hamburg ist ordentlich was los. Gestern gab es die Demo "Welcome to hell" der autonomen Szene (Linksradikale, Autonome). Die ganze Nacht gab es Kämpfe mit der Polizei. Autos brannten und die Stimmung war sehr aggressiv. Im

Fernsehen konnte man das Geschehen life mitverfolgen. Äußerst spannend. Sehr friedlich ging es auf dem Global Citizen Festival zu. Die kommerzielle Musikszene organisiert weltweit Konzerte für eine bessere und gerechtere Welt. Mir ist das etwas zu kommerziell, aber so erreicht man die Menschen von heute mit politischen Forderungen.

Ich war auf der Demonstration Hamburg zeigt Haltung der gemäßigten Linken aus Christen, Grünen und SPD. Hier lag der Schwerpunkt auf Liebe, Frieden und gegen die Gewalt. Gewalttäter des Schwarzen Blocks waren hier nicht zu sehen. Sie hatten drei Tage und Nächte das Chaos nach Hamburg gebracht. Brennende Autos, eingeschlagene Fensterscheiben, geplünderte Geschäfte, Kämpfe mit der Polizei. Zum Schluss musste sogar das SEK mit Sturmgewehren anrücken, um das Schanzenviertel von den linken Gewalttätern zu befreien.

Das Bündnis Hamburg zeigt Haltung wollte zeigen, dass die Mehrheit der Hamburger gegen Gewalt ist. Es begann mit einem ökumenischen Gottesdienst, in der sich alle Menschen die Hände gaben und erklärten: "Friede sei mit dir." Es wurde der christliche Protestsong zum G20-Gipfel "Bring your own chair" gesungen, der für einen fairen Welthandel eintritt. Ich war seit vielen Jahren das erste Mal wieder in einer Kirche und berührt von der Liebe und dem Frieden, die dort zu spüren waren. Eine ältere Christin teilte mit mir ihren Zettel mit den Liedertexten und sang lauthals mit.

Insgesamt war ich etwas zerrissen, auf welche der beiden Großdemonstrationen ich gehen sollte. Die Demo der Linken betonte die internationale Solidarität. Es sprachen viele Vertreten von Initiativen aus dem armen Ländern der Welt. Die Demo der Christen betonte die Liebe und den Frieden. Letztlich müssen sozial engagierte und spirituelle Menschen zusammenwirken, wenn eine Welt der Liebe, des Friedens und des allgemeinen Glücks aufgebaut werden soll. Dahin ist es ein langer Weg. Aber jeder lange Weg beginnt mit dem ersten Schritt, und den habe ich diese Woche mit meiner Beteiligung an den G20-Aktionen gemacht.

Und man muss immer wieder genau hinsehen. Gewalt bringt politisch nichts, sondern nützt nur den Herrschenden. Sie können die Repressionen dann gegen alle verstärken. Und sie politisch nutzen um Stimmen zu gewinnen. Selbst die SPD fordert jetzt schon 15 000 Polizisten mehr, um mit der CDU mithalten zu können. Merkel hat Punktgewinne gemacht, weil sie sich auf die Seite der betroffenen Bürger gestellt und ihnen großzügige Entschädigung versprochen hat. So konnte der G20-Gipfel trotz der Gewalt für sie zu einem Erfolg werden, weil der Schwarze Block (die linksradikalen Autonomen) ihr zu einem Wahlsieg verhilft.

Es ist eine Verschwörungstheorie, dass der Schwarze Block von den Herrschenden finanziert wird. Ich kenne einige der Personen. Für sie ist es einfach ein Weg ihre Aggressionen auszuleben. Sie sind psychisch krank. In einer kaputten Gesellschaft werden manche depressiv und andere aggressiv. Der Weg besteht darin sich selbst zu heilen. Und wer die Kraft dazu hat, sollte auch seinen leidenden Mitmenschen helfen.

K: Mich ärgert, dass sich die gesamte Berichterstattung nur um die Krawalle dreht und so gut wie gar nicht über die Inhalte des G20 berichtet wird.

Nils: Die Berichterstattung in den Massenmedien nervt mich auch. Es dreht sich vorwiegend um die paar hundert gewalttätigen Autonomen vom Schwarzen Block. Auch im Internet interessieren sich die Menschen fast nur für die Gewalttaten und kaum für die friedlichen Demonstrationen. Es ist eine Art Konsumhaltung. Auch im normalen Fernsehen lieben die Menschen Filme mit Gewalt, Abenteuer, Sex and Crime. Und hier haben sie es als Realityshow. Die Polizei lieferte mit ihrer Sexparty den Auftakt, und die Autonomen mit ihren Kämpfen mit der Polizei die ausreichende Spannung.

Immerhin wurde der G20 Gipfel so weltweit beachtet und wird den Menschen dauerhaft in Erinnerung bleiben. Und irgendwie drückt auch die linke Gewalt einen Protest gegen die herrschende Politik aus. Es darf nicht vergessen werden, dass die Hauptgewalt von den globalen Machthabern ausgeht. Die USA zetteln ständig überflüssige Kriege an, haben die islamistischen Terroristen groß gemacht und praktizieren einen medienwirksamen Dauerkampf. Dieser Kampf nützt den Herrschenden, weil er von den sozialen Problemen ablenkt, die Bevölkerung im Kampf gegen die Terroristen zusammenschweißt und die Rechten die Wahlen gewinnen läßt. Genauso ist es mit dem Schwarzen Block. Er wird schon jetzt wahlkampftaktisch genutzt und beschert möglicherweise der CDU und der AfD große Wahlgewinne.

Trotzdem muss die Welt gerettet werden. Wir müssen uns den Schwierigkeiten entgegenstellen. Wir können die Welt nicht von Gewalttätern, Kapitalisten und Egoisten zerstören lassen. Der friedliche Widerstand ist der richtige Weg. Nur gewaltfrei werden wir die Mehrheit der Bevölkerung gewinnen können. Auf der Straße mögen die Chaoten gewinnen, aber nicht bei den Wahlen. Im Internet haben die gewaltfreien Demos zwar sehr wenige Klicks gekriegt, aber das deutsche Fernsehen unterstützt diesen Weg und berichtet viel auch darüber. Und ich glaube daran, dass letztlich die Wahrheit und die Liebe siegen werden. Man darf sich nicht von den Gewaltätern aller Richtungen irritieren lassen. Wir sollten uns auf die großen Probleme der Welt konzentrieren und nicht auf einige wenige Linksradikale. Die Tötung der Menschen durch den globalen Kapitalismus ist die größte Gewalt. Es verhungern eine Milliarde Menschen. Millionen Menschen sterben durch die Kriege der weltweiten Machthaber, die letztlich nur Egokämpfe um unbedeutende kleine materielle Vorteile sind. Das ist die wirkliche Gewalt. Und dieser Gewalt müssen wir den Weg der

Liebe, des Friedens und des Gemeinwohls entgegensetzen.

Wikipedia:

Der G20-Gipfel in Hamburg 2017 ist das zwölfte Gipfeltreffen der Gruppe der zwanzig wichtigsten Industrie- und Schwellenländer. Er soll am 7. und 8. Juli 2017 in Hamburg im Rahmen der deutschen G20-Präsidentschaft stattfinden. Neben den Staats- und Regierungschefs der G20-Länder sind auch die anderer Länder und mehrere internationale Organisationen als Gäste eingeladen. Zur Vorbereitung finden in mehreren deutschen Städten Treffen der Minister der G20 statt. Zahlreiche Organisationen haben Gegenproteste angekündigt, bei denen mit mehreren zehntausend Teilnehmern gerechnet wird.

Die Welthungerhilfe sieht die aktuelle Versorgungskrise und den Hunger in Afrika als Schwerpunkt, zumal dort die Zahl der Hungernden seit dem Jahr 1990 deutlich zugenommen hat, auf 232,5 Millionen Menschen in Afrika nach Berechnungen der Organisation für 2017. Jeder Euro, der frühzeitig ausgegeben werde, um Notsituationen zu vermeiden, sei vier- bis fünfmal so wirksam wie Geld zum Zeitpunkt einer akuten Hungersnot.

In Hamburg gründete sich global gerecht gestalten, ein ökumenisches Bündnis zum G20-Gipfel. Das kirchliche Bündnis will sich für eine nachhaltige und zukunftsfähige Entwicklung einsetzen und kirchliche Positionen zu den Themen des G20-Gipfels deutlich machen. Global gerecht gestalten organisiert zahlreiche Veranstaltungen zu Themen um den G20-Gipfel und unterstützt unterschiedliche Protestformen gegen den Gipfel. Die Gemeinden in Hamburg halten Kirchen und andere kirchliche Gebäude während des G20-Gipfels offen und haben „Dauergottesdienst-Veranstaltungen" auch in der „Blauen Zone" angekündigt.

Die Gewerkschaften stehen dem Gipfel kritisch gegenüber, der DGB-Vorsitzende Reiner Hoffmann dämpfte die Erwartungen an das Treffen. Der DGB beteiligt sich während G20 an Aktionen und Demonstrationen, die für eine faire Globalisierung eintreten. Hoffmann lehnte Gewalt bei den Protesten ab.

Linke Gruppen und Verbände, unter ihnen Attac, DIDF, Interventionistische Linke, und NAV-DEM haben sich im Bündnis gegen das G20-Treffen in Hamburg zusammengeschlossen und meldeten im November 2016 eine Demonstration unter dem Motto „G20 – not welcome" für den 8. Juli 2017 vom Bahnhof Hamburg Dammtor über mehrere Routen durch die Innenstadt zum Heiligengeistfeld unweit der Hamburg Messe an.

Blockupy will sich außerhalb des Bündnisses an Protesten beteiligen. Die Polizei erwartet 100.000 Gegendemonstranten, von denen sich bis zu 10.000 zu einem Schwarzen Block formieren könnten. Für den Vorabend des Gipfels ist eine internationale antikapitalistische Demonstration unter dem Motto „G 20 – Welcome to Hell" angemeldet, bei der die Polizei 7.500 Teilnehmer erwartet.

Für den G20-Gipfel werden Polizeikräfte aller Länderpolizeien und der Bundespolizei zusammen gezogen. Die Hamburger Polizei forderte sämtliche verfügbaren Kräfte aus ganz Deutschland an. Es handelt sich um einen der größten Polizeieinsätze in der Geschichte der Bundesrepublik. Die Stadt Hamburg und die Bundesrepublik können nach eigenen Angaben im Vorfeld des Gipfels keine genauen Angaben über die anfallenden Kosten machen. Presseberichten zufolge werden Bund und Länder für das Politikertreffen jedoch mindestens 130 Millionen Euro ausgeben. (Wikpedia)

Krawalle in Hamburg Wie die Gewalt explodierte

http://www.faz.net/aktuell/g-20-gipfel/wie-rund-um-den-g-20-
gipfel-in-hamburg-die-gewalt-explodierte-15099348.html

Es ist Donnerstagabend, kurz vor 20 Uhr. Der
Demonstrationszug hat sich gerade vom Hamburger
Fischmarkt aus in Bewegung gesetzt, Richtung St. Pauli
Hafenstraße, berühmt und berüchtigt durch die einstmals
besetzten Häuser am Nordrand der Straße. Es ist die „Welcome
to Hell"- Demonstration, zu der die Veranstalter Autonome aus
ganz Europa eingeladen hatten, um den „größten schwarzen
Block" aller Zeiten marschieren zu lassen. Das war er bei
weitem nicht, aber dennoch geschah schon nach kurzer Zeit,
was alle befürchtet hatten. Die Situation eskaliert, Gewalt
bricht aus. Später werden Sprecher der Autonomen und Linken
die Polizei dafür verantwortlich machen, damit die ganze
Gewaltserie in Gang gebracht zu haben. Einsatzleiter Hartmut
Dudde wiederum argumentierte, das Risiko sei zu groß
gewesen, den gewaltbereiten Block innerhalb der Demo in
Wohngebiete marschieren zu lassen. Wie viel Gewaltpotential
tatsächlich im anarchistischen Kern der Demonstranten steckte,
sollten die nächsten Tage zeigen.

Vorausgegangen waren Stunden einer friedlichen
Zusammenkunft am Fischmarkt, Musik, Sonne, heitere
Stimmung. Kurz vor dem Abmarsch dann das, was in den
nächsten Tagen immer wieder zu beobachten war: Blitzschnell
zogen sich dutzende Demonstranten schwarze Klamotten über,
zumeist regendichte Jacken mit Kapuzen. Sie setzten sich
schwarze Sonnenbrillen auf, streiften schwarze Handschuhe
und Halsbänder über, die im Bedarfsfall blitzschnell über
Mund und Nase gezogen werden können, zur verbotenen
Vermummung.

Rund tausend der etwa zwölftausend Demonstranten sind in
den zwei schwarzen Blöcken unterwegs und schon nach

wenigen Metern sind etliche vermummt. Grund für die Polizei, die Demo zu stoppen. Lange ging es nicht weiter, die Stimmung heizte sich auf. Etliche der Demonstranten zogen die Halstücher wieder runter, nahmen Sonnenbrillen ab. Aber sehr viele blieben vermummt. Plötzlich schritten die Beamten ein, versuchten in einem Überraschungsmanöver den hinteren schwarzen Block von der übrigen Demo abzutrennen und einzukesseln. Das Manöver misslang, etliche erklommen die Mauer zur angrenzenden Promenade, bewarfen von dort aus die Polizei mit Flaschen oder flüchteten. Von da an gab es kein Ende der Gewalt in Hamburg, bis zum frühen Sonntagmorgen.

Die zweite Schlüssel-Szene aus den Kameras der Hamburger Polizei zeigt eine der brisantesten Situationen am Freitagabend, aufgenommen von einem Polizeihubschrauber, der stundenlang über dem Schanzenviertel kreiste und mit seinem Scheinwerfer die gespenstischen Szenen beleuchtete. An der Gabelung von Schanzenstraße und Schulterblatt, dem Südeingang zum Viertel, gab es eine eingerüstete Fassade, die von Demonstranten erklommen wurde. Auf dem Dach des Hauses legten sie sich ein Arsenal von Wurfmaterial bereit.

Durch die Beobachtungen des Hubschraubers kannten die Einsatzleiter die Brisanz der Lage auf diesem und anderen Dächern und trauten sich lange nicht ins Viertel. Spezialkräfte gegen die Gewalttäter waren laut Angaben der Polizei zu dieser Zeit noch mit der Absicherung der Protokollstrecke zur Elbphilharmonie beschäftigt, ein Einsatz, der tausende Beamte band. Während dieser quälenden Stunden geriet die Lage im ungesicherten Viertel völlig außer Kontrolle. Geschäfte wurden geplündert, Scheiben eingeworfen, Barrikaden brannten.

Gegen 23 Uhr griff die Polizei an, unterstützt von Wasserwerfern. Die Bilder zeigen, wie berechtigt die Sorgen der Beamten waren. Kaum waren die Wasserwerfer und erste Polizeieinheiten in Wurfnähe geraten, schleuderten die

Autonomen Steine und Ziegel von den Dächern, einer entzündete einen Molotowcocktail und schleuderte ihn auf die anrückende Polizei, ein lebensgefährlicher Angriff. Wie durch ein Wunder ging der Molotowcocktail nicht in Flammen auf.

http://www.ndr.de/nachrichten/hamburg/Drei-Tage-Chaos-in-Hamburg,krawalle164.html

"Welcome to Hell" - Willkommen in der Hölle - unter diesem Motto beginnt Donnerstagabend die Demo und damit die chaotischen Zustände. Zunächst herrscht am Hamburger Fischmarkt eine entspannte Stimmung. Redner treten auf, Bands spielen auf einer Bühne. Dann formiert sich der Protestzug. Und vorne an der Spitze bildet sich der "schwarze Block". Gegen 19 Uhr marschieren Hunderte Vermummte los, dahinter mehr als 10.000 weitere Demonstranten. Sie kommen nicht sehr weit.

Die Einsatzleitung der Polizei hat eine harte Linie vorgegeben. Schon in den Tagen zuvor wurde dies deutlich. Geplante Camps von Demonstranten sind rigoros unterbunden und einige Protestaktionen bereits mit Wasserwerfern, Pfefferspray und Schlagstöcken auseinandergetrieben worden. Die Atmosphäre ist gereizt.

Nach wenigen Hundert Metern stoppt die Polizei die Demo in der Hafenstraße. Dort begrenzt eine etwa zwei Meter hohe Flutschutzmauer die Straße. Gegenüber, auf der anderen Seite, stehen etliche Polizisten bereit. Sie haben genau hier schon gewartet, bevor die Demo losgegangen ist. Vor dem Protestzug blockieren mehrere Wasserwerfer den Weg. Die Polizei fordert alle Demonstranten auf, Vermummungen abzulegen. Man wisse ja, Menschen vermummen sich, um unerkannt Straftaten zu begehen, erklärt Polizeipräsident Ralf Martin Meyer in einem Interview mit NDR und SZ.

Eine dreiviertel Stunde lang steht der Protest still. Polizei und Demo-Organisatoren verhandeln. Tatsächlich machen einige ihr Gesicht frei, doch offenbar längst nicht alle. Hier gehen die Darstellungen auseinander. Die Polizei spricht von noch immer einigen Hundert Vermummten. Augenzeugen berichten dagegen, dass die meisten ihre Vermummung abgelegt hätten. Demonstranten klettern während der "Welcome to Hell"-Demo am Hamburger Fischmarkt über eine Mauer.

Klar ist: In diesem Augenblick bricht das Chaos aus. Polizisten drängen von der Seite in die Demo, versuchen den "schwarzen Block" vom Rest des Protests abzutrennen. Doch der Einsatz geht gründlich schief. Viele aus dem "schwarzen Block" klettern auf die Flutschutzmauer. Einige laufen weg, andere nutzen den erhöhten Standpunkt für eine Art Gegenangriff. Auch sie haben sich offensichtlich auf diesen Moment vorbereitet. Von der Mauer prasseln Steine und Flaschen auf die Beamten, Feuerwerkskörper und Leuchtraketen explodieren. Polizeivideos zeigen, wie die Beamten zurückweichen müssen.

Hans Alberts versteht nicht, warum die Einsatzleitung den Protestzug gestoppt hat. Alberts ist Jura-Professor und hat lange Zeit in Hamburg Polizisten ausgebildet. Auch der aktuelle G20-Einsatzleiter, Hartmut Dudde, gehörte zu seinen Schülern. "Eine harte Linie führt zu Eskalation", das habe er schon damals erklärt, sagt Alberts. Wer Polizisten martialisch ausrüstet - mit Wasserwerfer, Pfefferspray und Schlagstöcken loslässt - spielt am Ende den Krawallmachern in die Hände, meint der Professor. "Was finden die Vandalen schöner als das? Endlich Randale!" Es gebe da "eine unheilige Allianz zwischen Hardlinern und Randalierern", so Alberts. Außerdem sei in dem

Augenblick, als die Demo auseinandergesprengt wurde, die Lage nicht mehr beherrschbar gewesen. "Marodierende Kleingruppen können Sie nicht kontrollieren", sagt Alberts. Tatsächlich beginnt nun ein Katz-und-Maus-Spiel.

ARD-Sommerinterview "Das hat mit links nichts zu tun"

http://www.tagesschau.de/inland/sommerinterview-dietmar-bartsch-101.html

Schlechte Vorbereitung, heftige Krawalle, dürftige Ergebnisse: So fällt die Bilanz des G20-Gipfels aus Sicht von Dietmar Bartsch aus. Im ARD-Sommerinterview kritisiert er das Mächtigen-Treffen in Hamburg - und spricht über seine Vorstellungen für das Land. Demonstrationen gegen das Treffen der Mächtigen in Hamburg seien zwar angemessen gewesen, "aber alles was Gewalt betrifft, was Militanz betrifft, das verurteilen wir als Linke".

Es ist eine Position, die nicht ganz unumstritten im linken Lager ist. Mehrere Politiker der Linkspartei hatten in den vergangenen Tagen nahe gelegt, die Polizei sei für die Eskalation der Situation in Hamburg zumindest mitverantwortlich. Der Bundestagsabgeordnete Jan van Aken schrieb mit Blick auf den Einsatz der Sicherheitskräfte von einer "Provokation", Parteichefin Katja Kipping teilte bereits am Donnerstag auf Facebook mit: "Die Polizeiführung hat alles getan, um jene Bilder zu erzeugen, mit denen sie im Vorhinein ihren martialischen Einsatz und die maßlose Einschränkung des Demonstrationsrechtes gerechtfertigt hat."

Mit dieser Schuldzuweisung konfrontiert wog Bartsch ab. "Fakt ist, dass Polizistinnen und Polizisten dort einen super Job gemacht haben. Andere haben zur Eskalation beigetragen", so der Linksfraktionschef. Deshalb sei eine weitere Aufarbeitung nötig.

Kritik übte er hingegen an der autonomen "Welcome to Hell"-Demonstration. Diese sei von allen Seiten "völlig falsch angegangen worden", so Bartsch. "Auch die Polizei hat meines Erachtens dort nicht richtig agiert, denn sonst hätte es dazu nicht kommen dürfen." Gleichzeitig wehrte er sich dagegen, ideologisch mit den Gewalttätern in Verbindung gebracht zu werden. "Das hat mit links nichts aber auch gar nichts zu tun", sagte Bartsch. "Links steht für Gerechtigkeit und Solidarität."

Die friedlichen Demonstrationen gegen den G20-Gipfel begrüßte Bartsch hingen. Auch sei das Treffen "ziemlich ergebnislos" geblieben. So sei es ein Skandal, dass es der Runde nicht gelungen sei, etwa die notwendigen Mittel zusammenzubekommen, um die derzeitige Hungerkatastrophe in einigen afrikanischen Ländern zu bekämpfen. Das Geld, das für die Ausrichtung des Gipfels in Hamburg ausgegeben wurde, wäre dort besser aufgehoben gewesen, sagte er.

Wie man es aus seiner Sicht besser machen könnte, skizzierte Bartsch natürlich auch. Sollte die Linkspartei Teil der nächsten Bundesregierung sein, werde es kein Weiter-So bei den deutschen Rüstungsexporten geben, versprach Bartsch. Zudem werde sich seine Partei für eine gerechtere Umverteilung einsetzen sowie höhere Löhne und eine gesicherte Rente garantieren.

Am 09. Juli 2017 um 18:16 von Telefonmann
Doch, es hat mit der Linken zu tun. Wer die extremen Elemente, wie die AntiFa, nicht aus den eigenen Reihen ausschließt duldet diese und darf sich dann nicht wundern, wenn deren Aktionen einem selbst ebenfalls zugeschrieben werden.

Am 09. Juli 2017 um 18:35 von Erich Kästner
Die Linke spricht die Probleme an, die m.E. die Menschen am meisten betreffen. Im Gegensatz zu Merkel, die Probleme einfach nur totschweigt und im Gegensatz zur AfD, die

Probleme aufbauscht, welche die Leute im realen Leben gar nicht betreffen, wäre mit der Linken eine Politik möglich, die die Leute in diesem Land tatsächlich besserstellt!

Am 09. Juli 2017 um 18:56 von zyklop
Für Bartsch gilt es wie für Wagenknecht: Man sollte klar sagen, ob man einen modifizierten Kapitalismus haben möchte, dem sozusagen ein paar "Giftzähne" gezogen werden, oder aber ein grundlegend anderes Wirtschaftssystem, nämlich einen irgendwie gearteten Sozialismus. Für das erstere brauchen wir keine Linkspartei, das sehen viele von den anderen genauso (was sagt Herr Schulz zur sozialen Gerechtigkeit?), und das zweite wird ja niemals präzisiert. Alle praktischen Versuche dazu sind gescheitert.

Am 09. Juli 2017 um 19:13 von Bernd1
Doch der Weg in die Regierung ist für die Linkspartei derzeit noch weit. In Umfragen ist eine mögliche rot-rot-grüne Koalition derzeit weit von einer Mehrheit entfernt.

Am 09. Juli 2017 um 19:29 von datten
Als "Altlinker" hat man so seine Erfahrungen mit Chaoten. Diese wollen keine Meinungsbildung, sie wollen nur Krawall. Ich erinnere mich noch, dass bei Demos für die Ostverträge oder gegen Pershingraketen auch solche Leute mitliefen. Wenn sie sich allerdings mit der Polizei anlegen wollten, wurden sie von uns daran gehindert. Unter anderem mit dem, m. E. auch noch heute gültigen Hinweis, dass so mancher der Polizisten auch unserer Meinung war, aber seinen Job zu machen hatte und daher nicht auf die Demo gehen konnte. Oder glaubt jemand, dass viele Polizisten davon begeistert waren, dass der G 20 Gipfel in Hamburg stattfand - wobei die Ergebnisse dort mehr als dürftig waren?

Interview mit Jean Ziegler

http://www.tagesschau.de/inland/g20-ziegler-101.html

Jean Ziegler ist wütend. Der Soziologe, ehemalige UN-Diplomat und Autor wirft den G20 vor, sie hätten nichts erreicht. Statt dessen fordert er im Interview eine deutliche Stärkung der UN und Sofortmaßnahmen für die ärmsten Staaten - viele könnten umgehend beschlossen werden.

tagesschau.de: Herr Ziegler, die G20 werden sich in wenigen Tagen in Hamburg treffen. Was halten Sie von diesem System?

Ist das gerecht?

Jean Ziegler: Es ist eine total illegitime und illegale Zusammenkunft. Es gibt eine Organisation, die Vereinten Nationen, die das öffentliche Interesse der Völker wahrnimmt. Für eine Herrschaftszusammenkunft von einigen mächtigen Staatschefs, die 85 Prozent des Weltbruttosozialprodukts kontrollieren, die hinter 20.000 Polizisten hinter Stacheldraht zusammenkommen in der Weltstadt Hamburg, gibt es keine Legitimation. Sie fassen Beschlüsse, über deren Ausführung keine Kontrolle besteht. Und das geht nicht. Das ist gegen den Willen dessen, was die Gründer der Vereinten Nationen gewollt haben. Und dieser G20-Gipfel unterminiert die Demokratie.

tagesschau.de: Am Ende der Gipfel gibt es ja immer dieses schöne Foto, alle stehen zusammen. Wie geht es Ihnen, wenn Sie das sehen? Was geht Ihnen da durch den Kopf?

Ziegler: Das ist zwar eine idyllische Postkarte, aber sie erweckt in mir Zorn. Das sind die Menschen, die die Strukturreformen der kannibalischen Weltordnung durchführen müssten. Ich gebe ein Beispiel: Alle fünf Sekunden verhungert nach UN-Statistik ein Kind unter zehn Jahren. Ein Kind, das jetzt, wo wir reden, an Hunger stirbt, wird ermordet. Und dieses tägliche Massaker des Hungers ist das schlimmste unserer Zeit. Wenn ich da eine Postkarte sehe mit lächelnden Staatschefs am Rande dieser Massengräber, die man ja nicht sieht auf dem Foto, dann kommt in mir Zorn hoch.

tagesschau.de: Die G20-Treffen gibt es ja seit 1999. Erst waren es die Finanzminister, später die Staats- und Regierungschefs. Was haben die G20 erreicht?

Ziegler: Ich glaube, sie haben nichts erreicht. Immer war das Schlusskommuniqué das schöne Postkartenfoto am Ende. Aber dann gab es keine Kontrolle über die Beschlüsse, die da verkündet wurden. Es wird im Schlusskommuniqué nichts über die Grundsatzreformen stehen: Verbot der Börsenspekulation auf Grundnahrungsmittel, Totalentschuldung der ärmsten Länder dieser Welt, Ende des Landraubes in Afrika. All diese Grundsatzreformen, die dringend nötig sind und die rechtsstaatlich, demokratisch durchgesetzt werden könnten. Die morgen früh Millionen von Menschen das Leben retten könnten.

Solange diese Elementarreformen nicht durchgesetzt sind, wird weiter gestorben in immer größerer Zahl. Und deshalb halte ich von diesem G20-Gipfel überhaupt nichts. Das ist eine Nebelwand, ein Herrschaftsinstrument, das zur Lösung internationaler Probleme überhaupt keinen positiven Beitrag leistet.

tagesschau.de: Die UN haben in all diesen Jahren die Probleme auch nicht lösen können.

Ziegler: Sie haben Recht. Die UN wurden im Juni 1945 gegründet. Das ist über 70 Jahre her, das Elend in der Welt ist fürchterlicher denn je. Menschenrechte werden verletzt, schlimmer denn je. In Syrien ein Blutbad, in Darfur ein Blutbad. Nirgendwo ist die UN präsent. Die UN sind in einem jämmerlichen Zustand, weil die G20 den Anspruch monopolisiert haben, diese Probleme zu lösen und sie dann trotzdem nicht lösen. Es braucht eine Wiederauferstehung der UN. Und deshalb ist die G20 als unbrauchbare Konkurrenzorganisation der UN abzuschaffen.

tagesschau.de: Wenn ich sage, ich finde die Weltordnung ungerecht: Was kann ich als Einzelner tun?

Ziegler: Es gibt keine Ohnmacht in der Demokratie. Das Grundgesetz gibt uns alle Waffen in die Hand, um diese kannibalische Weltordnung zu stürzen. Herr Schäuble ist ja nicht vom Himmel gefallen. Wenn er sagt, eine Entschuldung der ärmsten Länder ist unmöglich, weil der Markt das nicht will, dann stimmt das nicht. Der kann abgewählt werden. Seine Partei kann abgewählt werden. Morgen früh kann die Börsenspekulation auf Nahrungsmittel vom Bundestag gelähmt werden. Morgen früh sind dann Millionen von Menschen vor dem Hungertod gerettet. Alles hängt von uns ab. Deshalb sollten wir lernen, unsere unglaublichen Freiheitsrechte, die uns die Verfassung, das Grundgesetz gibt, zu gebrauchen.

tagesschau.de: Es gibt hier in Hamburg die Befürchtung, dass wir viel Gewalt sehen werden während des G20-Gipfels. Wie sehen Sie das?

Ziegler: Die schlimmste Gewalt ist, dass alle fünf Sekunden auf dieser Welt, die vor Reichtum überquillt, ein Kind unter zehn Jahren verhungert. Dass in Syrien seit mehr als sechs Jahren jetzt Hunderttausende von Menschen gefoltert, bombardiert, getötet werden. Menschen wie Sie und ich. Dass dieses fürchterliche Blutbad weitergeht. Das ist das erschreckendste Elend, das auf diesem Planeten in die Augen springt. Der friedliche, natürliche Widerstand kann begleitet werden von Gewaltausbrüchen in Hamburg. Das ist verantwortungslos. Das ist auch politisch falsch und moralisch total verantwortungslos. Und es ist vor allem unnötig.

Bundestagswahl 2017

Berliner Runde - Nach der Wahl

Sahra Wagenknecht vs. Frauke Petry

Die Republik nach der Wahl: Kein schöner Land

Heute ist Bundestagswahl. Natürlich gehe ich wählen. Es ist besser in einer Demokratie zu leben als in einer Diktatur. Sein Wahlrecht nicht zu nutzen ist eine Dummheit. Die Verhältnisse in Deutschland können sich schnell ändern. Die AfD kann sehr stark werden. Wir haben die Wahl in welche Richtung Deutschland marschiert.

Ich engagiere mich für eine Welt der Liebe, des Friedens, des Umweltschutzes und des allgemeinen Glücks. Insofern bin ich eher für die Linke, die Grünen und die SPD (begrenzt, einige ihrer Politiker finde ich gut, insbesondere die Umweltministerin Hendriks). Am meisten entspricht die Partei Menschliche Welt meinen politischen Vorstellungen. Nur leider wird sie wohl noch nicht einmal in den Bundestag einziehen. Eine Stimme für sie wäre also ein symbolischer Akt.

Mein Großvater hat im Widerstand gegen Adolf Hitler gekämpft und sein Leben für die Demokratie riskiert. Ich ehre ihn, indem ich wählen gehe. Und indem ich weiter für die Liebe und den Frieden auf der Welt eintrete.

Nach der Wahl. Deutschland hat sich verändert. Die Regierungsparteien CDU und SPD haben sehr stark verloren. Grüne und Linke sind in etwa gleich geblieben. Und die AFD ist neu mit gleich 13 % als drittstärkste Partei in den Bundestag eingezogen.

Die rotgrüne Koalition wird beendet und wir werden wahrscheinlich bald eine Jamaika-Koalition aus CDU, FDP und Grünen haben. Mit dem inneren Glück und dem Aufbau glücksfördernder Strukturen beschäftigt sich keine große Partei. Dabei werden Themen wie extremer Leistungsdruck in der Berufswelt, Burnout, soziale Verelendung, Ängste und Depressionen für die Zukunft in Deutschland sehr wichtig sein.

Die Erben des Rassismus
http://www.taz.de/Debatte-Bundestags-Einzug-der-AfD/! 5447739/

Die rechtsextreme AfD zieht in den Bundestag ein – eine Partei, die sich in Teilen affirmativ zum Nationalsozialismus verhält. Spitzenkandidat Gauland hat sich die Programmatik der „Neuen Rechten", der „Identitären Bewegung", mit ihrem dreifachen Nein zu eigen gemacht: Nein zu Multikulturalismus, zu Immigration und vor allem zum Islam. Entsprechend behauptete er kürzlich, der Islam sei gar keine Religion, sondern lediglich eine politisch-religiöse Doktrin.

Die Äußerungen des thüringischen Landesvorsitzenden Björn Höcke über das Berliner Holocaustdenkmal und die Verbindungen vergleichsweise vieler AfD Funktionäre zur NPD sind ihm ebenso bekannt wie die öffentlichen Bekenntnisse der so modern wirkenden Alice Weidel, die Gauland rückhaltlos unterstützt.

Tatsächlich weisen die meisten westeuropäischen Staaten – mit Ausnahme Spaniens und Portugals – von Skandinavien über die Beneluxstaaten bis nach Frankreich einen erheblichen, parlamentarisch vertretenen Anteil rechtsextremer Parteien auf. Er reicht von den „Schwedendemokraten" über die einwanderungsfeindliche Partei von Geerd Wilders in den Niederlanden bis zum Front National in Frankreich. Im Schnitt bekommen diese Parteien zwischen 12 und 14 Prozent der Stimmen.

Was damals der Antisemitismus war, ist heute die Islamophobie. „Der Islam", so das im April 2017 beschlossene Wahlprogramm der AfD, „gehört nicht zu Deutschland. In der Ausbreitung des Islam und der Präsenz von über 5 Millionen Muslimen, deren Zahl ständig wächst, sieht die AfD eine große Gefahr für unseren Staat, unsere Gesellschaft und unsere Werteordnung." Konsequent fordert die AfD daher die Abschaffung islamtheologischer Lehrstühle an deutschen

Universitäten sowie das Verbot von Muezzinruf und Minaretten, weil sie Ausdruck eines islamischen Imperialismus seien.

Die AfD erweist sich somit strukturell als eine zeitgemäß modifizierte Wiedergängerin der NSDAP. Sie wird das gesellschaftliche Klima grundsätzlich verändern – in welche Richtung, das hat Thomas Mann in seinem Roman „Der Zauberberg" für die letzten Jahre vor dem Ersten Weltkrieg unübertroffen beschrieben: „Was lag in der Luft? – Zanksucht. Kriselnde Gereiztheit. Namenlose Ungeduld. Eine allgemeine Neigung zu giftigem Wortwechsel, zum Wutausbruch, ja zum Handgemenge. Erbitterter Streit, zügelloses Hin- und Hergeschrei ... und das Kennzeichnende war, daß die Nichtbeteiligten ... sympathetischen Anteil daran nahmen und sich dem Taumel innerlich ebenfalls überließen."

Es war der Hausphilosoph der AfD, Marc Jongen (ein Mitarbeiter Peter Sloterdijks), dessen Strategie aufgegangen ist, die langjährige „Unterversorgung der Republik an Zorn und Wut" mit dem Einzug der AfD in den Bundestag zu beenden. Ob es den bisherigen politischen Gegnern dieser Partei gelingen wird, sich nicht anstecken zu lassen? Das alles ist noch kein Anlass zum Alarmismus, wohl aber zu Achtsamkeit.

Die kleinen Parteien: Menschliche Welt

Partei Menschliche Welt (ARD)

Gestern im Altersheim habe ich wieder mit den Senioren gesungen. Das kleine Mädchen war leider nicht da. Aber dafür gab es eine neue Frau in der Runde. Zum Einstieg sang ich meinen YouTube Hit "Hallo, hallo, schön, dass ihr da seid". Das ist eine schöne Begrüßung. Wir erinnern uns daran, dass es schön ist zu leben und gemeinsam zu singen. Es ist schön, dass wir uns jede Woche treffen und gemeinsam glücklich sein können. Es sind wertvolle Momente für die alten Frauen, auf die sie sich schon die ganze Woche freuen.

Mit Usula unterhielt ich mich beim Kaffeetrinken über Politik. Sie ist schon über 90, aber geistig noch sehr fit. Sie war früher Lehrerin, kennt alle Kinder- und Wanderlieder, und gehört zu meinen treuesten Fans. Wir sprachen über die Bundestagswahl, die ja gerade in Deutschland stattgefunden hat. Mit dem erschreckenden Ergebnis, dass die AfD jetzt mit 13 % in den Bundestag eingezogen und auf Anhieb drittstärkste Partei geworden ist.

Der neue starke Mann der AfD Gauland liebt es sich mit extremen Sprüchen hervorzutun. Linke Politiker sollen "entsorgt" werden, dem deutschen Volk sein Land wieder zurückgegen werden (in den Grenzen von 1942?), die Bundeskanzlerin Merkel gejagt werden ("Wir werden sie jagen"). Wir sollen die Leistungen der deutschen Soldaten im Zweiten Weltkrieg wieder würdigen. 80 Millionen Tote sind eine großartige Leistung? Dann ist es nicht weit zu dem rechten Flügelmann Björn Höcke, der die antifaschistische Erinnerungskultur in Deutschland überwinden und das entsprechende Denkmal in Berlin abschaffen will.

Ich erzählte Ursula stolz von meinem Weltretterbuch, das im Internetbuchhandel sehr erfolgreich gelistet worden ist. Hier gibt es ganz andere Themen als sie im Wahlkampf die Schlagzeilen beherrschten. Das wahre Hauptproblem auf der Welt ist es, dass über 800 Millionen Menschen auf der Welt hungern, mit wachsender Tendenz. Und Deutschlands Regierung verstärkt den Hunger in Afrika, indem sie durch deutsche Billigprodukte die Bauern arbeitslos macht, mit der Entwicklungshilfe vorwiegend die Reichen unterstützt und mit Waffenexporten die Kriege verstärkt. Hier hätte das deutsche Volk aufschreien und andere Parteien wählen sollen.

Ein zweites großes Problem ist wachsende Kriegsgefahr auf der Welt durch immer mehr Atommächte, durch unberechenbare politische Führer (US-Präsident Trump, Kim Jong Un ...) und durch den islamistischen Terrorismus. Und natürlich durch die Waffenexporte, an denen auch die deutsche Rüstungsindustrie gut verdient. Auch in den Köpfen der Menschen sollte nicht auf-, sondern abgerüstet werden. Gerade die AfD verschlechtert deutlich das politische Klima. Aber auch linke Extremisten beteiligen sich gerne daran.

Drittens ist die starke Zunahme der psychischen Erkrankungen in Deutschland zu nennen. Der Anteil psychischer Erkrankungen am Arbeitsunfähigkeitsgeschehen kletterte in den vergangenen 40 Jahren von zwei Prozent auf 15,1 Prozent. Laut einer AOK-Umfrage stieg die Zahl dieser Krankschreibungen in den vergangenen zehn Jahren um fast 80 Prozent an. Immer mehr Deutsche leiden unter Ängsten, Süchten, Depressionen und Burnout. Das liegt an dem wachsenden Leistungsdruck in Schule und Beruf. Und an dem Verlust an positiven Werten wie Liebe, Frieden, Glück und Gemeinschaftssinn.

Aber jetzt gibt es eine neue Partei, die das Glück in Deutschland verstärken will. Die Menschliche Welt Partei trat erstmalig zum Bundestag an und hat 0,1 % der Stimmen erhalten. Das reicht noch nicht für den großen Wandel, aber es ist immerhin ein Anfang. Irgendwann werden wir Deutschen begreifen, dass man Geld nicht essen kann. Man kann nicht alle Probleme durch Geldzuwendungen lösen, wie es die herrschenden Politiker gerne versuchen. Eine innere Umkehr ist notwendig, wie sie durch Yoga, Meditation und durch die Einführung des Schulfaches Glück geschehen kann. Am besten wäre es natürlich, wenn es im Fernsehen weniger Gewalt in Filmen und Nachrichten geben würde. Aber das ist schwierig, weil Gewaltfilme für hohe Zuschauerzahlen sorgen.

Regierungsbildung
12.01.2018
http://www.tagesschau.de/inland/sondierung-groko-einigung-101.html

28 Seiten umfasst das Abschlusspapier der Sondierer von CDU, CSU und SPD. Von einem "Papier des Gebens und Nehmens" sprach CDU-Chefin Angela Merkel - also klassischen Kompromissen. Alle drei Parteien setzten einige

ihrer Herzensthemen durch, doch mussten sie auch Kröten schlucken.

Die von der SPD geforderte Anhebung des Spitzensteuersatzes soll nicht kommen. Geeinigt haben sich beide Seiten auf den Abbau des Soli-Zuschlages. Zusätzlich wollen die Parteien Geringverdiener bei Sozialbeiträgen entlasten. Union und SPD veranschlagen insgesamt Mehrausgaben in Höhe von etwa 45 Milliarden Euro von 2018 bis 2021.

Beim Streit um den Familiennachzug für Flüchtlinge mit subsidiärem Schutz einigten sich Union und SPD auf einen Kompromiss. So soll monatlich 1000 Menschen der Nachzug nach Deutschland gewährt werden. Das Papier sieht auch eine Art Obergrenze vor, allerdings ohne das Reizwort zu nennen. Bezogen auf die durchschnittlichen Zuwanderungszahlen, die Erfahrungen der vergangenen 20 Jahre sowie mit Blick auf die vereinbarten Maßnahmen stelle man fest, dass die Zuwanderungszahlen "die Spanne von jährlich 180.000 bis 220.000 nicht übersteigen werden" - ein Zugeständnis an die CSU. Asylverfahren sollen künftig in zentralen Aufnahme-, Entscheidungs- und Rückführungseinrichtungen durchgeführt werden. In ihnen soll für die Migranten Residenzpflicht herrschen und es sollen lediglich Sach- statt Geldleistungen gewährt werden.

Das Rentenniveau soll bis 2025 auf dem derzeitigem Stand von 48 Prozent gehalten werden. Die Stabilisierung des Rentenniveaus war eine wichtige Forderung der SPD. Die Arbeitsbedingungen und die Bezahlung in der Alten- und Krankenpflege sollen "sofort und spürbar" verbessert werden. Konkret wollen CDU/CSU und SPD die Bezahlung in der Altenpflege nach Tarif stärken. Gemeinsam mit den Tarifpartnern solle dafür gesorgt werden, dass Tarifverträge in der Altenpflege flächendeckend zur Anwendung kämen. Zudem sollen 8000 neue Fachkraftstellen im Zusammenhang mit der medizinischen Behandlungspflege in Pflegeeinrichtungen geschaffen werden.

Geplant sind gebührenfreie Kitas und ein Rechtsanspruch auf Ganztagesbetreuung. Die Schulen in Deutschland sollen mit einer Investitionsoffensive gestärkt werden. Mit einem nationalen Bildungsrat sollen die Bildungschancen im gemeinsamen Schulterschluss von Bund und Ländern verbessert werden, ferner soll das Bafög deutlich erhöht werden.

Union und SPD wollen den Einsatz des umstrittenen Unkrautvernichtungsmittels Glyphosat drastisch reduzieren. Ziel sei es, die Verwendung von Glyphosat grundsätzlich zu beenden. Wann, wird nicht gesagt. Zudem verständigten sich Union und SPD auf ein Verbot von Genmais oder anderen gentechisch veränderten Pflanzen.

http://www.tagesschau.de/inland/sondierungen-ringen-109.html
FDP-Chef Christian Linder wertete es als einen "Aufguss" der alten Koalition. Die Vereinbarungen seien "nicht das Erneuerungsprojekt für das Land, das wir brauchen". Die AfD bezeichnete die Obergrenze von 220.000 Zuwanderern pro Jahr als eine "Farce". Die Vorsitzende der AfD-Bundestagsfraktion, Alice Weidel, erklärte, ohne eine Sicherung der Grenzen sei eine entsprechende Steuerung gar nicht möglich.

Die Fraktionsvorsitzende der Linkspartei, Sahra Wagenknecht, wirft den Sondierern von CDU, CSU und SPD "krasse soziale Ungerechtigkeit" vor. Es gehe weiter mit Niedriglöhnen, unsicheren Jobs und Altersarmut, kritisierte sie. Der SPD habe "noch nicht mal eine Anhebung des Spitzensteuersatzes" durchgesetzt. Für die Grünen rügte Bundestagsvizepräsidentin Claudia Roth die Kompromisse in der Migrationspolitik.

Mittelstandspräsident Mario Ohoven zeigte sich überzeugt, eine Wiederauflage der Großen Koalition komme Deutschland teuer zu stehen. Das Ergebnis erhöhe die Arbeitskosten, verschlechtere die Wettbewerbsfähigkeit und ignoriere den Steuerwettbewerb. Der DGB lobte dagegen, in den Vereinbarungen sei für Arbeitnehmer viel mehr Substanz als bei den Verhandlungen über eine Jamaika-Koalition enthalten. Ein Sprecher lobte die geplante Stabilisierung des Rentenniveaus, gleiche Belastungen für Arbeitnehmer und Arbeitgeber in der Krankenversicherung sowie die Beschlüsse in den Bereichen Bildung und Pflege.

http://www.tagesschau.de/inland/analyse-migrationspolitik-101.html

Tausend pro Monat – diese Formel soll es sein. So viele Menschen könnten im Zuge des Familiennachzugs für subsidiär Geschützte demnächst kommen. Pro Jahr also 12.000. Nach Schätzungen des Instituts für Arbeitsmarkt- und Berufsforschung (IAB) ist mit insgesamt etwa 60.000 Angehörigen von subsidiär Geschützten zu rechnen, die nach Deutschland kommen wollen. Für viele Flüchtlinge in Deutschland heißt das: Sie müssen noch Jahre auf ihre Familie warten.

Flüchtlingsverbände kritisieren das scharf. Einen "Schlag ins Gesicht für alle, die seit Jahren auf den Nachzug ihrer Kinder und Ehepartner warten", nennt Claus-Ulrich Prölß vom Kölner Flüchtlingsrat das Sondierungsergebnis.

Ein Kommentar von Tina Hassel, ARD-Hauptstadtstudio

http://www.tagesschau.de/kommentar/groko-hassel-101.html

Aufbruch sieht anders aus. Die versprochene neue Politik: Wenn überhaupt erkennt man sie nur in Ansätzen. Klimaschutz wird in der Präambel nicht einmal erwähnt. Und auch bei den Maßnahmen bleibt es erschreckend unambitioniert und schwammig.

http://www.taz.de/Debatte-Sondierung-abgeschlossen/! 5474345/

Wenn man die ökologische Blindheit beiseite lässt, lässt sich aus dem sozialdemokratisch eingefärbten Sondierungspapier ein Deal herauslesen: Die neue Regierung gibt viele Milliarden Euro aus, die vor allem der Mittelschicht zugutekommen. Und sie schottet Deutschland noch stärker gegen Flüchtlinge ab. Es gibt mehr Geld für die Pflege, für sozialen Wohnungsbau und für Familien. Dass Arbeitgeber wieder die Hälfte der Krankenkassenbeiträge übernehmen müssen, ist sinnvoll – und ein Erfolg der SPD. Allerdings fehlt den Sozialdemokraten ein Thema, das funkelt. Vieles würde in Deutschland ein bisschen besser, einen echten Aufbruch gäbe es nicht.

Nils: Im Wesentlichen bleibt alles wie es war. Das ist einerseits gut, da es den Deutschen im Weltvergleich materiell gut geht. Andererseits werden die Reichen weiterhin immer reicher, die Klimakatastrophe kommt auf uns zu und das innere Glück wird weiter schrumpen. Die psychischen Erkrankungen nehmen dramatisch zu. Die Hauptursache ist der zunehmende Leistungsstress und die Perspektivlosigkeit bei vielen armen Menschen. Ich stelle fest wie grundfalsch die Politik in Deutschland läuft. Es geht nur um Wachstum und um äußeres Glück. Alle Menschen sehen sich als Konkurrenten, kämpfen gegeneinander, werden seelisch und körperlich krank. Die

Liebe, der Frieden und das innere Glück gehen verloren. Es ist wichtig, Strukturen der Gesundheit, des Friedens, des Glücks und der Liebe in Deutschland aufzubauen.

Mal eine gute Nachricht: Wie die SPD den Exportstopp erzwang 19.01.2018
http://www.tagesschau.de/inland/ruestungsexportstopp-101.html

Jahrelang wurde über Rüstungsexporte an Staaten wie Saudi Arabien oder Katar gestritten. Nun haben sich Union und SPD bei den Sondierungen auf ein sofortiges Verbot geeinigt - eine folgenreiche Kehrtwende.

"Dieser Punkt geht klar an die SPD." Der CSU-Verteidigungspolitiker Florian Hahn ärgert sich immer noch über den einen wichtigen Satz, der nach der langen Nacht der Sondierung weit hinten im gemeinsamen Papier von Union und SPD stand: "Die Bundesregierung wird ab sofort keine Ausfuhren an Länder genehmigen, so lange diese am Jemen-Krieg beteiligt sind." Ab sofort - das bedeutet nicht nur eine Absichtserklärung für die Zukunft, sondern eine Entscheidung, die schon jetzt der geschäftsführenden Regierung verbietet, Rüstungsexporte in diese Länder zu erlauben.

Es geht um nicht weniger als eine 180-Grad-Wende, von der nahezu alle großen Importländer betroffen sind. Auch wenn das Wirtschaftsministerium die vollständigen Zahlen für 2017 noch zurückhält, addieren sich die Summen schon bis Mitte November auf rund eine Milliarde Euro. An der Spitze liegt Ägypten mit rund 434 Millionen, es folgen Saudi-Arabien (264 Millionen), Vereinigte Arabische Emirate (224 Millionen), Kuwait (51 Millionen), Jordanien (24 Millionen) und Katar (4 Millionen).

Von Beginn an hatte der Verteidigungspolitiker der CSU gemeinsam mit Verteidigungsministerin Ursula von der Leyen alles versucht, einen solchen Stopp von Rüstungsexporten zu verhindern: zunächst in der Fachgruppe Außen- und Sicherheitspolitik, dann beim "Vorsingen" in der Runde der Partei- und Fraktionsvorsitzenden. Umso mehr wundert man sich in der Union, dass Angela Merkel und Horst Seehofer am Ende gegenüber der SPD eingelenkt haben.

Dabei war das Thema Waffenexporte erst nachträglich auf Drängen des SPD-Außenexperten Rolf Mützenich auf die Tagesordnung gesetzt worden. Der stellvertretende Vorsitzende der Bundestagsfraktion streitet schon seit Jahren für eine strengere Genehmigungspraxis bei Rüstungsexporten und hat sich dabei immer wieder auch mit den eigenen Ministern in der Bundesregierung angelegt. Von Außenminister Sigmar Gabriel ist zu hören, dass er zuletzt nur noch genervt über den "Gutmenschen" Mützenich geredet habe, wenn der wieder Waffengenehmigungen an Kriegsparteien im Jemen öffentlich kritisiert hatte.

Doch Gabriel durfte bei den Sondierungen nicht mitmachen und Mützenich fand einen für manche unerwarteten Verbündeten in SPD-Generalsekretär Lars Klingbeil. Beim "Vorsingen" in der Chefrunde muss es nach übereinstimmenden Schilderungen aus Verhandlungskreisen ziemlich lebhaft zugegangen sein. Und fast wäre die Entscheidung ausgerechnet am SPD-Vorsitzenden Martin Schulz gescheitert. Der schien so froh zu sein, dass die Union auf das Zwei-Prozent-Ziel bei den Verteidigungsausgaben verzichtet hatte, dass er spontan anbot, den gesamten Absatz zu den Rüstungsexporten aus dem Sondierungspapier herauszunehmen. Beteiligte beschrieben dem ARD-

Hauptstadtstudio anschaulich die überraschte Freude der Unionsseite und das sichtbare Entsetzen Mützenichs.

Der Stopp der Rüstungsexporte gehörte am Ende zu den Forderungen, die Martin Schulz und vor allem Andrea Nahles in der langen Nacht im Willy-Brandt-Haus noch durchsetzen konnten. Zugute kam ihnen dabei, dass die Kanzlerin schon bei den gescheiterten Jamaika-Verhandlungen ein Einlenken gegenüber den Grünen signalisiert hatte. Allerdings war sie davon ausgegangen, dass dieses Thema für die SPD weniger Gewicht haben würde - auch wegen des Drucks von Gewerkschaften und Betriebsräten aus der Rüstungsindustrie. Das entschlossene Auftreten von Mützenich und Klingbeil muss hier offensichtlich Eindruck hinterlassen haben.

Viele in der Union, die sich über das Einlenken ärgern, setzen nun auf den Widerstand aus der Arbeitnehmerschaft. In Mecklenburg-Vorpommern, wo Patrouillenboote für Saudi-Arabien gebaut werden, nannte der CDU-Bundestagsabgeordnete Philipp Amthor den Sondierungsbeschluss "existenzgefährend für die Wolgaster Peene-Werft" und forderte Ministerpräsidentin Manuela Schwesig zu Nachverhandlungen bei den Koalitionsverhandlungen auf. Andere, die sich vor dem SPD-Parteitag nicht öffentlich äußern wollen, setzen offen auf Druck der IG Metall und ihrer Betriebsräte in den Rüstungsunternehmen.

In Koalitionsverhandlungen müsste darüber hinaus verbindlich geregelt werden, wie die verabredete "Schärfung" der Rüstungsexportrichtlinien geregelt wird. Als Beispiel nennt er die durch eine ARD-Dokumentation bekannt gewordene Auslagerung der Produktion von Munition von "Rheinmetall" nach Sardinien und Südafrika. "Wir müssen viel wirksamer verhindern, dass Unternehmen den Handel in Kriegsgebiete wie den Jemen über Tochterfirmen im Ausland abwickeln." Dafür allerdings bräuchte es wohl eine gesetzliche Regelung, die von der Union derzeit noch blockiert wird.

Rückenwind kommt von den Kirchen, die seit Jahren auf eine restriktivere Praxis bei Rüstungsexporten drängen. Der Ratsvorsitzende der EKD, Heinrich Bedford-Strohm, zeigt sich deshalb besonders erfreut, dass der Genehmigungsstopp im Fall Jemen nicht nur eine Absichtserklärung für die Zukunft sein soll: "Zu der humanitären Katastrophe im Jemen haben auch Waffenexporte aus Deutschland beigetragen. Wer die Bilder vom Leid der Menschen in den zerstörten Städten dort vor Augen hat, kann nur dankbar sein, dass hier eine Vereinbarung gefunden wurde, die unmittelbar greift."

Die TAZ rettet die Welt (Humor)

http://www.taz.de/Kolumne-Wir-retten-die-Welt/!5448355/

„Wir retten die Welt" steht mit veganer Farbe auf der handgeschnitzten Eingangstür aus fair zertifiziertem Bioholz zu unseren Redaktionsräumen. Jeden Morgen versammelt sich hier die Öwi-Redaktion to make the planet great again. Und das sehr erfolgreich. Kollege Malte Kreutzfeldt schreibt seit Jahren gegen den nuklearen Irrsinn. Jetzt wird ein AKW nach dem anderen ausgeknipst. Beate Willms berichtet über Wildnis und Natur, und schon kommt der Wolf zurück. Richard Rother kämpft schon immer für eine bessere Verkehrspolitik. Endlich rauscht der ICE von Berlin nach München in vier Stunden.

Damit nicht genug. Kai Schöneberg schreibt gegen das Freihandelsabkommen TTIP. Jetzt ist die Bestie klinisch tot. Eva Oer recherchiert zur Entwicklungspolitik. Im vergangenen

Jahr gab Deutschland endlich die versprochenen 0,7 Prozent der Wirtschaftsleistung für Hilfe an arme Staaten aus. Und: Seit 2008, als Jost Maurin unser Redakteur für Landwirtschaft wurde, haben sich die Bioäcker in Deutschland um sagenhafte 38 Prozent vergrößert.

Die Öwi-Erfolgsbilanz ist noch viel länger. Ulrike Herrmann seziert hier seit Jahren den Kapitalismus, das System ist mittlerweile praktisch erledigt. Heike Holdinghausen ist unsere Expertin für Umweltgifte, und die EU ist prompt eingeknickt und hat die Chemikalienrichtlinie REACH erlassen. Und dann sind da noch die Tausenden von freien Mitarbeitern, PraktikantInnen, freien AutorInnen und Leserbriefschreibenden, ohne die es weder Energiewende, Tierbefreiung, Fahrradboom, grünes Wachstum noch den Triumph der Nachhaltigkeit gäbe. Unbeirrt arbeiten wir immer weiter an einer besseren Zukunft.

Letzte Woche schrieb ich diese Kolumne mit dem Tenor: Wer die Welt retten will, muss Grün wählen. Die Ökopartei wackelte da in den Umfragen bei 6 Prozent herum. Am Wahlabend bekam sie knapp 9 Prozent der WählerInnenstimmen. So einfach geht das bei uns mit der Weltrettung.

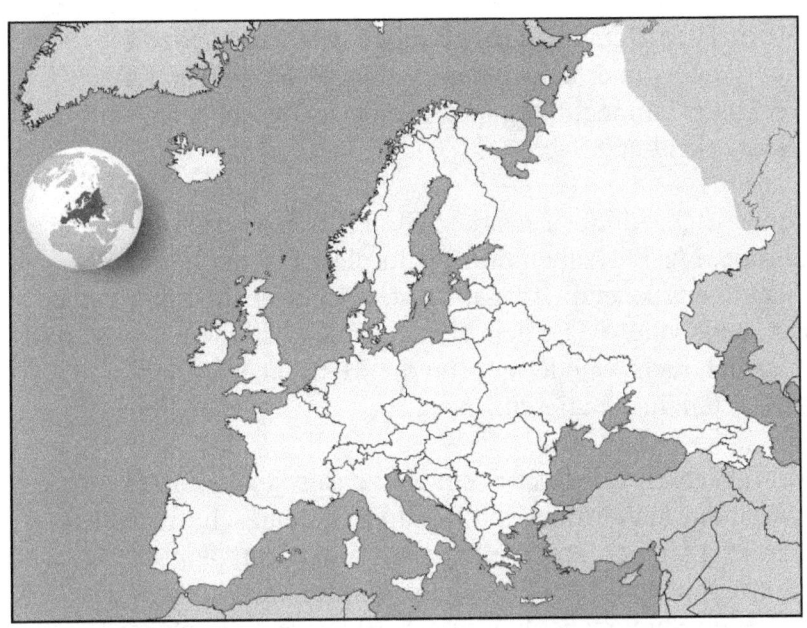

Kampf um Europa [Doku arte 2017-03-21]

Die Europäische Union (EU) erklärt | wissen2go

So tickt Europas Jugend – Eine verlorene Generation?

Die Erneuerung Europas
http://www.tagesschau.de/inland/europa-check-101.html

Im Schatten der Dresdner Frauenkirche treffen sich die
"patriotischen Europäer". Dort sind - neben fremdenfeindlichen
Parolen - viele europakritische Töne zu hören. Die
Demonstranten verbinden mit Brüssel das "hässliche Gesicht
der Globalisierung". "Ich bin arbeitslos, seit mein Job bei
Infineon in der Chipindustrie wegfiel", sagt eine 55-Jährige.

Die meisten Demonstranten fordern ein "Europa der Vaterländer" und meinen damit sichere Grenzen und die Rückgabe von mehr Kompetenzen aus Brüssel nach Deutschland und Sachsen.

Pegida steht für das Erstarken EU-kritischer Gruppen in ganz Europa. Für Ex-Außenminister Joschka Fischer kommt das nicht überraschend: "Es gab im deutschen Wahlkampf keine Europadebatte. Wenn man aber Europa nicht thematisiert, darf man sich nicht wundern, wenn die Menschen dann mit Unverständnis reagieren."

Vor 60 Jahren war Europa ein Herzensprojekt. Konrad Adenauer, Jean Monet und Robert Schuman schufen eine Wirtschaftsunion und Wertegemeinschaft, um den europäischen Frieden zu sichern. Heute sehen laut einer aktuellen Studie jedoch nur noch 30 Prozent der jungen Europäer in der EU eine Union gemeinsamer Werte. Offenbar hat die EU ein Imageproblem.

Und das wird etwa in Wales deutlich. Das Stahlwerk von Ebbw Vale war früher eines der größten Europas. Seit den 1960er-Jahren ist es geschlossen. Doch mittlerweile stehen auf dem Gelände des Stahlwerks eine Berufsschule, ein Schwimmbad, das Stadtarchiv und ein Krankenhaus. Alles finanziert mit Millionen Euro aus Brüssel. Ebbw Vale ist voller EU-Fördergelder. Und dennoch haben die Einwohner mit 63 Prozent für den Brexit (Austritt aus Europa) gestimmt.

Barrie Sutton, der ehemalige Bürgermeister, weiß warum: "Die Menschen wurden in die Irre geführt von Propaganda der Medien. Und sie hatten diese Angst, von Einwanderern überrannt zu werden." Wie viel Geld die EU nach Ebbw Vale gepumpt hat, ist dabei untergegangen. Für Joschka Fischer sind die Ursachen klar: "Positive Dinge schreiben sich die nationalen Politiker auf die Fahnen. Negatives schieben sie Brüssel in die Schuhe. Das ist ein schäbiges Spiel."

Dabei hat die EU tatsächlich gewaltige Probleme. So werden jedes Jahr Millionen Fördergelder missbraucht. In Tschechien hat der Unternehmer und Milliardär Andrej Babiš 1,6 Millionen Euro EU-Gelder erhalten, obwohl diese nur für kleine und mittlere Unternehmen gedacht waren. Als der Missbrauch auffiel, war das Geld schon ausgegeben. Den Betrug zu prüfen ist Aufgabe des tschechischen Finanzministers. Doch bis Mai 2017 hieß der Andrej Babiš. Der Milliardär war also Leiter der Behörde, die seinen Fall prüfen musste. Ein Interessenkonflikt.

EU-Haushaltskontrolleurin Inge Gräßle kritisiert dies scharf: "In Tschechien besorgen sich die reichsten Leute hohe politische Ämter und kaufen Medienunternehmen auf. Das ist das Oligarchen-System, das wir nicht wollen können. Wenn diese Oligarchen EU-Gelder missbrauchen, muss die EU den Geldhahn zudrehen." EU-Kommissar Günther Oettinger pocht darauf, dass die EU mit neuen Institutionen das Problem in den Griff kriegt - zum Beispiel mit der europäischen Staatsanwaltschaft, die den "Betrug an europäischen Steuergeldern" bekämpfen solle.

In der Tat herrscht derzeit in Europa eine Dynamik, seit Frankreichs Präsident Emmanuel Macron eine "Neugründung der EU" angekündigt hat. Nach den Krisenjahren spürt man so etwas wie frischen Wind in Europa. Doch alles hängt davon ab, ob sich Bundeskanzlerin Angela Merkel und Macron auf einen gemeinsamen Weg einigen können, wie Europa reformiert werden kann.

Des États hiérarchisés selon qu'ils soient
plus ou moins intégrés à la mondialisation

    Les mieux intégrés (économies moteurs)

    Intégration rapide (économies émergentes)

    Peu intégrés (exports de matières premières)

    Marginaux (pays les moins avancées et isolés)

    Quasi-exclus (États défaillants ou en autarcie)

Globalisierung

Die Wahrheit über Nestlé

Die Wahrheit über Coca-Cola

Die Wahrheit über McDonald's

Nestle | Wir klauen das Wasser der 3.Welt

Diese Firmen bestimmen heimlich unser Leben!

Die Menschheit wächst wirtschaftlich und kulturell zusammen.
Wir erfahren immer mehr, dass es nur eine Welt und eine
Menschheit gibt. Wir können zusammen untergehen oder
gemeinsam eine bessere Welt aufbauen. Dabei gibt es viele
Probleme, die hauptsächlich auf dem Egoismus einzelner oder
einzelner Menschengruppen beruhen.

Wirtschaftlich müssen wir den Egoismus der Einzelnen verringern und den Willen zum Gemeinwohl stärken. Wir müssen den Welthandel so organisieren, dass Ungerechtigkeit vermieden und eine insgesamt glückliche Welt entsteht. Wirtschaftlich schwache Menschen und Länder müssen geschützt werden. Wir sollten eine Weltkultur aufbauen, in der positive Werte wie Liebe, Frieden, Toleranz, soziales Miteinander und Wahrheit gefördert werden. Vorrangiges Ziel des Welthandels sollte nicht der Reichtum Einzelner, sondern eine optimale Versorgung aller mit den lebenswichtigen Gütern sein.

(Wikipedia) Der Begriff Globalisierung bezeichnet den Vorgang, dass internationale Verflechtungen in vielen Bereichen (Wirtschaft, Politik, Kultur, Umwelt, Kommunikation) zunehmen, und zwar zwischen Individuen, Gesellschaften, Institutionen und Staaten.

Die vollständige Liberalisierung des Welthandels würde nach einer Studie der Weltbank (2005) bis zum Jahr 2015 jährlich 250 Mrd. Euro an zusätzlichen Einkommen realisieren.

Die fortschreitende Freihandelspolitik war eine Grundlage der Globalisierung, deren Auswirkungen kontrovers diskutiert werden. Globalisierungskritiker sehen die Gefahr von Ausbeutung und Zementierung bestehender Gefälle sowie die Untergrabung der Wirtschaftspolitik der Nationalstaaten. Ökonomen wie Jagdish Bhagwati weisen jedoch darauf hin, dass beispielsweise in Indien und China die Armut zwischen 1980 und 2000, zwei Jahrzehnten beschleunigter Integration in die Weltwirtschaft, dramatisch zurückgegangen sei.

Grundsätzlich ist auch der durch bi- oder multilaterale Abkommen geregelte Freihandel für kleine und schwächer entwickelte Ökonomien, insbesondere die Ökonomien der Dritten Welt, immer riskanter als für große, hoch entwickelte Volkswirtschaften. Die politisch oft instabilen Staaten der

Dritten Welt können kaum Einfluss auf die Standards nehmen, die dem Handel zugrunde liegen (z. B. Hygienestandards bei Lebensmitteln, Sozialstandards bei der Produktion von Konsumgütern). Ihre lokale Produktion ist kaum konkurrenzfähig gegenüber Billigimporten. Auch regionale Zusammenschlüsse von Entwicklungs- und Schwellenländern ändern daran wenig, weil innerhalb dieser Freihandelszonen vor allem die größeren und leistungsfähigeren Ökonomien profitieren.

Mit dem Freihandel einher gehen auch Abkommen zur Liberalisierung des Kapitalverkehr und damit wiederum Investitionsschutzabkommen. Diese sehen meist vor, dass ein Investor im Gaststaat das Recht erhält, die Gewinne aus der Investition in einen anderen Staat zu transferieren. Auch kann die Situation eintreten, dass ein Gaststaat durch den Investitionsschutz gezwungen wird, seine innerstaatliche Rechtsordnung einzufrieren und demokratisch beschlossene Prozesse im Sinne des Investors und gegen den Willen des Volkes zu unterbinden, um den Vorgaben des Investitionsschutzes zu genügen.

In den Schiedsgerichtsverfahren wie denen des Internationalen Zentrums zur Beilegung von Investitionsstreitigkeiten (ICSID) der Weltbank arbeiten meist spezialisierte Großkanzleien bzw. Juristen, die im privatrechtlichen Bereich für die Investoren tätig sind. Da Investitionsschutzklagen oft der Geheimhaltung unterliegen und keine Berufungsmöglichkeiten gegen die Entscheidungen der Schiedsgerichte vorgesehen sind, fehlen demokratische und juristische Kontrollmöglichkeiten. Denkbar sind (und eingereicht wurden) z. B. Klagen von Investoren gegen Mindestlöhne (wie im Fall Ägyptens), gegen Garantiepreise für die Einspeisung alternativer Energien, gegen Frackingverbote oder gegen Warnhinweise auf Zigaretten.

Geheimer Protektionismus

Kritiker werfen der EU und USA vor, Freihandel zu propagieren, aber häufig eine protektionistische Außenhandelspolitik zu verfolgen. Die EU und die USA befürworten offiziell einen allgemeinen Freihandel, da sie ihrerseits über Kostenvorteile bei kapitalintensiven Gütern verfügen. Jedoch erhalten Bauern in den USA und in der EU Agrarsubventionen, die dazu führen, dass trotz der höheren Produktionskosten für Agrarprodukte in den Industrieländern gegenüber jenen in Entwicklungsländern die Marktpreise der Ersteren geringer. Die Subventionspolitik hat zur Folge, dass die Marktchancen für Agrarprodukte aus den Entwicklungsländern deutlich geringer sind, als sie bei allgemeinem Freihandel ohne Subventionen wären.

Ferner gibt es in der EU Einfuhrkontingente für Agrarprodukte. Entwicklungsländer werden laut Kritikern unter Androhung der Aussetzung von Entwicklungshilfe und der Kündigung von

Krediten dazu bewegt, ihrerseits alle Importzölle und -quoten abzubauen und sonstige Subventionierung ihrer Bauern zu unterlassen. Das führt in Entwicklungsländern nicht nur dazu, dass diese keinerlei Möglichkeit haben, entsprechend ihrer Vorteile Agrarprodukte zu exportieren, sondern auch zu einer Vernichtung der inländischen Landwirtschaft durch Importe der Überschussproduktionen aus der Europäischen Union und den USA.

Besonders deutlich wird das am Beispiel der Rolle Mexikos in der NAFTA-Zone. Bei der Aushandlung des NAFTA-Abkommens hatte sich die US-Regierung das Recht vorbehalten, große Teile der US-Landwirtschaft mit Importzöllen und Subventionen gegen die Importkonkurrenz aus Mexiko zu stützen. Insbesondere die amerikanische Maisproduktion, aber auch Teile der Fleischproduktion können nach den NAFTA-Verträgen von der amerikanischen Regierung massiv subventioniert werden.

Mexiko, früher Selbstversorger mit dem Hauptnahrungsmittel Mais, wurde mit diesen subventionierten US-amerikanischen Landwirtschaftsprodukten und Fleisch überschwemmt, dessen Preis 20 Prozent unter den Produktionskosten liegt. Die erwartete Spezialisierung und Erhöhung der Wertschöpfung in der mexikanischen Landwirtschaft trat nicht ein: Millionen Kleinbauern mussten aufgeben, die vielen Land- und Arbeitslosen konnten aber nicht in den neu entstandenen Zulieferindustrien absorbiert werden. Die Kriminalität stieg. Mexiko muss heute 60 Prozent seines Weizen- und 70 Prozent seines Reisbedarfs importieren.

Auch Kanada wurde wieder zu einem Exporteur von Rohstoffen und hat verstärkt mit Umweltproblemen zu kämpfen, während gleichzeitig die internationale Ölwirtschaft Druck auf die Umweltschutzbestimmungen ausübt. Insgesamt stagnierten die Einkommen in den NAFTA-Mitgliedsländern, während die Einkommensungleichheit stieg.

Viele Unternehmen produzieren mittlerweile weltweit (Global Players) und haben so die Möglichkeit, die unterschiedlichen Arbeitskosten-, Investitions-, Steuer- und sonstige Bedingungen in den unterschiedlichen Ländern zu ihren Gunsten innerhalb des Unternehmens zu nutzen. Nach Schätzungen sind multinationale Unternehmen an ca. 2/3 des Welthandels beteiligt und ca. 1/3 des Welthandels findet direkt zwischen Mutter- und Tochterunternehmen von Konzernen, also „intra-firm" statt.

Einfluss von Banken und Finanzwesen: Finanzintermediäre gelten als die Hauptbeschleuniger der Globalisierung, denn mittels moderner EDV lassen sich Milliardenbeträge innerhalb von Sekunden über den Globus verschieben. Die Finanzunternehmen stehen dabei als Folge der Globalisierung selbst in einem intensiven globalen Wettbewerb um möglichst rentable Anlagemöglichkeiten. Dies führt dazu, dass sie ihrerseits Geldanlagen mit dem Ziel hoher Profite tätigen und so soziale Aspekte in den Hintergrund treten und andererseits selbst zu Kosteneffizienz gezwungen sind (vgl. „Heuschreckendebatte"). Durch die schnellen Bewegungen auf dem Devisenmarkt entstehen Risiken der Instabilität für die einzelnen Währungen (vgl. Debatte um Tobin-Steuer).

Regionalisierung: Globalisierung verstärkt den Druck auf einzelne Länder, sich zu regionalen Wirtschaftsräumen zusammenzuschließen. So entstandene Freihandelszonen sind u. a.: die Europäische Union (EU), das NAFTA in Nordamerika, die APEC im pazifischen Raum, die ASEAN in Südostasien, der Mercosur in Südamerika, die CARICOM im karibischen Raum sowie der GCC einiger Golfstaaten. Die Afrikanische Union ist als Zusammenschluss der afrikanischen Staaten ebenfalls zu nennen, befindet sich jedoch erst im Aufbau.

Durch die expandierende Weltwirtschaft geraten die Nationalstaaten verstärkt in wirtschaftliche Konkurrenz zueinander, denn es entsteht ein Standortwettbewerb. Diese Situation kann zu Spannungen zwischen Staaten führen, daher wird zunehmend eine höhere, multilaterale Instanz gefordert, die die wirtschaftliche Zusammenarbeit zwischen verschiedenen Wirtschaftssubjekten regelt.

Eine Steigerung der globalen Produktion führt zu einer vermehrten Umweltbelastung. Ein Beispiel ist das Ozonproblem. Da ein Staat Umweltprobleme nicht alleine lösen kann, entsteht allmählich aus den Verhandlungen der Staaten eine globalpolitische Struktur, die die Staatengemeinschaft zu einer Verbesserung der Umweltsituation verpflichtet.

Globalisierung der Kultur:

Sexualisierung der Kindheit. Dekadenz aus USA (3Sat)

Amerikas Eltern im Kontrollwahn | Weltspiegel

Amerika XXL - Eindrücke aus dem Land der Dicken

Eine Zukunft für die Jugend in Grönland | Weltspiegel

Die mit der Globalisierung einhergehende Vereinheitlichung von kulturellen Praktiken, Formen des Ausdrucks und Ideen führt zu einer Hyperkulturalität.

Befürworter einer Globalisierung der Kultur sehen darin eine Entwicklung zur weltweiten Verfügbarkeit von Elementen aller Kulturen (beispielsweise Restaurants deutscher Tradition in Afrika, afrikanische Musik in Deutschland, die Inbesitznahme der englischen Sprache durch ehemalige Kolonien). Die Verdrängung der einheimischen Kulturen spiele sich häufig nur auf einer oberflächlichen Ebene ab. Einflüsse würden lokal modifiziert und in die eigenen kulturellen Wertvorstellungen eingebunden. Außerdem verbessere sich die Situation von vielen Menschen bzw. Menschengruppen durch den Kontakt mit der westlichen Kultur (zum Beispiel durch eine erhöhte Gleichberechtigung der Frau). Des Weiteren bilde sich eine „universale" Kultur heraus, es entstünden aber auch hybride Formen aus verschiedenen Traditionen und der Moderne.

Unter Globalisierung der Kultur verstehen vor allem die Kritiker (z. B. aus dem Islamismus) einer aus ihrer Sicht bestehenden „westlichen" Dominanz die Ausbreitung „westlicher" Wertvorstellungen und Lebensstile. Eine massive Verbreitung westlicher Werte findet vor allem über das Fernsehen, das Internet und das Kino statt, aber auch Musik und Mode würden weltweit vom Westen beeinflusst. Der Massentourismus in die exotischen Urlaubsländer allerdings führe – so die Kritiker – dort immer häufiger zum deutlichen Rückgang der kulturellen Traditionen, weil im Zuge einer wachsenden Abhängigkeit fast nur noch für die Touristen gelebt und gearbeitet werde.

(Anmerkung Nils: Das große Problem der Globalisierung der Kultur besteht darin, dass die westliche Kultur eine Kultur des äußeren Konsums ist, die das innere Glück und positive Werte wie Frieden, Liebe und Weisheit zerstört. Die alten Kulturen sind oft ganz oder teilweise Kulturen des inneren Glück, die die positiven Werte wie soziales Miteinander, Gastfreundschaft und Spiritualtität fördern. Die westliche Kultur zerstört also global die positiven Werte und macht die Menschen weltweit innerlich unglücklich, sozial negativ, egoistisch und zu Kosumidioten. Wir brauchen eine weltweite Kultur der Liebe, des Friedens und des Glücks. Eine solche Kultur liegt aber nicht im Interesse des globalen Kapitals. Sie ist schwer durchzusetzen, obwohl es in der westlichen Kultur auch positive Elemente wie Toleranz und die Öffnung für eine undogmatische Spiritualität gibt. Ein Beispiel ist die weite Verbreitung des Yoga, der aber schnell kommerzialisiert und an die westliche Spaß- und Leistungskultur angepasst wird.)

Es stößt nicht nur die Ausbreitung westlicher Wertvorstellungen und Lebensstile auf Kritik, sondern andererseits sehen sich auch konservativere Vertreter einer Kultur, die sie als „christlich-abendländische" Kultur charakterisieren, von Globalisierungseffekten bedrängt. Die Auswirkungen dieser Ängste zeigen sich dann beispielsweise in der Diskussion um Quotenregelungen beim Rundfunk für deutsche und nichtdeutsche Musik oder in Deutschland in der Debatte um „Leitkultur" oder über den „Kopftuchstreit". (Nils: Hier wäre der starke Verfall des Christentums im Westen zu nennen, das gegen die westliche Konsumkultur kaum eine

Chance hat.)

Im Zusammenhang mit dem Konfliktpotenzial der Globalisierung auf kultureller Ebene wird oft das Schlagwort „Kampf der Kulturen" ins Spiel gebracht. (Nils: demgegenüber steht das Konzept einer toleranten multikulturen Welt).

Globalisierungskritik

Die Globalisierungskritik ist nur in seltenen Fällen gegen das Phänomen der Globalisierung an sich gerichtet („Globalisierungsgegner"). Weit überwiegend richten sich Globalisierungskritiker (u. a. vom Weltsozialforum, von Peoples Global Action, attac, WEED und BUKO) gegen die als „neoliberal" bezeichnete Ausprägung der Globalisierung sowie in einigen Fällen den Kapitalismus oder die Marktwirtschaft an sich. Nicht alle Waren und Dienstleistungen, einschließlich der Bildungseinrichtungen, des öffentlichen Verkehrswesens und der Güter der Grundversorgung (Wasser) sollen den Forderungen zufolge überall verkauft und gekauft werden dürfen.

Kritisiert wird, dass sich die Globalisierung auf Märkte und Geschäftsbeziehungen konzentriert, die Globalisierung von Menschenrechten, Arbeitnehmerrechten, ökologischen Standards oder Demokratie aber unberücksichtigt bleiben würde. Der Bürger habe, im Gegensatz zu Lobbygruppen der Wirtschaft, schwindenden Einfluss. Vielfach wird die Einführung weltweiter sozialer und ökologischer Mindeststandards gefordert. Die Kritiker bemängeln weiterhin eine mangelnde Transparenz und demokratische Legitimation von internationalen Gremien wie der WTO, des IWF oder der Weltbank.

Globalisierungskritiker behaupten ferner, dass es durch die liberale Globalisierung zu einer Zunahme der weltweiten sozialen Ungleichheit sowohl zwischen als auch innerhalb einzelner Länder komme. Vor allem Einkommen und die relative große Einkommensausgeglichenheit in Industrieländern geraten nach dieser Lesart unter Druck. Beispielsweise stieg das Bruttoinlandsprodukt der USA zwischen 1973 und 1995 um 39 %. Dieser Zugewinn entfiel jedoch beinahe ausschließlich auf Spitzenverdiener. Die Einkommen von Beschäftigten ohne Führungsfunktion (etwa 80 % der Arbeitnehmer) sanken in dem Zeitraum dagegen um real 14 %.

Die 10 REICHSTEN Familien auf der ganzen Welt

Wir kaufen uns die Welt: Unser Wohlstand - Eure Armut | SRF DOK

BlackRock - Die Schattenregierung der USA

Der Fluch des Oligarchentums

(Zitate aus www.tagesschau.de/ausland/ukraine-oligarchentum von Silvia Stöber)

Einige Männer im Hintergrund werden mitreden. Es sind reiche Geschäftsleute, die die Medien beherrschen und die Politik beeinflussen. Dieses Oligarchentum ist eine schwere Bürde – nicht nur für die Ukraine.

Wenn die Menschen in der Ukraine, aber auch in Moldawien und Armenien, für eine Annäherung ihrer Länder an Europa auf die Straße gehen, ärgert sie vor allem eines: Sie haben es satt, in Ländern zu leben, in denen einige Geschäftsleute nicht nur die Wirtschaft beherrschen, sondern auch die Politik und die Behörden beeinflussen. So gelingt es diesen Oligarchen nicht nur, sich Konkurrenten vom Leib zu halten, sondern auch staatliche Ressourcen für sich zu nutzen – zum Nachteil der Bevölkerung.

Wer zur rechten Zeit, meist zu Beginn der neunziger Jahre, clever und skrupellos genug war, der konnte mit Glück und guten Verbindungen ein Wirtschaftsimperium aufbauen. Je größer die Ressourcen eines Landes sind, desto mehr und desto reichere Oligarchen bringt es hervor. In schwach ausgeprägten Rechtsstaaten stehen ihnen kaum Gesetze im Wege.

Zum Merkmal eines Oligarchen gehört, dass er über Medienkontrolle verfügt. So besitzen Firtasch und Ljowotschkin den Fernsehkanal „Inter". Der „Fünfte Kanal" wiederum gehört Poroschenko. Nicht gerade zur Freude der arrivierten Oligarchen nutzt Präsident Viktor Janukowitsch seit dem Amtsantritt 2010 seine Machtposition, um mit seiner Familie Besitz und Vermögen anzuhäufen. Vor allem sein ältester Sohn Oleksander fällt derzeit auf, da er laut dem Magazin „Forbes" in kürzester Zeit ein Vermögen von 500 Millionen US-Dollar angesammelt hat. Das ist drei Mal mehr, als er offiziell im April besaß.

„Einige Oligarchen wie Poroschenko und Tigipko wurden zur Seite gedrängt. Andere mussten das Land verlassen", sagt die Wirtschaftsexpertin Elena Gnedina. „Die wichtigsten Entscheidungen fallen in einem kleinen Zirkel um Janukowitsch, der als ‚Familie' bekannt ist." Janukowitschs Leute bedienen sich vor allem aus den Staatskassen, erklärt Kyryl Savin, Leiter des Büros der Heinrich-Böll-Stiftung in Kiew. Dazu machte sich Janukowitsch Justiz und Behörden gefügig. Eine Studie der Stiftung Wissenschaft und Politik beschreibt zum Beispiel, wie die Gerichte an Unabhängigkeit verloren, die Aufsichtsbehörden ihrer Kontrollinstrumente beraubt und wichtige Positionen mit Getreuen besetzt wurden. Dies alles geschah, während Janukowitsch offiziell einen pro-europäischen Kurs verfolgte.

Weder Janukowitsch noch die Oligarchen wollen ihr Terrain mit russischen Unternehmern teilen. Deshalb würde die Ukraine nur unter höchstem Druck der Zollunion mit Russland beitreten. Doch zu weit kann sich Janukowitsch auch nicht auf die EU zubewegen. Denn eine ernsthafte Umsetzung des fertig ausgehandelten Assoziierungs- und Freihandelsabkommens würde Macht und Einkommensmöglichkeiten einschränken.

Zwar verfolgen Janukowitsch und die Oligarchen in der derzeitigen Situation das gleiche Ziel: Sie wollen den Status quo erhalten und ungestört ihr Business betreiben. Doch könnte nach bald drei Wochen Dauerprotest im Land der „point of no return" erreicht sein, meint Savin. Sicher sei, dass Janukowitsch nicht allein entscheiden könne und auf die Rückendeckung von Leuten wie Achmetow angewiesen sei. Womöglich hätten die Oligarchen darauf gedrungen, dass Janukowitsch Gesprächsbereitschaft gegenüber der Opposition zeigt.

Ohnehin bilden die Oligarchengruppen keinen einheitlichen

Block. Sie hielten sich auch bislang schon nicht nur an Janukowitsch: „Ukrainische Oligarchen sind sehr opportunistisch und setzen nicht allein auf ein Pferd. Sogar jene aus Janukowitschs Umfeld unterstützten in der Vergangenheit auch die Opposition. Sie würden die Seiten wechseln, wenn Janukowitsch schwach und unpopulär wird. Sie fürchten soziale Unruhen, die zum wirtschaftlichen Kollaps und zum Wertverlust ihres Besitzes führen könnten", sagt die Wirtschaftsexpertin Gnedina.

Weitere sehr starke Gerüchte besagten, so Savin, dass der Oppositionspolitiker Vitali Klitschko mit Oligarchen wie Firtasch Gespräche führt. Womöglich finanzierten sie auch seine Partei und sein politisches Engagement. Klitschko streitet das ab. Unklar bleibt aber, wie er seine Partei und deren Aktivitäten finanziert. Klitschko wird seinen Machtkampf nicht führen können, ohne sich mit den Oligarchen ins Benehmen zu setzen, ob jetzt oder später im Präsidentschaftswahlkampf. Dies wird auch der Konrad-Adenauer-Stiftung bewusst sein, die Klitschko nach Recherchen der österreichischen Journalistin Jutta Sommerbauer bereits im Wahlkampf 2012 organisatorisch und logistisch unterstützte.

Erfahrungen hat der Verbund christdemokratischer Parteien in Europa bereits mit derlei Problemländern. Beobachtendes Mitglied der EVP ist auch die Partei des armenischen Präsidenten Sersch Sarksjan. Diese ist Bestandteil eines Oligarchensystems, das Armenien fest im Griff hält. Auch Georgiens Ex-Präsident Michail Saakaschwili ist im Kreis der EVP aktiv. Seine Partei steht im eigenen Land unter dem Vorwurf der Elitenkorruption.

Kommentare

Am 10. Dezember 2013 um 05:56 von Liane8151

Oligarchentum. Vlt. nicht auf DIESE Art und Weise …. aber auch wir in DE werden durch unsere Wirtschaft regiert und bestimmt ! Die Wirtschaft sagt der Regierung einfach: „So nicht mit uns – dann gehen wir einfach in ein anderes Land mit unseren Unternehmen. Die Steuern zahlen wir dann da. Dann seht doch zu, wie ihr in DE OHNE Wirtschaftsunternehmen klar kommt !"

riewekooche
Bei uns ist das alles völlig anders. Bei uns wird der Einfluß unserer „Oligarchen" nicht so öffentlich wirksam. Sie arbeiten über Lobbyisten, über verdeckte und offene Zahlungen an Parteien und über einflußreiche Stiftungen. Das Gewissen, das unserem Grundgesetz zufolge einzige Entscheidungsgrundlage eines Abgeordneten sein sollte, wird maßgeblich von seiner Partei und den Lobbyisten beeinflusst, und ich möchte auch daran erinnern, daß unser Land die UNO-Antikorruptionsvereinbarung nicht ratifiziert hat (im Gegensatz zur Ukraine übrigens).

Pixelpusher28
Der Hinweis, dass die Ukraine von Oligarchen regiert wird ist sicherlich richtig. Nur wird gern vergessen dass auch Frau Timoschenko eine Oligarchin ist. Das scheint den Westen dann wiederum nicht zu stören, sie wird gar zur Ikone der Freiheit hochstilisiert. Was zeigt dass es hier nicht um Demokratie geht sondern um Einflußzonen. Und wer regiert uns denn? Schon vergessen wohin die halbe SPD-Regierung nach der Abwahl verschwand? Erst hat man den Unternehmen Geschenke gemacht, dann bekam man bei den begünstigten Unternehmen fett dotierte Posten, ob Schily, Schröder, Clement oder Riester. Korruption? Aber nicht doch… Man vergesse auch nicht dass es südlich der Alpen ein Land gibt (Italien) das lange Jahre von einem Oligarchen zum Wohle seiner Konzerne regiert wurde. Wir hätten wirklich allen Grund uns selbst so kritisch zu betrachten wie wir das immer nur bei den Osteuropäern tun.

DeHahn
Kommt nicht gerade eine GroKo bestehend aus SPD und
CDU? Die CDU hat schon immer für die Reichen gearbeitet,
aber den entscheidenden Quantensprung hat die SPD mit der
Agenda2010 und der Liberalisierung der Finanzmärkte
gemacht.

COJO
Schön verpackt ist ein Oligarch nichts anderes als ein
psychopatischer Egoist. Und der ist skrupellos und verhindert
dass alle in der Gesellschaft gleiche Chancen haben oder
bekommen.

Nils

Die Basis des kapitalistischen Wirtschaftsystems ist der
Egoismus. Insofern tendiert der Kapitalismus automatisch zum
Oligarchentum oder sogar zur Alleinherrschaft einer Person.
Wir sehen das an Russland (Putin), der Türkei (Erdogan) und
auch in den USA. Derzeit herrscht in den USA der Oligarch
Trump. Die amerikanische Demokratie ist grundsätzlich so
angelegt, dass man nur zwischen den konservativen
Kapitalisten (Republikaner) und den liberalen Kapitalisten
(Demokraten) wählen kann. Beide Gruppem beherrschen durch
ihr Geld die großen Parteien (Wahlkampffinanzierung) und die
Massenmedien. Die großen westlichen Demokratien sind durch
die Dynamik des Kapitalismus teilweise zu Scheindemokratien
geworden. Allerdings bieten sie einen mehr oder weniger
großen Spielraum für echte Demokratie. Das Internet hat die
Gesellschaft aber verändert. Jeder kann jetzt seine Meinung
öffentlich äußern.

http://www.zeit.de/politik/ausland/2014-06/usa-oligarchie-
kapital/seite-2

Die Reichen in Amerika hatten immer das Sagen, und meist

hatten sie einen ähnlich dicken Anteil an der Gesamtwirtschaft wie heute. Wenn nicht mehr. Nehmen wir nur die zweite Hälfte des 19. Jahrhunderts, das sogenannte Gilded Age. Da waren Superreiche noch echte Superreiche. Man sagt, Rockefellers Vermögen belief sich auf sage und schreibe zwei Prozent des gesamten Bruttoinlandsprodukts. Damit kann auch ein Bill Gates nicht mithalten. Die Industriebarone von damals hatten Washington so tief in der Tasche, dass die politische Korruption von einst heute noch legendär ist. Wenn jemals eine Oligarchie in Amerika möglich war, dann im Gilded Age.

Doch dann passierte etwas Merkwürdiges. Im Garten Eden des Kapitalismus begann eine Welle des Widerstands. Amerika hat mit einigem Recht den Ruf, bis ins Knochenmark urkapitalistisch zu sein, aber in Wahrheit waren wir der erste Industriestaat, der den Kapitalismus begrenzte, angefangen mit dem Sherman Antitrust Act 1890, der die großen Monopole zerschlug. Deutschland kam erst knapp hundert Jahre später auf diese Idee.

Es war vermutlich der erzkonservative, waffenvernarrte Präsident Teddy Roosevelt, der Anfang des 20. Jahrhunderts dann der Ungleichheit des Gilded Age endgültig den Garaus machte. Er bekam den Spitznamen trust-buster – Kartellzertrümmerer – nachdem er sage und schreibe 40 Kartelle filetierte.

Oligarchie und Konzentration des Kapitals sind Aspekte eines größeren Phänomens: Seit einigen Jahren häufen sich Studien, die eindeutig zeigen, dass es heute in Kanada, in den skandinavischen Ländern, sogar in Deutschland leichter ist, sozial aufzusteigen, als in Amerika. Obama wäre gern der Teddy Roosevelt des 21. Jahrhunderts. Vor sechs Monaten nannte er in einer Rede die wachsende

Einkommensungleichheit "die existentielle Herausforderung unserer Zeit" und forderte ein stärkeres soziales Netz und höhere Löhne.

Doch das wird nicht reichen. Ich denke, die Situation muss noch schlimmer werden, bevor die amerikanischen Wähler geschlossen eine tiefgreifende Änderung fordern. Denn das ist genau das, was eine Demokratie von einer Oligarchie unterscheidet: Das Volk hat immer noch die Möglichkeit, seine Sache gegen den Willen der Reichen durchzusetzen, wenn es will.

Die Reichen werden immer reicher

Die Verteilung des Reichtums auf der Welt

Goldman Sachs - Eine Bank lenkt die Welt - Ganzer Film

Bankster - Der Tanz der Geier (Arte)

Mit offenen Karten - Ausbeutung in Afrika (Arte)

Wer kontrolliert den Welthandel ? (Arte)

http://www.tagesspiegel.de/wirtschaft/oekonom-piketty-und-die-debatte-um-umverteilung-warum-die-reichen-immer-reicher-werden/9907496.html von Carsten Brönstrup

Wir schreiben das Jahr 2154: Auf der abgewirtschafteten, überbevölkerten Erde schuftet die Masse der Menschen vor sich hin. Für eine kleine Elite von Superreichen, die sich auf die Raumstation Elysium abgesetzt hat und dort ein Leben im Luxus führt. Das Refugium ist für die Erdenbewohner eine unerreichbare Festung, trotz aller Anstrengungen. Mit allen Mitteln wird es gegen Eindringlinge verteidigt. Erst ein Held sorgt dafür, dass sich die Verhältnisse ändern.

Hollywood hat sich dieses wüste Szenario für den Film „Elysium" ausgedacht. Doch womöglich ist die Menschheit im Jahr 2154 tatsächlich derart tief gespalten – das legt zumindest der französische Ökonom Thomas Piketty nahe. Er hat ein Buch geschrieben, das ein düsteres Bild des Kapitalismus und seiner Entwicklung in den kommenden Jahrzehnten zeichnet. Der 43-Jährige glaubt, auf eine fatale Gesetzmäßigkeit gestoßen zu sein, die der Marktwirtschaft innewohnt und sie zu zerstören droht: Dass Kapital und Vermögen stets mehr Ertrag abwerfen als Anstrengung und harte Arbeit. Die Konsequenz: Die Reichen werden immer reicher, und wer hat, dem wird gegeben.

Vor allem in den USA trifft das Buch einen Nerv. Seit den 1980er Jahren öffnet sich dort die Vermögensschere immer weiter. Das kennen auch die Deutschen: Mehr als jeder Vierte besitzt hierzulande gar nichts, und laut dem Deutschen Institut für Wirtschaftsforschung ist der Wohlstand in keinem Land Europas so ungleich verteilt wie in der Bundesrepublik.

Gestoppt wird die Akkumulation des Kapitals nach Pikettys Beobachtungen nur durch historische Einschnitte – Weltkriege, Finanzkrisen, Inflation. So schrumpfte Mitte des vergangenen Jahrhunderts der Abstand zwischen Arbeits- und Vermögenseinkommen – weil die Kriege Werte vernichtet hatten, die Produktion anschließend rasant wuchs und Reiche kräftig besteuert wurden. Noch in den siebziger Jahren lag der Spitzensteuersatz in den USA bei mehr als 70 Prozent.

Zu diesen Zeiten möchte Piketty zurück – er will den Fehler des Kapitalismus durch Umverteilung reparieren: mit einer progressiven Vermögensteuer, die Millionäre dazu zwingt, jährlich zwei Prozent ihres Besitzes abzugeben, bei Milliardären sollen es zehn Prozent sein. Zusätzlich verlangt er eine Einkommensteuer von bis zu 80 Prozent für Spitzenverdiener.

Die Thesen des Franzosen werden bei Linken und Gewerkschaften gerne gehört, auch wenn manche Daten nicht über jeden Zweifel erhaben scheinen. Aber auch die Wirtschaftsländer-Vereinigung OECD kann ihnen etwas abgewinnen. Generalsekretär Angel Gurría prangerte vergangene Woche bei seinem Besuch in Berlin die wachsende Zahl von Geringverdienern an und das zunehmende Armutsrisiko, gerade für schlecht Qualifizierte. „Deutschland muss jetzt handeln", verlangte der OECD-Mann. Bundeswirtschaftsminister Sigmar Gabriel (SPD), der neben Gurría saß, begrüßte dessen Mahnungen als „sehr hilfreich". Man werde die Anregungen „intensiv diskutieren".

Wikpedia: Vermögensverteilung in Deutschland

Im internationalen Vergleich nimmt Deutschland eine mittlere, innerhalb des Euroraums allerdings die zweithöchste Position bei der Vermögensungleichheit ein. Nach der Jahrtausendwende bzw. seit Mitte der 90er Jahre verstärkte sich die Ungleichheit. 2007 besaßen die reichsten 10 % der Bevölkerung 66,6 % des Gesamtvermögens, die reichsten 0,1 % (etwa 70.000 Personen) mit 1.627 Milliarden Euro 22.5 % des Gesamtvermögens. Die ärmere Hälfte der Bevölkerung (etwa 35 Mio. Personen) besaß mit 103 Milliarden Euro dagegen nur 1,4 % des Gesamtvermögens.

https://www.oxfam.de/ueber-uns/aktuelles/2017-01-16-8-maenner-besitzen-so-viel-aermere-haelfte-weltbevoelkerung

Unfassbar: Acht Milliardäre besitzen genauso viel Vermögen wie die ärmere Hälfte der Weltbevölkerung. Oxfams aktuelle Studie zeigt: Die Lücke zwischen Arm und Reich ist größer als bisher angenommen. Wir brauchen endlich eine Politik, die Menschen statt Profite in den Mittelpunkt stellt!

Der neue Oxfam-Bericht zeigt außerdem, dass das reichste Prozent der Weltbevölkerung 50,8 Prozent des weltweiten Vermögens besitzt – und damit mehr als die restlichen 99 Prozent zusammen.

Auch reiche Länder sind von sozialer Ungleichheit betroffen: In Deutschland besitzen 36 Milliardäre so viel Vermögen (297 Milliarden US-Dollar) wie die ärmere Hälfte der Bevölkerung, das reichste Prozent besitzt rund ein Drittel des gesamten Vermögens (31 Prozent; 3,9 Billionen US-Dollar).

Die Konzentration von Reichtum in den Händen weniger nimmt ständig zu, während Hunderttausende nicht genug zu essen haben und Milliarden Menschen mehr schlecht als recht leben. Das hängt auch mit der Macht internationaler Konzerne zusammen: Sie nutzen aggressive Steuervermeidungs-Techniken, verschieben ihre Gewinne in Steueroasen und treiben Staaten in einen ruinösen Wettlauf um Niedrigsteuersätze.

Die Verlierer sind wir alle! Am stärksten trifft es die Menschen in armen Ländern. Durch Steuervermeidung fehlen diesen Staaten derzeit mindestens 100 Milliarden US-Dollar pro Jahr.

Wir wünschen uns eine Gesellschaft, in der Schulbesuch, medizinische Versorgung und ein würdevolles Leben keine Privilegien sind. Doch durch die Steuertricks der Unternehmen fehlt vielen Regierungen Geld für Bildung, Gesundheit und soziale Sicherheit. Das ist besonders hart für diejenigen, die ohnehin schon wenig haben – überall auf der Welt.

Vielerorts stagnieren die Reallöhne, während Manager und Großaktionäre sich jedes Jahr steigende Millionenbeträge genehmigen. Weltweit fühlen sich immer mehr Menschen abgehängt und verlieren den Glauben an die Demokratie. So bereitet Ungleichheit den Boden für Rechtspopulisten und andere Feinde einer solidarischen Gesellschaft. Wir sagen: Menschen sind wichtiger als Profite!

Wir brauchen endlich eine Politik, die Menschen statt Profite in den Mittelpunkt stellt und der extremen Ungleichheit, die uns alle betrifft, entgegenwirkt. Dazu gehört eine gerechte Steuerpolitik, die internationale Konzerne und Superreiche dazu zwingt, ihren fairen Anteil an der Finanzierung von Bildung, Gesundheitsversorgung und sozialer Sicherung zu leisten.

Angela Merkel und Sigmar Gabriel müssen sich dafür einsetzen, dass ein weltweiter Mindeststeuersatz für Konzerne eingeführt wird; Steueroasen abgeschafft werden; Konzerne offenlegen müssen, wo und in welcher Höhe sie Steuern zahlen.

http://content.globalmarshallplan.org/ShowNews.asp?ID=4584

Bis zu 32 Billionen US-Dollar sind in den Steueroasen versteckt. Das ist ein Drittel des Gesamtvermögens der Reichen. Mit diesem Geld könnte alle Armut auf der Welt beseitigt und eine bessere Welt aufgebaut werden. Und das Geld wird von den Reichen wirklich nicht gebraucht. Es ist kriminelles Geld und sollte deshalb von der Weltgemeinschaft eingezogen werden.

http://www.tagesschau.de/wirtschaft/g20-steuern102.html

(2013) Multinationale Konzerne sollen künftig mehr Steuerverantwortung tragen und damit nationale Unternehmen und Bürger entlasten. Ein solches Modell hat die OECD beim G20-Finanzministertreffen vorgestellt – und erhält Rückendeckung. OECD-Generalsekretär Angel Gurria hofft, dass in Moskau eine Art Steuer-Revolution auf den Weg gebracht wird. Er präsentiert den Finanzministern der 20 wichtigsten Volkswirtschaften einen Aktionsplan, den seine Organisation in den vergangenen Monaten ausgearbeitet hat: „Der Plan enthält 15 Aktionen, die zur radikalsten Veränderung der internationalen Steuerregeln seit den 20er Jahren des vorigen Jahrhunderts führen würden." Nötig wäre es. Denn diese Steuerregeln sind so chaotisch, dass sie den großen internationalen Konzernen allerlei Tricksereien ermöglichen. Das empört auch den französischen Finanzminister Pierre Mosovici: „Einige große Unternehmen schaffen es, gerade mal drei bis vier Prozent Steuern auf ihre weltweiten Gewinne zu zahlen. Das kann man doch den Bürgern und auch den kleinen und mittleren Unternehmen, die ihren fairen Teil zum

Steueraufkommen beitragen, nicht mehr vermitteln.

Und deshalb sollen nun etliche dieser zurzeit noch legalen Schlupflöcher gestopft werden. Es soll nicht mehr möglich sein, dass die multinationalen Konzerne durch kreative interne Preisgestaltung ihre Gewinne in den Ländern kleinrechnen, wo die Steuersätze hoch und die Verluste dort hochrechnen, wo die Besteuerung niedrig ist. Die Konzerne sollen auch zur Transparenz gezwungen werden, sie sollen Land für Land ausweisen, wie hoch ihre Einnahmen sind und wie viele Steuern sie gezahlt haben.

Und schließlich wagt sich der Aktionsplan auch an das heiße Eisen des unfairen Steuerwettbewerbs zwischen den Staaten. Die sollen nicht mehr mit bestimmten Dumping-Steuersätzen und anderen Vergünstigungen die Konzerne anlocken und so das Steueraufkommen in anderen Ländern aushöhlen. Eine generelle Harmonisierung der Steuersätze wird allerdings nicht angestrebt. Ziel ist, dass am Ende in jedem Land die Steuern entsprechend der dort tatsächlich stattfindenden Wertschöpfung entrichtet werden.

(Nils: Der Plan ist gescheitert.)

Ungleichheit weltweit gewachsen 14.12.2017
http://www.tagesschau.de/wirtschaft/einkommensungleichh
eit-101.html

Seit 1980 haben die reichsten ein Prozent der Weltbevölkerung ihre Einkünfte mehr als verdoppelt, wie aus einer Untersuchung von Forschern um den bekannten französischen Ökonom Thomas Piketty hervorgeht. Die Mittelklasse habe dagegen kaum profitiert, auch wenn gestiegene Einkommen statistisch allen Menschen zu Gute gekommen seien.

Regional gibt es allerdings Unterschiede: Am geringsten ist das

Gefälle demnach in Europa. Dort verfügten 2016 die oberen zehn Prozent über 37 Prozent des nationalen Einkommens, in Nordamerika waren es 47 Prozent, im Nahen Osten den Angaben zufolge sogar 61 Prozent. "Seit 1980 ist die Einkommensungleichheit in Nordamerika, China, Indien und Russland rasant gestiegen. In Europa verlief der Anstieg moderat", heißt es in der Studie.

In Deutschland haben die obersten zehn Prozent den Angaben zufolge rund 40 Prozent am Gesamteinkommen. "Ihr Anteil ist seit Mitte der 1990er-Jahre gestiegen", sagte Charlotte Bartels vom Deutschen Institut für Wirtschaftsforschung (DIW), die die deutschen Daten auswertete. "Die unteren 50 Prozent haben in den letzten Jahren massiv an Anteil am Gesamteinkommen verloren. In den 1960er-Jahren verfügten sie noch über etwa ein Drittel, heute sind es noch 17 Prozent", erläuterte die Wissenschaftlerin. DIW-Chef Marcel Fratzscher hatte jüngst eine "Investitionsoffensive in Bildung, Qualifizierung, Teilhabe und Innovation" für Deutschland gefordert. Die Löhne nach Inflation sowie die Einkommen der unteren 40 Prozent seien heute niedriger als vor 20 Jahren, hatte der Ökonom kritisiert.

Hauptursache der ökonomischen Ungleichgewichte ist den Autoren zufolge die ungleiche Verteilung von Kapital in privater und in öffentlicher Hand. Seit 1980 seien in fast allen Ländern riesige Mengen öffentlichen Vermögens privatisiert worden. "Dadurch verringert sich der Spielraum der Regierungen, der Ungleichheit entgegenzuwirken", argumentieren die Wissenschaftler.

Das internationale Forscherteam um Piketty, Autor des kapitalismuskritischen Bestsellers "Das Kapital im 21. Jahrhundert", empfiehlt zur Bekämpfung der Ungleichheit unter anderem die Einführung eines globalen Finanzregisters, um Geldwäsche und Steuerflucht zu erschweren. Kindern aus ärmeren Familien müsse der Zugang zu Bildung erleichtert werden. Weitere Instrumente seien progressive Steuersätze, die mit dem Einkommen steigen, sowie eine Verbesserung der betrieblichen Mitbestimmung und angemessene Mindestlöhne.

Senat billigt Trumps Steuerreform 20.12.2017
http://www.tagesschau.de/ausland/usa-steuerreform-111.html

Der US-Senat hat die Steuerreform von Präsident Trump abgesegnet. Trump steht vor dem ersten großen Erfolg - dabei ist die Reform unpopulär. Der Sprecher des Repräsentantenhauses, der Republikaner Paul Ryan, sprach von einer "historischen Steuerreform". Heute gebe man den Amerikanern ihr Geld zurück. Die demokratische Fraktionschefin Nancy Pelosi hingegen kritisierte die Reform heftig: "Kann eine Steuerreform gerecht sein, die die nationalen Schulden explodieren lässt, um den Reichen Steuern zu erlassen und die Quittung unseren Kindern aufhalst?" Trump hingegen hatte die Steuerreform schon als "Weihnachtsgeschenk" für die US-Bürger bezeichnet .

Das Papier ist 500 Seiten stark. Es umfasst drei Kernpunkte: - Absenkung der Unternehmenssteuer auf 21 Prozent - Entlastung der meisten Bürger zumindest in den kommenden zehn Jahren, wobei Bezieher höherer Einkommen mehr sparen - Abschaffung der Strafsteuer für US-Bürger ohne Krankenversicherung.

Das Steuerbüro des Kongresses errechnete, dass die Reform die Staatsschulden in den kommenden zehn Jahren um 1,5 Billionen Dollar in die Höhe treiben könnte. Der Unternehmer und New Yorker Ex-Bürgermeister Michael Bloomberg sagte im im Fernsehsender PBS, dann werde das Geld für dringend nötige Infrastrukturmaßnahmen und für das "runtergewirtschaftete Schulsystem" fehlen. "Dazu kommt, dass das Gesetz die Einkommensunterschiede zwischen Reich und Arm weiter auseinanderklaffen lässt. Das ist nun wirklich keine Reform." Wie eine aktuelle Umfrage zeigt, kommt Trumps Steuerreform bei den Bürgern nicht gut an. 55 Prozent lehnen das Reformwerk ab, nur 33 Prozent sind dafür.

http://www.tagesschau.de/ausland/steuerreform-usa-105.html

Der Spitzensteuersatz soll von 39,6 auf 37 Prozent gesenkt werden. Das wird vor allem den Reichen zugutekommen. Die Körperschaftssteuer soll von 35 auf 21 Prozent gesenkt werden und so Unternehmen entlasten. Die Republikaner hoffen, dass mit den Steuersenkungen das Wirtschaftswachstum angekurbelt wird. Wirtschaftsexperten sind dahingehend jedoch eher skeptisch.

"Die Republikaner sind schwer beschäftigt, Milliardäre steuerlich zu entlasten", schäumt auch der ehemalige Präsidentschaftskandidat Bernie Sanders. "Sie machen sich nicht solche Sorgen darum, ob Arbeiterfamilien die Gesundheitsversorgung bekommen, die sie brauchen." Denn Teil des Gesetzentwurfes ist auch die Abschaffung der Krankenversicherungspflicht. Die Befürchtung: Millionen Amerikaner könnten dann keine Krankenversicherung mehr haben und die Beiträge würden steigen.

Die Demokraten kritisieren, dass der Gesetzesentwurf vor allem Unternehmen und Wohlhabenden Vorteile bringen würde. Experten schätzen, dass das Steuerpaket die Staatsschulden in den nächsten zehn Jahren um rund eine Billion US-Dollar steigen lässt.

JueFie
Ich sehe da keinen Unterschied zu uns und dem was Union und FDP schon immer gemacht haben. Selbst die SPD mit ihrem Seeheimer Kreis hat mit der Politik Schröder's nichts anderes gemacht.

Nils:

Hier läuft etwas grundlegend falsch auf der Welt. Das Ziel ist es nicht eine Welt der größtmöglichen Armut bei den Massen und des größtmöglichen Reichtums bei einigen Wenigen zu schaffen. Das ist letztlich eine Welt des Leidens, des Elends und der Kriege. Auch die Rüstung ist in den letzten Jahrzehnten um 40 % gestiegen. Mit immer mehr Waffen gibt es immer mehr Kriege. Ich strebe eine Welt der Liebe, des Frieden und des allgemeinen Glücks an. Ich wundere mich, dass sich nur wenige Menschen für dieses Ziel begeistern. Durch die kapitalistischen Massenmedien hat die Volksverdummung ein erschreckendes Ausmaß erreicht. Es wäre so einfach diesen Wahnsinn zu stoppen. Wir müssten nur die richtigen Parteien wählen. Und wir brauchen vielmehr Weltretter. Gemeinsam können wir die Wende schaffen.

Eine psychisch kranke Welt

<u>**Psychotherapeut Maaz: Warum unsere Gesellschaft so krank ist**</u>

<u>**Wir brauchen Beziehungskultur - Hans Joachim Maaz**</u>

Psychische Erkrankungen nehmen zu

http://psyga.info/psychische-gesundheit/daten-und-fakten/

Trotz rückläufiger Krankenstände in den letzten Jahren wächst der relative Anteil psychischer Erkrankungen am Arbeitsunfähigkeitsgeschehen. Er kletterte in den vergangenen 40 Jahren von zwei Prozent auf 15,1 Prozent.

Die durch psychische Krankheiten ausgelösten Krankheitstage haben sich in diesem Zeitraum verfünffacht. Während psychische Erkrankungen vor 20 Jahren noch nahezu bedeutungslos waren, sind sie heute drittthäufigste

Diagnosegruppe bei Krankschreibung bzw. Arbeitsunfähigkeit. (BKK Gesundheitsreport 2016, S. 59)

Besondere Bedeutung und Brisanz erhalten psychische Erkrankungen auch durch die Krankheitsdauer: Die durchschnittliche Dauer psychisch bedingter Krankheitsfälle ist mit 36 Tagen dreimal so hoch wie bei anderen Erkrankungen mit 12 Tagen. (BKK Gesundheitsreport 2016, S. 47)

Psychische Erkrankungen sind außerdem die häufigste Ursache für krankheitsbedingte Frühberentungen. Zwischen 1993 und 2015 stieg der Anteil von Personen, die aufgrund seelischer Leiden frühzeitig in Rente gingen, von 15,4 auf 42,9 Prozent (Deutsche Rentenversicherung Bund: Rentenversicherung in Zeitreihen 2016, S. 111). Gegenüber dem Jahr 2000 entspricht dies einer Steigerung der Fallzahlen um über 40 Prozent. Im Vergleich zu anderen Diagnosegruppen treten Berentungsfälle wegen "Psychischer und Verhaltensstörungen" deutlich früher ein; das Durchschnittsalter liegt bei 48,1 Jahren. (Deutsche Rentenversicherung: Positionspapier zur Bedeutung psychischer Erkrankungen, 2014, S. 24)

Wikipedia: Psychische Störungen sind weit verbreitet. Nach einer Studie der WHO leidet weltweit jeder vierte Arztbesucher daran. Deutsche Studien sprechen von ca. 8 Millionen Deutschen mit behandlungsbedürftigen psychischen Störungen. Seit 1991 stieg die Zahl der Krankheitstage durch psychische Störungen um etwa 33 Prozent. Dieser ansteigende Trend zu psychischen Erkrankungen ist in der Arbeitsunfähigkeitsstatistik seit deren Einführung im Jahre 1976 zu beobachten (Stand: 2006). Das spiegelt sich auch im stationären Bereich (Krankenhaus) wider: Seit 1986 stieg die Zahl der Krankenhausfälle von 3,8 Fällen je 1000 GKV-Versicherte auf 9,3 Fälle im Jahr 2005, was dem 2,5-fachen entspricht. Wissenschaftler der Universität Dresden berechneten, dass etwa jeder vierte EU-Bürger innerhalb eines

Jahres an einer psychischen Erkrankung leidet und das Risiko im Verlauf des Lebens auf 50 Prozent steigt.

Depressionen, Alkoholerkrankungen, bipolare Störungen und Schizophrenien zählen in Europa zu den häufigsten Erkrankungen. Allerdings wurde dieses Problem erst in den letzten Jahren enttabuisiert und zunehmend in der Gesellschaft diskutiert.

AOK-Fehlzeitenreport Immer öfter ist es die Psyche

Stand: 14.09.2017

Arbeitnehmer fallen immer häufiger wegen psychischer Probleme im Job aus. Laut einer AOK-Umfrage stieg die Zahl dieser Krankschreibungen in den vergangenen zehn Jahren um fast 80 Prozent an. Und es dauert in solchen Fällen im Schnitt fast doppelt so lange, bis es den Betroffenen wieder besser geht.

Für ihren "Fehlzeiten-Report 2017" befragte das Wissenschaftliche Institut der AOK 2000 Beschäftigte zwischen 16 und 65 Jahren. Betroffen waren demnach die Hälfte aller Befragten (52 Prozent). Während die Unterschiede zwischen Männern und Frauen marginal sind, ist der Einfluss des Alters erwartungsgemäß erheblich: So berichtet mehr als ein Drittel der Beschäftigten unter 30 Jahren (38 Prozent) über persönliche Krisen, bei den 50- bis 65-Jährigen sind dies schon fast zwei Drittel (knapp 65 Prozent).

Wird nach dem schlimmsten Ereignis gefragt, wird am häufigsten über schwere Erkrankungen in der Familie berichtet (14 Prozent), dicht gefolgt von belastenden Konflikten im privaten Umfeld (13 Prozent), Trennung (13 Prozent) oder Tod eines Familienangehörigen (zehn Prozent). Bereits auf Rang fünf steht mit Mobbing oder Streit am Arbeitsplatz eine das Berufsleben betreffende Krise (neun Prozent).

Am 14. September 2017 um 12:22 von Hepheistos
Diese Erkenntnisse sind nicht neu, was neu ist sind die Zahlen von Betroffenen, die zu immer höheren Anteilen steigen. Arbeitsverhältnisse, die immer mehr zu Krankheit und Rückzug führen, aber der Staat, der von unserem Arbeiten lebt und sich so weltweit zu Marktführerschaft, Wirtschafts- und Währungsinstanz aufgeschwungen hat reagiert nicht? Wie lange werden wohl solche Mißverhältnisse zu kaschieren sein? Wie lange noch werden mit einem immer mehr psysisch angeschlagenen Volk die Herausforderungen nicht nur in Wirtschaft, sondern vor allem untereinander und im Besonderen mit den immer mehr gewollten, oder aufgedrückten Kulturwerteveränderungen sein.

Am 14. September 2017 um 12:24 von desputin
Das Problem ist die Leistungsgesellschaft: In Bildung, Arbeit und Freizeit wird der Druck und das Tempo ständig erhöht. Die Prinzipien der Wirtschaft werden auf andere Gesellschaftsbereiche übertragen, die Menschen werden primär als Erbringungshilfen für Wirtschaftswachstum gesehen. Es ist kein Wunder, daß der Mensch mit seinen begrenzten körperlichen und geistigen Kapazitäten daran zerbricht.

Am 14. September 2017 um 12:28 von Sdric
Der Arbeitnehmer ist zum Verschleißobjekt mutiert und unser Arbeitsrecht verfehlt es seiner Schutzfunktion nachzukommen. Der Gesetzgeber muss handeln.

Am 14. September 2017 um 12:30 von mariposalibre
wundert sich hier jemand?
...logische Konsequenz aus den zunehmenden alltäglichen

Belastungen denen arbeitende und womöglich noch kindererziehende Menschen ausgesetzt sind. Arbeitsstunden kosten in anderen Ländern vielleicht weniger aber die Produktivität und der damit zusammenhängende Arbeitsdruck ist in Deutschland enorm hoch. Die Digitalisierung, Technisierung und die damit einhergehende Fragmentierung des Alltags, die gigantische Bürokratie überall und die alltägliche Reiz- und Informationsüberflutung tun das ihrige. Burnout ist keine Modediagnose sondern eine hochaktuelles Symptom und damit gesellschaftliche Alarmglocke, dass das was auf den Schultern einzelner lastet einfach zuviel ist. Glücklicher wird durch die Überfülle in unserem Lande niemand.

Am 14. September 2017 um 12:41 von 91541matthias
Wundert mich nicht..
bei der zunehmenden Arbeitsverdichtung gerade auch im Pflegebereich brennen die Leute schneller aus.. Immer mehr Kliniken und Altenheime werden von BWL-Absolventen geleitet, die nur auf Zahlen schauen und darüber die Mitarbeiter vergessen und in dem Gerontobereich, in dem ich als Fachkrankenpfleger arbeite, sind viele ältere Leute allein, weil Kinder aus beruflichen Gründen wegziehen müssen und sich niemand mehr wirklich kümmert.. Aber das ist wohl erst der Anfang..

Am 14. September 2017 um 12:42 von JesusFollower
Befreiung und Aufklärung in jeder Hinsicht, die Ketten von Religion und Glaube sprengen, moralische und ethische Ansichten als veraltet erklären. Christliche Werte nur soweit Sie einem selbst gefallen, Selbstverwirklichung und "zuerst komme ich" ...das sind doch die Rezepte und Lebensweisen, die dem Menschen mehr Glück versprochen haben - oder nicht ? Nur scheint die Realität anders. Selbst die materiell ein

sorgloses Leben führen, fallen in solche Depressionen bis hin zum Selbstmord. Unterdrückung am Arbeitsplatz gibt es fast in jedem Unternehmen. Unzählige zerrütte Ehen und Familien.

Am 14. September 2017 um 12:43 von MaxPapa44
Was ich empfinde, ist das Ergebnis von Freunden, Bekannte, Familienangehörigen und eigene Erfahrungen. Der Druck auf der Arbeit ist zum Teil kaum noch auszuhalten, jegliche Versuche, dies zu kommunizieren, werden mit dem Hinweis auf die Wettbewerbsfähigkeit zurückgewiesen. Wer "verbrannt" ist, wird eben ausgetauscht, entweder mit oder eben ohne Bedauern.

Am 14. September 2017 um 12:45 von mac tire
Ist das denn ein Wunder bei den heutigen Arbeitsbedingungen? Es geht doch schon in der Schule los. Nur Druck, Druck und nochmals Druck. Wer dem nicht standhält der fliegt raus denn der Nächste wartet schon auf deinen Job.

Am 14. September 2017 um 12:52 von dersenf
Es zählt leider nur noch die Leistung. Diesen Leistungsdruck können viele Menschen nicht bringen. Eine sehr traurige Entwicklung der Zivilisation.

Am 14. September 2017 um 13:16 von alex.o
Leider ist es in unserer heutigen Arbeitswelt so, dass der Druck auf den Einzelnen durch ständige Arbeitsverdichtung immer mehr ansteigt. Ältere Arbeitnehmer gehen in ihren wohlverdienten Ruhestand; die verbleibenden Beschäftigten sollen die Aufgaben mit übernehmen. Manche Kollegen haben sich hier ein "dickes Fell" zugelegt und lassen sich nicht oder kaum aus der Ruhe bringen; andere Kollegen wollen trotz der Mehrarbeit alles schaffen und die Qualität weiterhin hoch halten. Letztere sind dann diejenigen, die schlussendlich kaputt

gehen. Auch wenn man sonst eigentlich sehr belastbar ist - oder sich immer dafür gehalten hat - irgendwann kommt der Punkt, an dem es nicht mehr weitergeht. Leider wird man dann in der Gesellschaft immer noch gerne als Drückeberger tituliert - die kranke Seele sieht man nicht.

Am 14. September 2017 um 13:26 von Quereinwerfer
Auch, wenn der AOK-Report "persönliche Gründe" für die wachsende Zahl pyschischer Arbeitsunfähigkeit angibt, so lässt sich dies nicht isoliert betrachten, da wir alle auch in zahlreichen Systemen leben. So führt auch der zunehmende berufliche Druck zu persönlichen und familiären Problemen wegen Zeitmangel, Anspannung etc. Auch die wachsende Digitalisierung und damit Entfremdung vom Menschlichen trägt zu psychischen Problemen bei.

Am 14. September 2017 um 13:38 von Pflanzenschützer
Die Dunkelziffer der psychischen Erkrankungen dürfte noch höher sein, weil viele Betroffene sich nicht trauen zum Arzt zu gehen. In unserer Gesellschaft wird man doch dann sofort als Schwächling bezeichnet.... ein hausgemachtes Problem - viele Arbeitgeber sehen den Menschen nur noch als "Ware", wenn verbraucht auswechseln - 120% Leistung sind heute normal und Überstunden gehören zum guten Ton. Immer mehr Arbeit , für immer weniger werdende Beschäftigte, immer mehr ahnungslose Vorgesetzte die nur noch auf ihre eigenen Belange achten und den der die Arbeit macht, links liegen lassen .....dass man es da an den Nerven bekommt ist vorprogrammiert

Am 14. September 2017 um 13:50 von tombär
es wird noch schlimmer
Ich kann selber aus eigener Erfahrung berichten. Nicht nur der Erste Arbeitsmarkt wird immer härter: Zunahme von

Zeitverträgen, wenig Lohn für selbe Arbeit, so gut wie kein Rauskommen aus der Leiharbeit. Auch auf dem Zweiten und Dritten Arbeitsmarkt wird der "Wind" rauher. Ach ja, für alle die nicht wissen was der Zweite und Dritte Arbeitsmarkt ist: Der Zweite Arbeitsmarkt soll der Wiedereingliederung dienen, wird aber zu oft Missbraucht für billige Arbeitskräfte. Der dritte Arbeitsmark ist die Behindertenwerkstatt. Auch da werden Menschen benutz als billge Arbeitskräfte. Ich habe meine Erfahrungen mit allen Drei gemacht. Ich wäre wirklich glücklicher wen dem nicht so wäre. Ich nenne das schon lange der moderne Kanibalismus: Menschen werden nicht körperlich gefressen dafür Psychisch.puren. Also nicht wundern, es wird noch mehr.

http://www.n-tv.de/wirtschaft/Psychische-Krankheiten-nehmen-stark-zu-article19774365.html

März 2017. Neue Zahlen der Techniker Krankenkasse zeigen, dass psychische Störungen inzwischen an der Spitze der Erkrankungen liegen. Sie sind mittlerweile für die Hälfte der Arbeitsausfälle verantwortlich. Frauen sind mit 3,4 Fehltagen deutlich mehr betroffen als Männer mit 2,1 Tagen.

(Zitat TAZ vom 9.2.2013)

Rund 1,25 Milliarden durchschnittliche Tagesdosen an Antidepressiva werden inzwischen pro Jahr in Deutschland verschrieben, so der Arzneiverordnungsreport 2012. Damit hat sich die Zahl der verschriebenen Tagesdosen in zehn Jahren mehr als verdoppelt...Zur Behandlung von akuten leichten und mittelschweren Depressionen könne wahlweise eine Pharmakotherapie oder eine Psychotherapie angeboten werden, heißt es in der Leitlinie. Bei schweren und chronischen Depressionen sollte beides angewandt werden, eine Therapie mit Medikamenten und eine Psychotherapie.

Psychotherapien allerdings sind teuer und die Zuteilung ist sehr unausgewogen. Der GEK Arzneimittelreport 2009 zeigte, dass gerade ältere Frauen häufig Psychopharmaka ohne Psychotherapie bekommen. Laut der Erhebung macht unter den 30- bis 34-jährigen Frauen, denen Antidepressiva verordnet wurden, etwa jede Dritte auch eine Psychotherapie. Bei den 60- bis 64-jährigen Frauen auf Antidepressiva bekam dies aber nur jede Achte. Generell werden Frauen fast um die Hälfte mehr Psychopharmaka als Männern verschrieben.

(sz-online.de 5.9.2011) Jeder dritte Europäer ist psychisch krank. Eine dramatische Studie von Wissenschaftlern der TU Dresden wurde in Paris vorgestellt. Psychische Störungen sind in Europa zur größten gesundheitspolitischen Herausforderung des 21. Jahrhunderts geworden. Zu diesem Ergebnis kommt eine internationale wissenschaftliche Studie unter Leitung des Dresdner Psychologen Hans-Ulrich Wittchen. 38,2 Prozent aller Einwohner in der EU leiden jährlich mindestens einmal unter einer eigentlich zu behandelnden psychischen Störung. Angststörungen nehmen mit 14 Prozent den Spitzenplatz ein, Schlafstörungen folgen mit sieben Prozent und ebenso Depressionen. Alkohol- und Drogenabhängigkeit machen vier Prozent aus.

(Stern.de 5.9.2011) Die Zahlen sind erschreckend: Rund 165 Millionen Europäer leiden laut einer Studie unter einer psychischen Störung. Die Behandlung startet meist zu spät – und genügt häufig nicht einmal minimalen Standards. Die Gesamtzahl der pro Jahr betroffenen Menschen in der EU und den Ländern Schweiz, Norwegen und Island schätzen die Experten nach einer umfassenden Metaanalyse vorhandener Daten auf 164,8 Millionen Menschen.

Burn-out im Job

(TAZ 27.09.2011)

Der Boom ist da, der Stress ist mehr geworden. Auf diese Formel lassen sich die Ergebnisse der Betriebsrätebefragung der IG Metall bringen. Während die Zahl der Menschen mit Burn-out-Syndrom in den letzten Jahren explodiert ist und die Weltgesundheitsorganisation warnt, beruflicher Stress sei die „größte Gefahr des 21. Jahrhunderts", hinken Analyse und Gegenmaßnahmen hinterher. In den Betrieben gibt es bis heute keine verbindlichen Mechanismen, um Frustration und Arbeitsverdichtung entgegenzusteuern.

(…) Die Kapitulation von Körper und Seele immer mehr Beschäftigter ist ein Zeichen dafür, wie krank die Arbeit in einer globalisierten und auf immer mehr Wettbewerb, Restrukturierung, Schnelligkeit und Renditedruck getrimmten Ökonomie macht. Der gesellschaftliche Diskurs muss revitalisiert werden: über gute Jobs und ihre Entschleunigung, über Arbeitszeitverkürzung, über echte Mitbestimmungsrechte der Beschäftigten. Für die Gewerkschaften eigentlich ein dankbares Feld; doch die haben den Kampf um die Qualität der Arbeit viel zu lange hintangestellt.

Weltspiegel-Reportage: Die Kinder der Süchtigen
18. November 2017

Die USA haben ein massives Drogenproblem - so massiv, dass Präsident Trump jüngst den Gesundheitsnotstand ausrief. Betroffen sind auch die rund drei Millionen Kinder der Süchtigen.

Kommentare:

MSCHM1972
Die Leute halten...das ganze Leben nicht mehr aus. Die
Verlierer der Globalisierung werden ja an den Rand gedrängt
und haben überhaupt keine Perspektive mehr. Ich kann die
Leute verstehen sich aus der Welt mit Drogen zu
verabschieden. Das Problem hat nicht nur die USA sondern die
ganze Leistungsgesellschaft im Westen.

Wolfes74
Der Gesundheitsnotstand wurde ja nicht wegen illegaler
Drogen bzw. deren Konsumenten ausgerufen, sondern wegen
Drogen, die man als US-Amerikaner alltäglich aufgequatscht
bekommt und konsumiert. Sei es um die Leistungen zu
steigern, Depressionen zu bekämpfen oder "auffälliges"
Verhalten zu berichtigen (z.B. Ritalin).

Moos P
Die USA haben ein weitaus größeres Drogenproblem als die
BRD, weil man in den USA Alkohol erst ab 21 Jahren kaufen
kann und nicht ab 16 Jahren wie in Deutschland. Das Alkohol
ebenfalls schlimm ist, krank und süchtig macht und häufig in
seiner zerstörerischen Wirkung auf die Gesundheit des
Einzelnen und die Gesellschaft insgesamt unterschätzt wird,
möchte ich hier ebenfalls erwähnen.

https://www.welt.de/politik/ausland/article169980831/Drogen-
Epidemie-toetet-in-USA-so-viele-Menschen-wie-nie.html

20% der Bevölkerung in den USA haben mit Drogen zu tun. 60
000 Amerikaner spritzten sich 2016 zu Tode. In den USA
nimmt die Zahl der Menschen zu, die an einer Überdosis
sterben. Nun hat die Drogenbehörde DEA vor einem
gravierenden Anstieg des Drogenkonsums in den Vereinigten
Staaten gewarnt.

Einem von der DEA am Montag veröffentlichten Bericht zufolge gab es von Januar bis August 2017 so viele Drogentote wie nie zuvor seit Beginn der Aufzeichnungen. Zudem gebe es seit 2011 jährlich mehr Drogentote als Tote durch Verkehrsunfälle, Suizide oder Morde.

Doch auch verschreibungspflichtige Medikamente bereiten den Ermittlern Sorge. Diese werden von der amerikanischen Bevölkerung öfter konsumiert als Heroin, Kokain oder die Partydroge MDMA. So starben die meisten Menschen nach dem Gebrauch eines verschreibungspflichtigen Medikaments an einer Überdosis.

Mehr Wohlstand führt nicht zu mehr Glück

(Zitat Hamburger Abendblatt vom 11. 5.2012)

Gesundheitsexperten schlagen Alarm: Die Zahl der Fehltage wegen psychischer Erkrankungen sind in den vergangenen zehn Jahren dramatisch gestiegen – von 33,6 Millionen auf 53,5 Millionen. Als Grund wurden steigende Anforderungen an Eigenverantwortung und Flexibilität genannt – die Leute halten den Stress nicht mehr aus. Aufregung löst dies erstaunlicherweise nicht aus. Ängste, Depressionen und Burnout werden offenbar als Kollateralschaden des Wohlstands akzeptiert. Dennoch stellt sich die Frage, wieso eines der wohlhabendsten Länder der Welt seine Wirtschaft nicht so zu strukturieren vermag, dass seine Bürger mit wachsendem Wohlstand auch mehr Zeitsouveränität und Zufriedenheit erleben. Das Gegenteil ist der Fall, nicht nur bei uns: Statistiker beobachten, dass Zufriedenheit und Glücksempfinden in den wohlhabenden Ländern mit dem steigenden Bruttoinlandsprodukt (BIP) nicht mehr mithalten – die Kurven entwickeln sich auseinander. BIP allein macht eben nicht glücklich.

Ökonomen, deren Denken noch durch moralphilosophische
Erwägungen geprägt war, hatten die Vision, der materielle
Fortschritt werde irgendwann die Bedürfnisse sättigen und zum
Paradies auf Erden führen – doch unsere Bedürfnisse wuchern
offenbar ins Unendliche, je mehr Wohlstand wir haben. (…)
Der „Homo oeconomicus", der selbstsüchtig auf seinen Vorteil
bedachte Mensch, war jahrzehntelang Leitbild der Ökonomen,
die als Politikberater großen Einfluss auf Wirtschafts- und
Gesellschaftspolitik nahmen. Dabei fehlt ein Gefühl für das
richtige Maß in all diesen Dingen, denn alles Gute, was man
übertreibt, wird schlecht, das hat schon Aristoteles erkannt.
Was hindert uns daran, „genug" zu sagen und zufrieden und
dankbar das Erreichte zu genießen? Zu viel Selbstsucht und
Gier haben sich unterm Strich nicht als glückstauglich
erwiesen, sondern soziale und ökologische Werte zerstört.

Einsamkeit und Sinnlosigkeit in der westlichen Gesellschaft

Wenn das Alleinsein zur Qual wird

Auf dem Weg in die bindungslose Gesellschaft?

In der heutigen Gesellschaft gibt es einen starken Trend zur Vereinzelung. Immer mehr Beziehungen zerbrechen. Immer mehr Menschen sind dauerhaft allein. In Deutschland leben etwa ein Drittel aller Menschen als Single, in Großstädten fast die Hälfte.

Bei Befragungen bezeichnen sich etwa 10 % aller Singles als glücklich, 40 % empfinden sich als eher nicht glücklich, und 50% sehen sich im Mittelbereich. Von den Menschen in einer Partnerschaft erklären sich etwa 40 % als glücklich, 10 % als eher nicht glücklich und 50 % im Mittelbereich (Grom/Brieskorn/Haeffner, Glück-auf der Suche nach dem "guten Leben", 1987).

Aus diesen Zahlen wird deutlich, dass die Menschen unterschiedlich sind. Manche Menschen fühlen sich als Singles glücklich, manche unglücklich, und der Großteil lebt im Bereich dazwischen. Es sind aber viermal mehr Singles unglücklich als Menschen in einer Partnerschaft. Und es sind viermal mehr Menschen glücklich, wenn sie in einer Partnerschaft leben.

Die Psychologin Eva Jaeggi, selber Single, hat Singles wissenschaftlich untersucht ("Liebesglück-Beziehungsarbeit/Warum das Lieben heute so schwierig ist". 1999). Nach ihrer Erkenntnis leiden viele Singles sehr unter dem immer wieder auftauchenden Gefühl der Einsamkeit. Viele Menschen haben nach einer Trennung das Gefühl: „Jetzt bin ich gar nichts mehr." Ihnen fehlen das Gespräch, der regelmäßige Kontakt, die Nähe und auch die gegenseitige Fürsorge eines Partners.

Ein Partner gibt einem Menschen ein starkes Sinngefühl. Er ist ein Zentrum, um den sich vieles dreht. Plötzlich fehlt dieses Zentrum. Ein Single muss in sich selbst das Zentrum finden. Das ist für die meisten Menschen nicht einfach. Nach Eva Jaeggi müssen viele Alleinlebende lange mit der Frage nach dem eigenen Ich ringen. Sie müssen einen Sinn für ihr Leben finden. Sonst landen sie in der Passivität und Langeweile, in der "nichts mehr strahlt und alles fade erscheint."

Viele Menschen retten sich durch einen übervollen Terminkalender aus der Sinnkrise. Aber dieses ist langfristig keine ausreichende Lösung. Nach Eva Jaeggi ist weder die übertriebene Geschäftigkeit noch die zu starke Passivität der richtige Weg. Singles müssen es lernen, den eigenen Rhythmus zu finden. Sie müssen das für sie persönlich angemessene Gleichgewicht von Ruhe und Aktivität entwickeln. Sie müssen kreativ ihre persönliche Vision vom Glück suchen.

Singles können ein sehr selbst bestimmtes Leben führen. Auf der anderen Seite müssen sie stark auf den Wunsch nach Nähe verzichten. Ein gelungenes Singleleben zeichnet sich nach Eva Jaeggi dadurch aus, dass man die Chance eines selbst bestimmten Lebens gut nutzt und gleichzeitig eine große Selbstgenügsamkeit in Bezug auf mitmenschliche Kontakte entwickelt.

Eva Jaeggi kommt zu dem Ergebnis: „Alleinleben heißt: sich den inneren Wahrheiten zu stellen, als wäre man in einer fortlaufenden Therapie - nur dann gelingt das Alleinleben."

Das ist auch meine Erfahrung. Ich lebe jetzt seit zwanzig Jahren allein. Ich habe festgestellt, dass man als Single beständig an seinen negativen Gedanken und falschen Sehnsüchten, arbeiten muss, damit man seine innere Positivität bewahren kann.

Eine gute Beziehung bedeutet viel Arbeit. Ein positives Singleleben verlangt noch mehr Arbeit. Man muss sich immer wieder positiv auf das Leben, auf sich selbst und auf seine Ziele besinnen. Man muss sich jeden Tag der Herausforderung stellen, den Weg des Glücks zu gehen.

Die große Glücksvision von 90 % aller Menschen ist eine gute Beziehung. Die meisten Menschen versuchen, diese Vision zu realisieren. Sie probieren es auf einer tiefen Ebene ein bis zweimal. Wenn es nicht funktioniert, leben sie als Single. Dabei bewahren sie oft ihren Traum vom großen Glück in einer guten Beziehung. Sie warten insgeheim immer auf den Märchenprinzen oder die Traumfrau. Oder sie definieren sich als unfähig zu einer guten und dauerhaften Beziehung. Beide Variationen tragen nicht dazu bei, zu einem glücklichen Single zu werden. Besser ist es, die Vision vom inneren Glück aufzubauen.

Die ersten vier Jahre meines Alleinlebens beschäftigte mich sehr die Frage, wer ich eigentlich bin und was ich vom Leben will. Ich genoss es, mich vollständig selbst leben zu können. Ich lernte, meine Bedürfnisse zu spüren und genau das zu tun, was ich gerade wollte. Beim Zusammenleben mit U bestand das Leben meistens aus Kompromissen. Jeder von uns konnte sich nur zur Hälfte leben. Im Laufe der Jahre verlor ich weitgehend das genaue Gespür für mich selbst. Ich brauchte viele Jahre, um dieses Gespür neu zu entwickeln.

Nach der Trennung musste ich darüber hinaus lernen, mit anderen Menschen zu reden. In unserer Beziehung hatte U diesen Teil übernommen, weil sie es einfach besser konnte. Frauen können oft besser kommunizieren als Männer. In einer Beziehung schlafft man dann als Mann noch mehr ab. Als Single musste ich mir meine Kontaktfähigkeit systematisch erarbeiten. Am Anfang konnte ich mich fast überhaupt nicht richtig mit anderen Menschen unterhalten. Aber im Laufe der Jahre entwickelte sich meine Kommunikationsfähigkeit wieder.

Die Haupterfahrung der ersten vier Jahre des Alleinlebens war die intensive Langeweile. Mit U war es nie langweilig. Es gab immer irgend etwas zu streiten, zu bereden oder zu tun. Als Single konnte ich jetzt tun, was ich wollte. Ich tat auch alles, was ich wollte. Aber es blieb immer noch viel Zeit übrig. Erst langsam lernte ich, dass man als Single seinen Tag bewusst strukturieren muss.

Nach vier Jahren des Alleinlebens kam ich auf die Idee, nach einem Tagesplan zu leben. Das war der große Sieg über die Langeweile und über den Sinnverlust. Die Tage sind jetzt ausgefüllt. Der Tagesplan gibt meinem Singleleben eine positive Struktur. Er gibt mir inneren Halt und Positivität. Seitdem ich nach einem Tagesplan lebe, habe ich mein Singleleben im Griff. Ich lebe auf positive Ziele bezogen und werde dadurch selbst innerlich positiv.

Jeder Tag beginnt bei mir mit einer positiven Tageseinstellung. Was liegt heute an? Was will ich heute tun? Wie kann ich heute meinen Geist positiv ausrichten? Ich mache einen Plan der Aktivitäten. Ich besinne mich auf die positive Eigenschaft, die ich heute besonders brauche. Ich motiviere mich mit positiven Sätzen. Ich mache meine spirituellen Übungen. Dann kann der Tag kommen. Ich bin bereit.

Ich habe lange ausprobiert, was ein optimaler Tag für mich ist. Welche spirituellen Übungen bringen mich voran? Wie lange und wann muss ich meine spirituellen Übungen machen? Wann mache ich meine Arbeit? Wann und wie viele Pausen brauche ich? Wie bringe ich heute die Freude in meinen Tag? Im Laufe der Jahre hat sich eine gute Struktur für meine Tage herausgebildet.

Ich variiere meine Tagespläne öfter etwas. Ich versuche einerseits, nicht zu starr und zu unsensibel für meine konkreten

Bedürfnisse zu werden. Andererseits brauche ich eine relativ feste Struktur, damit meine innere Kraft erhalten bleibt.

Es ist sehr wichtig für einen Single, die Dinge klar zu sehen und sich immer wieder klar zu machen. Das Hauptglück eines Menschen ist sein inneres Glück. Es bestimmt zu 90 %, wie glücklich ein Mensch in seinem Leben wird.

Wer die Dinge klar sieht, setzt die Schwerpunkte in seinem Leben richtig. Und dann kann das Singleleben plötzlich zu einem Glücksfall werden. Nach Swami Shivananda besteht der schnellste Weg zum inneren Glück darin, alleine zu leben und spirituell viel zu üben. Nach Amma (Mata Amritanandamay) kommt man auf dem Weg des inneren Glücks fünfmal schneller voran, wenn man allein lebt. Buddha meinte sogar, dass das tiefe innere Glück (die Erleuchtung) nur schwer zu erreichen ist, wenn man in einer Beziehung lebt.

Als Single hat man viel Ruhe. Das ist eine große Belastung und eine große Chance zugleich. Viel Ruhe ist der Hauptweg zur Erleuchtung. Durch viel Ruhe lösen sich die inneren Verspannungen fast von allein. Wer viel Ruhe mit regelmäßigem spirituellen Üben verbindet, geht den optimalen Erleuchtungsweg. Wer als Single nicht vor der Ruhe flüchtet, indem er viele Kontakte zu anderen Menschen pflegt oder ständig den Fernseher anschaltet, sondern in die Ruhe hineingeht, sie lebt und sie mit spirituellen Übungen kombiniert, wächst ins innere Glück.

Der Hauptweg zum inneren Glück ist der Weg der Erleuchtung. Diese Tatsache ist eine große Gnade für alle Singles. Sie sind nicht verloren. Man kann zur Erleuchtung in einer Beziehung oder als Single gelangen. Aber das Alleinleben bietet normalerweise erheblich größere Chancen, das Ziel zu erreichen. Man kann als Single dauerhaft in einem Glück leben, das für normale Menschen unvorstellbar ist.

Das Alleinleben ist der härtere Lebensweg. Es ist für die meisten Menschen schwer, allein zu leben. Aber gerade deshalb bietet das Alleinleben auch die größeren Wachstumschancen. Nutzen wir sie. Ergreifen wir die große Glückschance, die sich uns bietet. Leben wir als Sieger. Verwirklichen wir uns selbst.

Es ist für einen Single sehr wichtig, seinen persönlichen spirituellen Weg zu finden und ihn konsequent jeden Tag zu gehen. Der spirituelle Weg ist das Hauptritual, mit dem wir unser Leid überwinden können. Im Laufe der Jahre wird alles Leid vergehen, und wir wachsen ins Licht.

Wir werden das große Geheimnis in uns entdecken, dass aus umfassender Ruhe inneres Glück entsteht. Wir werden erfahren, dass die Leidsituation der Einsamkeit ein optimaler Weg des Wachstums ins Glück ist. Mit etwas Geschick lässt sich die Abgeschiedenheit in einen Glücksbereich (ein Buddhafeld) verwandeln.

Am Anfang meines Singlelebens war die viele Ruhe eine große Belastung für mich. Ich hatte die Neigung, davor zu flüchten. Ich flüchtete mich in äußere Aktivitäten, in Kontakte zu anderen Menschen oder zum Fernseher. Jetzt habe ich es gelernt, die Ruhe anzunehmen und sie als Teil meines Selbst zu begreifen. Ich lebe in der Ruhe. Und durch das Leben in der Ruhe entsteht inneres Glück.

Die viele Ruhe ist ein seelischer Mahlstein für mich. Ich mag sie nicht. Ich will davor flüchten. Aber ich gehe bewusst hinein. Ich lebe in der Ruhe und mache meine spirituellen Übungen. Ich nehme mein Alleinsein an. Ich lese, mache Yoga, gehe spazieren, meditiere und bin kreativ (schreiben, malen, musizieren). So lösen sich die Verspannungen in meinem Körper und in meinem Geist, und plötzlich fühle ich mich wohl mit mir und in meinem Leben.

Ein großes Geschenk für jeden Single ist der Weg der umfassenden Liebe. Dadurch können wir unsere Einsamkeit auf einer tiefen Ebene überwinden. Wir können in die Energie der umfassenden Liebe gelangen. In den Yoga-Schriften heißt es, dass ein erleuchteter Yogi hundertmal glücklicher ist als ein weltlicher Mensch. Ein erleuchteter Yogi auf dem Weg der umfassenden Liebe (Karma-Yogi) ist sogar noch hundertmal glücklicher als ein erleuchteter Yogi. Werden wir alle zu erleuchteten Karma-Yogis.

Wie wird man ein erleuchteter Karma-Yogi? Das Zentrum des Weges der umfassenden Liebe ist das Ziel einer glücklichen Welt. Wir wünschen allen Wesen Glück. Wir wünschen sie äußerlich und innerlich glücklich. In unserem Geist sehen wir bereits das Ziel einer glücklichen Welt verwirklicht. Wir leben aus einer positiven Vision heraus. Das gibt uns die Kraft zu einem positiven Leben. Unsere positive Vision öffnet die Tore des Glücks in uns. Wir verwandeln uns in einen Glücksmenschen (Buddha, Göttin, Heiligen, Erleuchteten).

Die Hauptübung des Karma-Yogas besteht darin, jeden Tag allen Wesen Licht zu senden. Wir verbinden uns jeden Tag mit unseren Freunden und mit unseren Feinden. Wir verbinden uns mit allen Wesen, die uns gerade emotional berühren. Wir denken ihre Namen. Wir bewegen segnend eine Hand und senden ihnen Liebe und Licht. Wir senden der ganzen Erdkugel Licht. Wir wünschen, dass alle Wesen auf der Welt glücklich sein mögen.

Wir wünschen eine glückliche Welt. Wir wünschen einen glücklichen Kosmos. Damit durchbrechen wir unsere Isolierung als Single. Wir leben emotional in einem beständigen Kontakt zu allen anderen Wesen auf der Welt. Irgendwann verschwindet unser Einsamkeitsgefühl. Wir sind in der umfassenden Liebe.

Wichtig ist es, dass wir diese Übung als reale Energieübertragung ansehen. Wir helfen den Menschen real. Die positive Energie kommt real an. Dann öffnet die Licht-Meditation uns tatsächlich jeden Tag immer wieder neu das Herz. Wer braucht heute Licht? Mit wem möchten wir uns heute verbinden?

Wir sollten den Wunsch nach einer glücklichen Welt auch äußerlich manifestieren. Sonst glaubt ihn unser Unterbewusstsein nicht, und wir gelangen nicht wirklich tief in die Energie der umfassenden Liebe.

Es gibt viele Möglichkeiten, den Mitmenschen zu helfen. Wir können regelmäßig eine kleine positive Tat tun. Wir können Geld für die Menschen in der Dritten Welt spenden. Wir können einem Mitmenschen ein Lächeln oder ein positives Wort schenken. Wir können in einer gemeinnützigen Organisation mitarbeiten. Wir können einen sozialen Beruf ergreifen.

Wir sollten den Weg des Helfens finden, der zu uns passt und in unserer Situation praktizierbar ist. Was brauchen die Menschen in unserer Lebenswelt? Was können wir konkret zum Glück aller Wesen beisteuern?

Eine kranke Frau schrieb jeden Tag zwei Stunden aufmunternde Briefe an ihre Mitmenschen. Dadurch gelangte sie nach einigen Jahren zur Erleuchtung. Es gibt keinen Menschen, der nicht auf irgendeine Art seinen Mitmenschen helfen kann. Selbst wenn wir jeden Tag nur eine kleine Tat tun, wird sie uns langfristig in die Energie der umfassenden Liebe bringen.

Eine gute Idee ist es auch, sich selbst durch spirituelle Übungen in eine positive Energie zu bringen und dann alleinstehenden Menschen auf dem Weg des Glücks zu helfen (telefonieren, schreiben, chatten, skypen, treffen). So habe ich einen kleinen Freundeskreis aufgebaut, der allen Beteiligten hilft. Ich beobachte, dass sich oft Frauen um einen positiven Mann und Männer um eine positive Frau scharen. So kann man positive Selbsthilfegruppen aufbauen. Wichtig ist es, dass die Spiritualität oder das soziale Engagement im Zentrum stehen. Dann wachsen alle ins Licht.

http://www.stern.de/gesundheit/fuenf-gruende--warum-einsamkeit-krank-macht-3261548.html

Der Lebensstil moderner Gesellschaften fördert eine Kultur von Einzelgängern und lässt soziale Strukturen bröckeln. Vereinsamung - vor allem im Alter - ist ein zunehmendes Problem westlicher Industrienationen. 15 bis 30 Prozent der Bevölkerung gelten als chronisch einsam.

http://www.psyheu.de/6305/einsam-gesellschaft-einsamkeit-ueberwinden/

In der Tat sprechen die Daten des Statistischen Bundesamtes (2011) für eine starke Einsamkeit im Alter. Rund 44% der Frauen ab 65 Jahren leben allein in einem Haushalt (und 18% der Männer). Im Vergleich zum gesamten Anteil der Alleinlebenden in Deutschland (19,6%, vgl. Bundeszentrale für politische Bildung, 2012), scheint der Anteil der alleinlebenden Frauen in den späteren Lebensphasen deutlich erhöht. Jenseits des Alters von 85 Jahren spitzt sich die Datenlage weiter zu: 74% der Frauen und 35% der Männer sind dann alleinlebend. Der weitaus höhere Frauenanteil erklärt sich gemäß dem Statistischen Bundesamt vor allem durch die höhere Lebenserwartung des weiblichen Geschlechts und den Tod des Ehepartners, weniger durch Scheidungen oder Trennungen in dieser Altersgruppe.

Von einer einsamen Gesellschaft spricht gar die britische Mental Health Foundation (2010). Bei ihren Recherchen und Erhebungen kam sie überein, dass immer mehr Menschen, unabhängig von Alter, Lebenssituation und Geschlecht, Einsamkeit beklagen und überwinden wollen. Die Gründe dafür scheinen hinreichend bekannt: So leben wir zum Beispiel in einer zunehmend anonymen Gesellschaft mit immer mehr Singlehaushalten. Auch in Deutschland steigt die Anzahl der Ein-Personen-Haushalte stetig, wie man den Daten des Mikrozensus des Statistischen Bundesamtes (2013) entnehmen kann. Haushalte mit drei oder mehr Personen nehmen dagegen ab. Gepaart mit den so typischen Lebensumständen der westlichen Gesellschaft, scheint klar, warum sich viele Menschen einsam fühlen und das Überwinden von Einsamkeit erschwert wird.

Die verminderten sozialen Kontakte und die erhöhte Anonymität werden unter anderem auf Urbanisierung und technologische Neuerungen zurückgeführt (Mental Health Foundation, 2010). So scheinen sich Personen auf dem Land weniger einsam zu fühlen als Personen in städtischen Gebieten. Auch stieg die Zahl der Telearbeitsplätze, also von Personen, welche vom heimischen Computer aus arbeiten, von 1997 bis 2005 in Großbritannien um mehr als 150%. Ähnliches ist auch in Deutschland und anderen westlichen Gesellschaften zu beobachten.

http://www.sueddeutsche.de/leben/maennliche-singles-traurige-isolierte-einsame-gestalten-1.1449349

Richard Scase, Soziologieprofessor an der Universität Kent, erklärte in einem Report, den er für die britische Regierung anfertigte: "Single-Frauen zwischen 30 und 50 haben gut ausgebildete soziale Netzwerke und sind in eine große Bandbreite von Aktivitäten eingebunden. Alleinstehende Männer hingegen erscheinen als traurige, isolierte, einsame Gestalten. Die harte Wahrheit ist, dass das Alleinleben gut für Frauen ist, aber schlecht für Männer."

Das Klischee scheint sich zumindest in Teilen zu bewahrheiten: Frauen gehen ins Kino, reisen, treffen sich mit Freunden, machen Yoga und quatschen. Männer hängen vor dem Fernseher oder spielen Computerspiele, trinken Dosenbier, leben von Döner und Macs - und werden krank.

https://de.wikipedia.org/wiki/Wege_aus_der_Einsamkeit

Wege aus der Einsamkeit e. V. ist ein 2007 gegründeter gemeinnütziger Verein mit Sitz in Hamburg, der sich einer besonders Senioren betreffenden Problematik annimmt: der zunehmenden Vereinsamung und sozialen Isolation aufgrund veränderter Lebensumstände. Das Ende beruflicher Tätigkeiten, der Verlust des Lebenspartners, gelockerte familiäre Bindungen, finanzielle Not und schwindende körperliche Kräfte schränken die Teilnahme älterer Menschen am gesellschaftlichen Miteinander in vielen Fällen immer mehr ein. Daher liegt der Schwerpunkt der Vereinsarbeit von Wege aus der Einsamkeit auf langfristig angelegten Projekten der sozialen Inklusion.

Die Initiatoren und Vorstandsvorsitzenden Dagmar Hirche und Jan Kurz wollen die Schattenseiten des Alterns und Alt-Seins in den Mittelpunkt des öffentlichen Interesses rücken. Zugleich versteht sich der Verein auch als Ansprechpartner für die Medien und als Forum für Betroffene, Engagierte und Interessierte. Übergeordnetes Ziel von Wege aus der Einsamkeit e. V. ist es, dass sich alte wie junge Menschen in Deutschland auf eine lange Lebenszeit freuen können und die Möglichkeit haben, ihr Leben dauerhaft selbstbestimmt zu gestalten.

Um die Selbstständigkeit und soziale Inklusion der Senioren zu fördern, unterstützt der Verein Initiativen, die alten Menschen, ihren Angehörigen und Pflegenden zugutekommen. Daneben initiiert der Verein eigene Projekte und Wettbewerbe, um die Aufmerksamkeit der Öffentlichkeit für die Aspekte des Alterns zu wecken und dieses Thema im gesellschaftlichen Bewusstsein zu verankern.

Die Glücksforschung

Das Glück als Lebenskunst 1/2

Das Glück als Lebenskunst 2/2

Kann man Glück erlernen? - phoenix Runde

Was ist der Schlüssel zum Glück? | Nachtcafé

Glück - Eckart von Hirschhausen (Humor)

In den USA gibt es seit längerer Zeit eine intensive Glücksforschung. Der Glücksforscher David Niven hat sie mit seinem Buch "Die 100 Geheimnisse glücklicher Menschen" (2000) erstmalig einer breiten Öffentlichkeit zugänglich gemacht.

Seit der Jahrtausendwende ist die Glücksdiskussion auch in Deutschland angekommen. Ein Bestseller war 2002 das Buch von Stefan Klein "Die Glücksformel". Einen großen Anstoß zum Umdenken gab 2005 das Buch des englischen Wirtschaftswissenschaftlers Richard Layard "Die glückliche Gesellschaft". Er propagierte den Abschied vom äußeren Wachstum und die Hinwendung zum inneren Wachstum.

Die wichtigsten Ergebnisse der heutigen Glücksforschung kann man in zehn Punkten zusammenfassen.

1. Aktivität macht glücklich

Glücklich sind Menschen mit positiven Zielen und einer positiven Aufgabe. Aktive Menschen besitzen 15 % mehr Lebenszufriedenheit als ihre eher passiven Mitmenschen. Der Glücksforscher Ed Diener erklärt: "Glückliche Menschen setzen sich immer wieder Ziele."

2. Sport macht glücklich

Regelmäßiger Sport hält den Körper gesund und macht den Geist glücklich. Tägliche Spaziergänge steigern das Lebensglück um 12 %. David Niven stellt fest: "Menschen, die sich durch Sport fit halten, sind gesünder, positiver und erfolgreicher."

3. Gutes tun macht glücklich

Wer regelmäßig anderen Menschen etwas Gutes tut, ist 24 % glücklicher als ein Mensch, der nur für sich lebt. John A. Schindler schreibt: "Lebe vorwiegend als gebender Mensch. Der Gebende ist glücklicher als der Nehmende. Wer der Welt und allen Wesen gegenüber zum Gebenden wird, entdeckt die Schönheit der Welt."

4. Ruhe macht glücklich

Neben Zeiten der Arbeit, der Bewegung und der Geselligkeit sollten wir jeden Tag auch Zeiten der Ruhe und der Erholung in unser Leben einbauen. Wir sollten genug schlafen. Aus der wissenschaftlichen Forschung ergibt sich, dass entspannte Menschen positiver denken und glücklicher sind. Jede fehlende Stunde Schlaf verringert die positive Einstellung am nächsten Tag um 8 %.

5. Positives Denken macht glücklich

Wer positiv denkt, verdoppelt seine Glückswahrscheinlichkeit. Wer glücklich werden will, sollte jeden Tag das positive Denken pflegen. Er sollte die positiven Eigenschaften Weisheit, Liebe, Frieden, innere Kraft und Lebensfreude in das Zentrum seines Lebens stellen, und sie jeden Tag systematisch üben. Zum Beispiel durch eine positive Tageseinstellung: "Wie sieht der Tag heute aus? Wie komme ich heute positiv durch den Tag? Was macht mich heute zum Sieger?"

6. Zu viel Fernsehen macht unglücklich

Die wissenschaftliche Forschung hat klar ergeben: "Jede

Stunde Fernsehen am Tag verringert die allgemeine Lebenszufriedenheit um 5 %. " Das Fernsehen orientiert die Menschen auf den Weg des äußeren Glücks. Es erweckt Wünsche. Es verstärkt Aggressionen. Es erzeugt Ängste. Wer in seinem inneren Glück wachsen will, muss den Fernseher abschaffen oder einen positiven Umgang damit erlernen.

Der Weg des positiven Fernsehens besteht aus drei Schritten: a) Wähle deine Fernsehsendungen bewusst aus. Vermeide negative Filme und bevorzuge positive Filme. b) Finde das richtige Maß beim Fernsehen. Kinder dürfen höchstens eine Stunde am Tag fernsehen. c) Nach jedem Fernsehkonsum muss man sich durch spirituelle Übungen reinigen (auf den spirituellen Weg besinnen).

7. Freundschaften pflegen

Baue dir einen positiven Freundeskreis auf. Frauen, die sich regelmäßig mit anderen Frauen austauschten, erlebten eine Verringerung ihrer Sorgen um 55 %. Bei krebskranken Frauen, die sich wöchentlich in einer Gruppe trafen, war die Überlebensrate doppelt so hoch wie bei Frauen ohne eine feste Gruppe. In der westlichen Welt gibt es einen starken Trend zur Vereinzelung. Es gibt viele Singles und alte einsame Menschen. Glücklich sind aber die Menschen mit einem guten Freundeskreis. Überwinden wir die Vereinzelung. Pflegen wir unsere Freundschaften.

8. Die Freude pflegen

Wer regelmäßig kleine Elemente der Freude in sein Leben einbaut, steigert sein allgemeines Lebensglück um 20 %. Einmal ging es Nils schlecht. Um sich wieder ins innere Gleichgewicht zu bringen, aß er viele Süßigkeiten. Sein Geist hellte sich immer mehr auf. Leider war nach einiger Zeit sein Bauch restlos voll. Und trotzdem war sein Geist noch nicht ganz glücklich. Da visualisierte Nils die Süßigkeiten in seinem

Bauch und erweckte so seine Kundalini-Energie. In ihm entstand eine starke Glücksenergie, die ihn schnell ganz ins Licht brachte. Nils lernte daraus, äußeren Genuss und spirituelle Übungen miteinander zu verbinden. Dann braucht man auch nicht ganz so viele Süßigkeiten zu essen. Etwas äußerer Genuss reicht für den Weg des inneren Glücks.

9. Humor

Wer Humor hat, erhöht sein Lebensglück um 33 %. Wir sollten auch den Humor in unserem Leben pflegen. Wir sollten die Dinge nicht zu ernst nehmen. Wir sollten es lernen auch über uns selbst zu lachen. Wer über sich selbst lachen kann, geht leichter durch das Leben. Es ist gut heitere Filme zu sehen, humorvolle Bücher zu lesen und mit fröhlichen Menschen zusammen zu sein.

10. Selbstvertrauen

Glückliche Menschen glauben an sich selbst. Sie glauben an ihre Ziele, ihre Weisheit und ihre Kraft. Sie sehen sich grundsätzlich als Sieger. Sie glauben daran, dass sie langfristig in ihrem Leben siegen werden. Mögen wir alle Sieger auf dem spirituellen Weg sein. Mögen wir an uns selbst, an unsere positiven Ziele und an unsere innere Kraft glauben.

Die zehn besten Glücks-Tipps von Meister Om Om (Wie wird man glücklich)

The Mountain Yogi - trailer

Full documentary on yogi govinda THE MOUNTAIN YOGI

ERSTER WELTGLÜCKSBERICHT DER UNO

(Zitat TAZ 26.05.2012)

Obwohl sich das Bruttosozialprodukt vervielfacht hat, ist die durchschnittliche Lebenszufriedenheit der US-Bevölkerung kontinuierlich gesunken. Das geht aus dem ersten Weltglücksbericht der UNO hervor, der jüngst erschienen ist. Für den Bericht haben die Glücksforscher John Helliwell und Richard Layard sowie der UN-Sonderberater für die Millenniumsentwicklungsziele Jeffrey Sachs sämtliche internationalen Glücksumfragen bis 2011 ausgewertet.

Die wichtigste Studie zum Thema ist der Gallup World Poll. Danach leben die glücklichsten Menschen in den vergleichsweise egalitären westlichen Ländern Dänemark, Norwegen, Finnland und den Niederlanden. Die unglücklichsten Menschen leben in Afrika: in Benin, in der Zentralafrikanischen Republik und in Togo. Bei der Frage, wie oft die Befragten am Tag zuvor gelacht, sich gefreut und glücklich gefühlt haben, liegen die Bewohner so unterschiedlicher Staaten wie Island, Irland und Costa Rica vorne. Die Deutschen kommen bei beiden Umfragen auf einen vergleichsweise lausigen 30. beziehungsweise 46. Platz.

Es sei nicht primär Reichtum, der Menschen glücklich mache, fassen die Autoren ihre Erkenntnisse zusammen, sondern „politische Freiheit, starke soziale Netzwerke und die Abwesenheit von Korruption". Wirtschaftswachstum macht Menschen nur dann glücklicher, wenn sie zuvor arm waren. Ab einer gewissen Sättigung droht eher das Gegenteil: Konsumismus macht unglücklich, vor allem in Ländern mit großer sozialer Ungleichheit – weil sich Wohlhabende ständig mit den noch Reicheren vergleichen.

Welche Faktoren fördern das individuelle Glück? Sehr wichtig, so der Report, sei Erwerbsarbeit. Arbeitslosigkeit führe nicht nur zu Armut, sondern auch zu Ausgrenzung und Statusverlust, mache Menschen werden krank und depressiv. Ein sicherer Job wird von Befragten weit mehr geschätzt als hohes Einkommen.

Ebenfalls wichtig: Ehe und Religion. Stabile Partnerschaften machen Menschen glücklicher. Und vor allem in armen Ländern mit unsicheren Lebensbedingungen hat der Glaube offenbar eine deutlich tröstende Funktion. Sehr positiv für das Wohlbefinden sind geistige und körperliche Gesundheit sowie eine grüne Umgebung.

Und Altruismus. Der UN-Report führt diverse Studien auf, wonach Ehrenamtliche und Freiwillige wesentlich glücklicher sind und Materialisten zum Unglücklichsein neigen. Klare Schlussfolgerung der Autoren: „Solange es kein hohes Niveau von Altruismus und Vertrauen untereinander gibt, kann eine Gesellschaft nicht glücklich sein. Deshalb riet schon Aristoteles, dass Glück hauptsächlich durch tugendhafte Akte angestrebt werden sollte. Auch Buddha und unzählige andere Weise argumentieren so, ebenso viele heutige Psychologen und moralische Führer." Regierungen sollten nicht länger Wirtschaftswachstum, sondern das Wohlbefinden der Regierten befördern und regelmäßig messen.

Auf Betreiben Bhutans und 68 weiterer Ländern ist das weltweite Streben nach Glück bereits im Rechtsgefüge der Vereinten Nationen verankert worden. Die UN-Generalversammlung hat im August 2011 eine Resolution unter dem Titel „Glück: hin zu einer ganzheitlichen Annäherung an Entwicklung" verabschiedet. Wie die Bundesregierung in den kommenden Verhandlungen von Rio+20 diese Ziele unterstützen will, ist unklar. Dabei hätte auch Deutschland durchaus Nachholbedarf. Zwar ist das deutsche Bruttosozialprodukt von 1973 bis 2003 um 60 Prozent gestiegen. Das individuelle Glücksniveau jedoch sank im gleichen Zeitraum um 10 Prozent.

Der englische Wirtschaftsprofessor Richard Layard

Der englische Wirtschaftsprofessor Richard Layard erklärte: *Obwohl die Menschen im Westen seit Jahrzehnten immer reicher werden, sind sie keinesweg glücklicher geworden. (...) Untersuchungen beweisen, dass die Menschen heute nicht glücklicher sind als vor 50 Jahren. Und das, obwohl sich das reale Durchschnittseinkommen in diesem Zeitraum mehr als verdoppelt hat.* Im Gegenteil werden die Menschen äußerlich immer reicher und innerlich immer unglücklicher. Die Wahrscheinlichkeit an einer klinischen Depression zu erkranken ist heute zehnmal so groß wie vor einem Jahrhundert.

Richard Layard meint, dass die Menschen im Westen glücklicher leben könnten, wenn sie sich statt auf das Anwachsen des äußeren Reichtums auf das Anwachsen des inneren Glücks konzentrieren würden. **Die Politik des Staates sollte danach beurteilt werden, ob sie das Glück mehrt und das Leid mindert. Notwendig sei insbesondere eine ethische Erziehung an den Schulen und eine Veränderung des Fernsehens.**

Geld allein macht nicht glücklich, lautet eine Binsenweisheit

https://www.derwesten.de/panorama/reichtum-macht-unzufrieden-statt-glücklich-id337460.html

Der Forscher untersuchte 147 Studenten zunächst ein Jahr nach ihrem Abschluss und erneut zwölf Monate später. «Die Abgänger sind zum ersten Mal in einer Position, in der sie selbst bestimmen, wie ihr Leben weitergehen soll», erläutert Studienleiter Christopher Niemiec. Die Studenten gaben bei der Befragung an, was sie im Leben anstrebten, und in welchem Maß sich ihre Wünsche erfüllt hatten.

Resultat: Je stärker ein Teilnehmer ein Ziel verfolgte, desto eher erreichte er es auch. Aber damit stieg nicht unbedingt die Zufriedenheit. Wer Wohlstand oder Ansehen anstrebte und erreichte, war sogar eher unglücklicher. Bei diesen Akademikern konstatierten die Forscher verstärkt negative Gefühle wie Scham oder Wut sowie Gesundheitsprobleme wie Kopf- und Magenschmerzen oder Erschöpfung.

Wer dagegen großen Wert auf persönliches Wachstum, enge Freundschaften oder Gesundheit legte, war nach der Verwirklichung dieser Ziele tatsächlich zufriedener. «Was das Leben glücklich macht, ist individuelles Wachstum, liebevolle Beziehungen und die Teilnahme an der Gemeinschaft», folgert Deci. Dies seien fundamentale Bedürfnisse des Menschen, betonen die Wissenschaftler im «Journal of Research in Personality». (ap)

http://www.focus.de/panorama/welt/millionaer-rabeder-besitz-macht-nicht-gluecklich_aid_541751.html

FOCUS Online: Warum verschenken Sie Ihr Millionenvermögen?

Rabeder: Bei meinen Reisen durch Südamerika habe ich die wunderliche Erfahrung gemacht, dass die meisten armen Menschen dort viel glücklicher sind als wir wohlhabenden Mitteleuropäer. Da ist doch etwas falsch. Die Werbung redet uns ein, dass wir nur glücklich sind, wenn wir Markenjeans kaufen und Häuser besitzen. Leider haben alle Menschen, die das anstreben, die Mundwinkel dort, wo die Frau Bundeskanzlerin sie auch hat. Damals habe ich mir die Frage gestellt – und stelle sie auch noch heute – was wirklich glücklich macht. Das Streben nach Reichtum und der Kosum offensichtlich nicht. Mich machen Dinge glücklich, die nichts kosten.

FOCUS Online: Nämlich?

Rabeder: Interessanten Menschen begegnen, mir selbst begegnen, Natur erleben, Freunde, Familie, körperliche und geistige Gesundheit. Dinge, die man nicht kaufen kann, sondern für die man etwas tun muss und die man vielleicht geschenkt bekommt. Damit stellt sich unser ganzes Wirtschaftssystem komplett auf den Kopf. Und so habe ich mir erlaubt, mein eigenes Wirtschaftssystem auf den Kopf zu stellen und Dinge umzusetzen, die mir wirklich wichtig sind. Daraus ist der gemeinnützige Verein MyMicrocredit entstanden, der sich mit Kleinstkrediten in Drittweltländern beschäftigt. In diesen Ländern können 25 Euro eine große Veränderung bewirken.

FOCUS Online: Können Sie verstehen, dass ein Hartz IV-Empfänger hierzulande es völlig skurril findet, dass Sie Ihr Geld verschenken?

Rabeder: Tja, man kann sich über seine Situation ewig lang beklagen oder sie als Chance für einen Neubeginn sehen. Die hat jeder Mensch, ob er nun Hartz IV bekommt oder ein Millionengehalt. Jeder Arbeitslose kann sich fragen: Was will ich beruflich eigentlich tun? Vielleicht habe ich jahrelang auf einen Bürojob gewartet, dabei bin ich eigentlich ein begnadeter Handwerker oder kann gut mit Menschen umgehen. Unsere Gesellschaft bietet genug sinnvolle Arbeit.

FOCUS Online: Wovon leben Sie jetzt?

Rabeder: Ich brauche nur 1000 Euro im Monat. Ich halte Vorträge, schreibe ein Buch, coache Manager und Sportler.

Das Ziel einer glücklichen Welt

Scobel - Das Versprechen vom Glück

Matthieu Ricard: Buddhist, Mönch, Glücksforscher

1. Hamburger GlücksSymposium - Grußworte von Dr. Eckart von Hirschhausen

Jürgen Höller - Die Kraft der positiven Psychologie (live)

Wenn wir eine glückliche Welt aufbauen wollen, müssen wir als erstes das Ziel klar sehen. Nur dann können wir den richtigen Weg finden. 90% des Glücks eines Menschen kommt aus seinem Inneren. Wir müssen deshalb das innere Glück aller Menschen in das Zentrum der glücklichen Welt stellen. Wir müssen den Schwerpunkt auf die Verstärkung der Liebe, der Weisheit und der Lebensfreude setzen.

Danach können wir uns auch dem äußeren Wohlstand zuwenden. Dabei sollten wir zuerst auf die Befriedigung der Grundbedürfnisse aller Menschen achten. Hunger, Krankheit und Krieg müssen als erstes beseitigt werden, damit sich das innere Glück auf der Erde gut entfalten kann.

Dann können wir mit dem Ausbau des allgemeinen Wohlstandes beginnen. Wir sollten darauf achten, dass er gerecht verteilt wird und alle Menschen die gleichen Chancen erhalten. Die drei großen Forderungen der französischen Revolution lauten: Freiheit, Gleichheit, Brüderlichkeit. Es wird Zeit, dass wir diese drei Grundwerte gleichgewichtig auf der Erde verwirklichen.

In Deutschland sollte der Schwerpunkt des Wachstums in Zukunft nicht auf das äußere, sondern auf das innere Glück gelegt werden. Politik, Wissenschaft, Religionen und Massenmedien sollten gemeinsam einen Weg entwickeln, wie sie die positiven Werte in der Gesellschaft verstärken können.

Wir müssen gemeinsam eine Glückskultur auf der Basis der Wissenschaft, der Vielfalt, der Liebe und des positiven Denkens aufbauen.

Der Schwerpunkt muss dabei auf der positiven Erziehung der Kinder in der Schule liegen. Die Kinder müssen die Grundgesetze des inneren Glücks kennen, den klugen Umgang mit dem Fernseher erlernen und eine gesunde Ernährung einüben. Sie müssen wissen, wie man eine glückliche Beziehung aufbaut und eine glückliche Familie erreicht. In den Schulen sollten Yoga, Meditation und positives Denken gelehrt werden. Jeder Schüler sollte in die Lage gebracht werden, selbstverantwortlich seinen persönlichen Glücksweg zu finden und zu gehen.

Ich glaube, dass eine glückliche Welt erreicht werden kann, wenn sich Wirtschaftswissenschaft und Glückswissenschaft verbinden. Die Weltgemeinschaft sollte sich in den Grundsätzen umfassende Liebe, weltweiter Frieden, inneres Glück bei allen, genug Arbeit für alle, genug Essen für alle und eine ausreichende Gesundheitsvorsorge für alle zentrieren.

Die Aufteilung in Arbeitende und Arbeitslose muss überwunden werden. Das Menschenrecht auf Arbeit muss weltweit durchgesetzt werden. Genug Land für landlose Bauern. Ausbau der gemeinnützigen Arbeit. Gerechte Aufteilung der Arbeit und des Ertrages. Jeder Mensch hat Anspruch mindestens auf eine Halbtagstätigkeit und genug Geld zum Leben. Diese Planungsaufgabe muss die Weltgemeinschaft in Zukunft bewältigen. Möglich ist alles, wenn ein politischer Wille dahintersteht.

In meiner Idealwelt arbeiten die Menschen halbtags, beschäftigen sich halbtags mit der Entwicklung des inneren Glücks oder dem kostenlosen Dienst an ihren Mitmenschen, haben glückliche Beziehungen und feiern fröhliche Feste. Und sie wachsen ihr ganzes Leben lang in ihrem Glück und in der

Liebe zueinander.

Es gibt Glücksbeauftragte, die die Einzelnen beraten, die Familien unterstützen, in den Unternehmen das Glück fördern und in der Gesellschaft das Glück organisieren. Yogis entwickeln in der Abgeschiedenheit ihr inneres Glück, Priester bringen das Licht in die Welt, und Selbsthilfegruppen stärken sich gegenseitig auf dem Glücksweg. Ihre gemeinsamen Grundlagen sind die Wissenschaft, die Vielfalt und die Toleranz. Sie betonen die Liebe, den Frieden und überwinden den engstirnigen Fundamentalismus.

Eine derartige Welt ist erreichbar, wenn man soziales Denken und Spiritualität (Glückswissenschaft) miteinander verbindet. Das ist das große Geheimnis. Die Wirtschaftswissenschaft muss mit der Glückswissenschaft verbunden werden, wie es Richard Layard gut erkannt hat. Eine große Weise ist für mich auch die Heilige Elisabeth von Thüringen: „Es genügt nicht, dass wir den Armen etwas zu essen geben. Wir müssen sie glücklich machen!"

Durch die Verbindung von ökologischem, sozialem und spirituellem Denken kann der Aufbau einer glücklichen Welt gelingen. Dafür gibt es viele positive Beispiele, zum Beispiel bei den Urchristen. Sie haben ihr Vermögen miteinander geteilt und sich im inneren Glück (in Gott) zentriert.

Die meisten alten Glückskulturen beweisen die Richtigkeit dieses Weges. Wir brauchen deshalb die traditionellen Kulturen (Afrika, Indianer ...) als Bündnispartner. Wir können viel von ihnen lernen. Wir sollten einen Weg finden, altes Glückswissen und moderne Zeit miteinander zu vereinigen.

Glück in Deutschland

(Zitate aus der Zeit 28/2007) Die Nation wird reicher – und

dabei unzufriedener. Die Ökonomen Anke Zimmermann und Richard Easterlin haben untersucht, wie sich die Lebenszufriedenheit in Deutschland entwickelt hat. Ergebnis der Studie: Im Jahr 2004 empfanden die Westdeutschen insgesamt eine deutlich niedrigere Lebenszufriedenheit als im Jahr 1984. Der Durchschnittswert fiel von 7,40 auf 6,79. Das Einkommen eines durchschnittlichen Haushalts stieg im selben Zeitraum von etwa 25 000 Euro auf 30 000 Euro.

Die glücklichsten Menschen leben in der Südsee

(Zitat dpa 2006) Am besten lässt es sich im Südsee-Inselstaat Vanuatu leben, fand eine britische Studie heraus. Die Inselgruppe im Pazifik mit ihren etwas mehr als 200.000 Einwohnern ist nach Einschätzung der Stiftung New Economics Foundation (NEF) der Ort, an dem es sich weltweit am besten leben lässt. Die meisten Industriestaaten landeten weit abgeschlagen auf den hinteren Rängen. Deutschland rangierte auf Platz 77.

Die Zeitung «Vanuatu Online» berichtete: «Die Leute hier sind glücklich, weil sie mit wenig zufrieden sind. Das Leben dreht sich um die Gemeinschaft, um die Familie und um das, was man anderen Leuten Gutes tun kann.»

Glücksland Bhutan

Bhutan - Das glücklichste Land der Welt

Weltspiegel-Reportage: Bhutan

Bhutan: Das Geheimnis des Glücks (Doku)

Glaubenswege Buddhismus Eine Reise nach Ladakh

Der Geist von Tibet - Eine Reise zur Erleuchtung - Dilgo Kyentse Rinpoche

Bhutan ist aus meiner Sicht zur Zeit ein sehr wichtiges Projekt für die Welt. Dort wird konkret und sehr ernsthaft Ökologie, Ökonomie und Spiritualität zu einer Einheit verbunden. Äußerlich ist es notwendig, dass alle Menschen genug zu essen haben, dass es keinen Krieg gibt, dass eine funktionierende Umwelt existiert und dass die Menschen positiv, sanftmütig und liebevoll miteinander umgehen.

Entscheidend ist aber das innere Glück. Das Glück eines Menschen kommt nach der heutigen Forschung zu 90 % aus seinem Inneren. Das innere Glück sollte gepflegt werden, von jedem auf seine Art und nach seinem Glauben.

Das Hauptproblem heutzutage ist das westliche Konsumfernsehen. Es orientiert die Menschen auf falsche Glückswege (Sex, Gewalt, Kampf, Egoismus). Es macht, wissenschaftlich nachgewiesen, die Menschen innerlich unglücklich (pro Stunde Fernsehen am Tag 5 % unglücklich).

In Bhutan gibt es viele positive Ansätze, von denen wir in Deutschland nur träumen können. Aber sie haben auch das

Problem des Konsumfernsehens seit 1999. Und es zerstört die Moral und das Glück der Menschen. Anderseits haben die Menschen den tibetischen Buddhismus als positive Gegenkraft. Es bleibt spannend, wie es sich dort in den nächsten Jahren entwickelt.

Die Bewohner Bhutans leben überwiegend als ökologische Bauern. Die Glücksphilosophie des Landes beruht auf vier Säulen: eine gesunde Umwelt, eine gute Volkswirtschaft, eine demokratische Regierung und die Verankerung in einer positiven Religion/Kultur.

Es gibt einige Bücher im Internet, die aber nur begrenzt aufschlussreich sind. Am besten zum Thema "Glückskultur" ist immer noch das Buch von Helena Norberg-Hodge: "Faszination Ladakh". Ladakh ist ein Teil von Indien und ein Nebengebiet von Bhutan. Es wurde hinsichtlich des Glücks gründlich erforscht.

Von Ladakh hat Bhutan gelernt, dass die westlichen Werte die Menschen in den Entwicklungsländern unglücklich machen. Die westlichen Werte werden hauptsächlich durch Touristen und durch das Fernsehen übertragen. Das Touristenproblem hat Bhutan gelöst, indem es durch hohe Einreisegebühren nur wenige Touristen ins Land lässt. Das Fernsehproblem wird im Moment dadurch bewältigt, dass die Menschen nur zwei Kanäle haben und wenig fernsehen. Die Religion bildet außerdem ein starkes Gegengewicht gegen die westliche Konsumideologie.

Realisisch betrachtet werden die Menschen in Bhutan jetzt von zwei gegensätzlichen Lebenseinstellungen beeinflusst, von der westlichen Konsumideologie und von der Philosophie des inneren Glücks (in der Form der traditionellen Kultur). Es wird sich wohl ein Mittelweg herausbilden. Einige Menschen werden streng an der alten Religion festhalten, einige Menschen werden dem westlichen Konsumwahn verfallen und die Mehrheit wird beides irgendwie gleichzeitig leben.

Frau AB: Wir brauchen wir einen Paradigmenwechsel, der den Konsumismus kritisch hinterfragt.

Interessant ist in diesem Zusammenhang ein Artikel von Serge Latouche mit dem Titel »Gibt es einen Weg aus der Wachstumsökonomie?«, der am 11.11.2005 in Le monde diplomatique erschienen ist. Dort lesen wir folgendes: »Eine Dynamik der Wachstumsrücknahme ließe sich durch wenige einfache und scheinbar harmlose Maßnahmen in Gang setzen. Zum Beispiel müssten wir den ökologischen Fußabdruck verkleinern, das heißt eine umweltschädliche Produktion verkleinern. Weiter müssten wir die Transportkosten in die Preise hineinrechnen, die Warenströme verkürzen, die bäuerliche Landwirtschaft wiederbeleben und den verschwenderischen Verbrauch von Energie auf ein Viertel reduzieren.«

Nils: Hallo Frau AB, für einen ganzheitlichen Ansatz bin ich auch. Die vier Punkte Bhutans können als Vorbild dienen: eine gesunde Umwelt, eine gute Volkswirtschaft, eine demokratische Regierung und die Verankerung in einer positiven Kultur. Die Volkswirtschaft muss vom Konsumprinzip zum Glücksprinzip finden. Eine gewisse Genügsamkeit in äußeren Dingen schadet nicht dem Glück der Menschen. Die Philosophie der Genügsamkeit ist für das innere Glück sogar förderlich, wenn man sie nicht übertreibt. Das Ziel der Volkswirtschaft sollte es sein allen Menschen genug Nahrung zu geben, die Gesundheit zu bewahren und das innere Glück zu fördern.

Die Arbeit sollte alle Menschen glücklich machen und nicht dem Ziel des sinnlosen Luxus einer kleinen Schicht von Reichen dienen. Eine ausreichende Umverteilung von oben nach unten ist wichtig (eine weltweite Reichensteuer). Aber sie reicht nicht aus. Wir müssen die gesamte Weltwirtschaft von den Grundsätzen Glück, Liebe und Menschenwürde her neu organisieren (fairer Handel, Ethik für Manager, positive gesellschaftliche Steuerung).

Die Philosophie des Glücks

Philosophisches Kopfkino Glück

Der Sinn des Lebens (Hörbuch von Meister Om Om)

Der bekannteste Philosoph des Glücks ist Epikur. Epikur lehrte es in äußeren Dingen genügsam zu sein und den Schwerpunkt des Lebens auf das innere Glück zu legen. Ein Mensch sollte jeden Tag philosophieren. Er sollte über den Sinn des Lebens nachdenken und sich immer wieder auf seine positiven Ziele besinnen. Er sollte es vermeiden, sich zu viele Sorgen zu machen. Ein Leben wird nach Epikur dann glücklich, wenn man alle Dinge im richtigen Maß lebt. Jeder Mensch sollte das für ihn persönlich genau richtige Maß an den äußeren Dingen des Lebens finden. Er sollte seinen Genug-Punkt kennen. "Wem genug zu wenig ist, dem ist nichts genug."

Glück in der Schule (Lehrerin Martina Belling)

Schulfach Glück. Kann ein neues Fach die Schule verändern? (6. Osnabrücker Wissenforum)

Interview mit Ernst Fritz-Schubert (Schulfach Glück)

Achtsamkeit als Schulfach (3Sat)

Glück als Schulfach

Der übergroße Leistungsdruck macht die Schüler krank. Vor allem Mädchen greifen zur Abhilfe immer häufiger zu Medikamenten. Fast ein Drittel der Schüler schätzt seine gesundheitsbezogene Lebensqualität gering ein. Das hat 2008 eine Studie der Weltgesundheitsorganisation (WHO) ergeben, woran in Berlin 1300 Schüler zwischen 11 und 15 Jahren teilgenommen haben.

Wissenschaftler haben festgestellt, dass sich Kinder unter sieben Jahren zu 90 % als sehr glücklich bezeichnen. Danach fällt das Glücksgefühl stark ab. Nach einigen Jahren in einer normalen staatlichen Schule bezeichen sich nur noch 40 % der Kinder als sehr glücklich. Die leistungsorientierte westliche Schule ist neben dem kapitalistischen Konsumfernsehen einer der großen Glückskiller in der westlichen Welt.

Unsere wahre Bestimmung ist es, glücklich zu sein und glückliche Beziehungen untereinander zu haben. Wir sollten auf die Glücksforschung hören und ihre Erkenntnisse in den Alltag unserer Schulen eindringen lassen. Wann wird das Fach Glück an allen Schulen in Deutschland eingeführt? Jede Schule hat die Möglichkeit dazu. Die Kultusministerien können

Richtlinien erlassen. Lehrer mit Fächern wie Deutsch, Ethik, Philosophie und Religion können das Thema Glück in ihrem Unterricht behandeln.

Bericht eines Lehrers (Zitate aus der TAZ 2008)

Wolfgang Schenk, 59 Jahre alt, unterrichtete 35 Jahre lang an drei Berliner Hauptschulen. Am 1. Dezember ging er vorzeitig in den Ruhestand. Die Diagnose: Burn-out-Syndrom. „Ich wollte den Kindern etwas beibringen, die am ärmsten dran sind", sagt Wolfgang Schenk.

"Als im Jahr 2000 die erste Pisa-Studie herauskam, haben meine Kollegen und ich den Kopf geschüttelt und gelacht. Erschüttert hat mich nur, dass Politik und Verwaltung erst durch Pisa gemerkt haben, was an deutschen Schulen eigentlich los ist.

Ein Hauptschüler hat in der Regel wenig Selbstbewusstsein, er geht davon aus, nichts zu können. Er wehrt Schule und Lernen ab, ist abgelenkt durch exzessiven Konsum von Fernsehen, DVDs und Computerspielen. Wir haben das immer an den Montagvormittagen gemerkt. Dann bricht das Gesehene aus den Schülern förmlich heraus, zahllose Horror- und Pornofilme, alle nur flüchtig durchgezappt, nicht besprochen, kaum verstanden. Fast alle Kinder kommen aus zerrissenen Familien. Viele sind verhaltensgestört.

Erpressungen und Bedrohungen sind Alltag, die Betroffenen gestehen höchst selten unter vier Augen: Der quält mich. Manche Jungen sind so verroht, dass alle Lehrer kapitulieren. In diesem Fall tritt das Rotationssystem in Kraft, über das sich keiner zu sprechen traut: Ganz harte Fälle werden an eine andere Schule abgeschoben, dafür bekommen wir von dort die schwierigen Fälle. So geht es munter im Kreis herum.

Viele Hauptschüler haben keine positiven Vorbilder und gefestigten Wertvorstellungen. Wer an der Hauptschule als Lehrer tätig ist, vollbringt eine große Leistung, wenn es ihm gelingt, ein Minimum an Sachwissen zu vermitteln. Den Kindern fehlen erwachsene Vorbilder, sie leben ohne jede Struktur, sie wissen nicht, zu wem sie gehören."

Das Schulsystem in Finnland (Zitate aus der TAZ 2008)

"Finnlands Schule ist vielleicht wirklich die beste, wenn es darum geht, wie die Lehrer es schaffen, den Schülern das Wissen zu vermitteln", sagt der Chefredakteur Melin: „Aber ihre Kompetenz, sich auch menschlich um sie zu kümmern, lässt zu wünschen übrig."

Viel zu wenig habe in der Vergangenheit das Wohlergehen der Schüler im Fokus gestanden. Auf dem Papier sieht alles vorbildlich aus. Kein Notendruck, keine Angst vorm Sitzenbleiben, Anspruch auf Gruppen- und Einzelförderunterricht, jede Schule hat Zugang zu psychologisch geschultem Personal. Erforderlich sei aber auch ein gutes soziales Klima. Doch daran fehle es in Finnland.

Die Gymnasiallehrerin Kinu aus Helsinki meint: „Oft scheinen es nur wir Lehrer zu sein, die die Schüler haben. Sie reden mit uns über ihre Eltern, die geschieden sind, über Beziehungen, die in die Brüche gegangen sind, über ihre Angst, nicht tüchtig genug zu sein. Können Sie sich vorstellen, wie es ist, wenn ein Schüler ins Lehrerzimmer kommt, einen umarmt und sagt, dass er sonst niemanden hat, den er umarmen könne?"

Das Klima an den Schulen ist geprägt von Stress, Einsamkeit und Angst. Vergleichende Untersuchungen zeigen an finnischen Schulen den höchsten Anteil an Depressionen in ganz Skandinavien und die größten Mobbingprobleme. Kinu wünscht sich eine Schule, die nicht so sehr vom

Leistungsdruck geprägt ist, sondern die die Schüler auch zu glücklichen Menschen macht.

Glück als Schulfach in Heidelberg (Zitate von Ernst Fritz-Schubert)

"Die Einführung des Fachs Glück trägt der Tatsache Rechnung, dass traditionelle soziale Netzwerke, wie z. B. die Familie, nicht mehr durchgehend in der Lage sind, herkömmliche Normen, Traditionen, Verhaltensweisen, Konventionen etc. zu vermitteln, die aber Grundlage für ein zufriedenes und erfolgreiches Leben sind und die Basis für eine intakte Gemeinschaft darstellen.

Der Unterricht in der zweijährigen Berufsfachschule im Fach Glück und der Seminarkurs im Wirtschaftsgymnasium sollen dazu beitragen, Lebenskompetenz zu vermitteln und die Macht des Optimismus' als Weg zum Glück und Erfolg zu begreifen. Ziel ist es, junge Menschen zu zufriedenen und selbstsicheren Frauen und Männern auszubilden."

Pilotprojekt an drei Schulen Berliner Schüler lernen das Fach "Glück"
05.12.2017
http://www.tagesspiegel.de/berlin/schule/pilotprojekt-an-drei-schulen-berliner-schueler-lernen-das-fach-glueck/20668904.html

Schwänzen, Mobbing, Gewalt: Etliche Schulen in Berlin gelten als schwierig, viele Schüler sind demotiviert. Ein Pilotprojekt an drei Sekundarschulen bietet jetzt einen anderen Lösungsansatz.

Normalerweise hätte die Klasse 8c der Jean-Krämer-Schule im

Reinickendorfer Ortsteil Wittenau montags um zehn Uhr Ethik. Seit einigen Wochen aber haben sie stattdessen „Glück". Das Pilotprojekt ist Anfang dieses Schuljahres an drei integrierten Sekundarschulen in Berlin gestartet. Außer der Jean-Krämer-Schule machen die Hermsdorfer Carl-Bosch- Schule und die Caspar-David-Friedrich- Schule in Hellersdorf mit.

Das Ziel: Mehr Lebensfreude, mehr Selbstbewusstsein. Ziel des Projekts ist es, die Persönlichkeit der Kinder zu stärken. Ihnen die Erfahrung zu geben, dass sie selbst zu ihrer Zufriedenheit beitragen können. „Es geht darum, die Stärken der Schüler ins Zentrum zu stellen", sagt Friederike Walter, die mit Christina Bachmann der Klasse 8c jeden Montag 90 Minuten Glücksunterricht gibt. Sie sind zwei von 22 Berliner Lehramtsstudenten die sich neben ihrem normalen Studium seit Mai dieses Jahres zum „Glückslehrer" ausbilden lassen. Die Dozenten für die Kurse kommen aus Heidelberg, denn dort hat das Projekt seinen Ursprung.

Schon 2007 führte dort Oberstudiendirektor Ernst Fritz-Schubert an seiner Schule das Fach „Glück" ein. Sein Ziel: Lebensfreude vermitteln – für ein besseres Lernen sowie für seelische und körperliche Gesundheit. Er gründete das Fritz-Schubert-Institut für Persönlichkeitsentwicklung, das den Unterricht mit der Universität Osnabrück auch wissenschaftlich evaluiert hat. Nach einem Jahr schätzten die Schüler die Schulgemeinschaft wertvoller ein und sahen häufiger einen Lebenssinn für sich selbst.

Inzwischen wird das Fach „Glück" in mehr als 100 Schulen in Deutschland und Österreich unterrichtet. In Deutschland ist es bislang in Baden-Württemberg und Bayern Teil des Stundenplans. Jetzt ist es auch in Berlin angekommen.

„Glück und Schule – wie soll das zusammenpassen?", war Volker Kaisers erste Reaktion, als er von dem Pilotprojekt hörte. Seit vier Jahren ist der 63-Jährige Schulleiter an der Jean-Krämer-Schule. 550 Schüler, 75 Prozent von ihnen haben einen Migrationshintergrund, drei von vier sind von der Lehrmittelzuzahlung befreit, zudem hat die Schule eine der höchsten Schwänzerquoten berlinweit: „Die Jean-Krämer-Schule ist eine schwierige Schule", sagt Volker Kaiser. Ausgerechnet hier sollte Glück gelingen? Dann schaute er sich die Sache genauer an und beschloss, einen Versuch zu wagen. Mit der Bildungsverwaltung einigte er sich darauf, „Glück" in der achten Klasse im Rahmen des Fachs Ethik zu unterrichten. „Die Inhalte stimmen in vielen Punkten überein", sagt Gabriella Hill, Klassen- und Ethiklehrerin der 8c. Auch sie musste zweimal nachdenken, bevor sie ihren Unterricht aus den Händen gab. Mittlerweile aber ist sie sicher: „Unsere Klasse wird von den offenen Lernformen langfristig profitieren."

Als die Schüler am Ende der Stunde ihre „Glückshefte" öffnen, strahlt jeden ein goldener Briefumschlag an – eine kleine Schatztruhe mit Dutzenden Zetteln. Darauf stehen die Stärken der Kinder, wie ihre Mitschüler sie sehen. „Die meisten trauen sich am Anfang nicht, ihre eigenen Stärken zu formulieren, haben vielleicht noch nie darüber nachgedacht", sagt Friederike Walter. Den anderen ihre positive Seiten zu attestieren, falle leichter. Jetzt aber sollen sie fünf Stärken aufschreiben, die auf sie selbst zutreffen. Viele Schüler zücken sofort ihren Stift. Noch vor ein paar Wochen wäre das unmöglich gewesen.

Forendiskussion

B: "Den Leistungsdruck sehe ich auch ganz kritisch. Meine Tochter war schon auf dem Weg in die Depression."

R: "Es ist die Kehrseite der PISA-Verbesserung und ein Thema, das von der Politik gern verschwiegen wird. Immer mehr Leistungsdruck macht den Schülern zu schaffen. Immer mehr werden die Schüler unter einen Druck gesetzt, dem sie nicht mehr standhalten. Dieser Druck fordert immer mehr Opfer, denn alle Amokläufer, ob Winnenden, Erfurt oder Emsdetten hatten eines gemeinsam - sie waren Verlierer der Leistungsgesellschaft."

Dominik: Wirtschaftskrise und Pisa-Studie haben eine heftige Diskussion um die Bildung der Zukunft entfacht. Auf der einen Seite steht die Verkürzung der Schulzeit sowie die Forderung, einfach wieder ordentliche Disziplin in den Schulen einkehren zu lassen. Auf der anderen Seite wird grundsätzlich über neue Schulkonzepte nachgedacht und darüber, was Kinder fördert, um ein gelingendes und erfülltes Leben zu führen.

Eine Wissensflut muss in Kinderköpfe geflößt werden, über denen das Damokles-Schwert schwebt, sich spätere Berufschancen zu verbauen. Der Preis für den heftigen Leistungsdruck sind psychosomatische Krankheiten bei Lehrern und Schülern. Eine glückliche Schulzeit verbessert die Chance, dass aus den Heranwachsenden schließlich mitdenkende und leistungsbereite Mitarbeiterinnen und Mitarbeiter und Führungskräfte werden.

Der Funke des neuen Schulfachs hat sich mittlerweile rasant von Tirol bis Hamburg verbreitet. Vielerorts wird das Schulfach Glück eingeführt. Es gibt Möglichkeiten der Weiterbildung speziell für dieses Fach. Schüler, Lehrer und Schulleiter sind begeistert. Wann wird Glück und Gesundheit ein Schulfach für alle? Hoffentlich bald, der Grundstein ist bereits gelegt.

Elisabeth (Lehrerin an einer Hauptschule): Wir Lehrer müssen die Persönlichkeitsentwicklung der uns anvertrauten SchülerInnen sehr ernst nehmen! Fast alle Kinder freuen sich auf ihren ersten Schultag. Leider ist es schon bald vorbei mit dem Glücksempfinden. Stress und viele Tränen von Kindern und Müttern werden von der Schule in die Familien getragen. Wo ist das Glück geblieben? Diese Freude, in die Schule zu gehen?

Mit der Einführung eines neuen Schulfaches soll bei uns dem Glück nun wieder auf die Sprünge geholfen werden. Wir als Pädagogen sind aufgerufen, Kindern Wertevorstellungen mitzugeben, ihnen zu helfen, einen Platz in der Gemeinschaft zu finden und Lebens- und Sozialkompetenz zu erlangen, (...) die Kinder zu glücklichen Menschen machen.

Für ein besseres Fernsehen

Kritisches Video: Zehn Jahre nach Kerner: Eva Herman packt aus (Manipulation im Fernsehen)

Die „Hauptreligion" der Welt ist heute das westliche Konsumfernsehen. Es lehrt den Weg des äußeren Glücks und zerstört das innere Glück. **Fernsehen verringert die persönliche Zufriedenheit um etwa 5 % pro Stunde. Glückliche Menschen verbringen weniger als ein Fünftel so viel Zeit vor dem Fernseher als andere Menschen.** (David

Niven: *Die 100 Geheimnisse glücklicher Menschen.* München 2000, Seite 32 f.)

Die Glücksforschung hat erkannt, dass das westliche Fernsehen die Menschen innerlich unglücklich machen und einen Zerfall der positiven Werte bewirken kann. **Untersucht wurde ein Indianerstamm im Alaska. Vor der Einführung des Fernsehens lebten die Menschen friedlich und positiv zusammen. Danach griffen Egoismus, Unzufriedenheit, Gewalt und Suchtverhalten stark um sich.** Dieser Prozess des Zerfalls der traditionellen Kulturen durch den Einfluss des westlichen Konsumfernsehens geschieht derzeit weltweit. (David Niven, a.a.0., Seite 160 f)

Die Menschen in Indien verlieren ihre traditionellen Werte. Die Menschen in China werden trotz wachsendem äußerem Reichtum innerlich unglücklicher. Die Menschen in Afrika wollen nach Europa, weil sie meinen dort glücklich werden zu können. Sie lassen sich durch den äußeren Reichtum blenden und sehen nicht das innere Unglück der Menschen im Westen. Nach einigen Jahren im Westen sind sie innerlich genauso ausgebrannt, wie viele Menschen hier.

In Bhutan wurde 1998 das Glück zum obersten Staatsziel erklärt. Jedoch machte die Regierung schon im Jahr darauf nach Ansicht des Fernsehkritikers und englischen Wirtschaftsprofessors Lord Richard Layard einen folgenschweren Fehler. Sie ließ das westliche Konsumfernsehen zu. Wo vorher eine gewaltfreie buddhistische Erziehung vorhanden war, dominierten jetzt Fernsehfilme aus Sex, Gewalt, Angst und Konsumwerbung den Geist der Menschen. Schon bald darauf war ein starker Anstieg von Scheidungen, Kriminalität und Drogenkonsum zu verzeichnen. In den Schulen nahm die Gewalt zu. (Richard Layard: *Die glückliche Gesellschaft.* 2005, Seite 91.) **Nach Richard Layard bestätigen die vorliegenden**

Untersuchungen eindeutig, dass die Menschen aggressiver werden, je mehr sie fernsehen. (Richard Layard, a.a.O., Seite 102.)

<u>Viel Fernsehen fördert Hang zur Gewalt</u> (Zitate aus Science ORF.at): *Mehr als eine Stunde Fernsehen am Tag fördert bei jungen Erwachsenen auf Dauer einen Hang zu gewalttätigem Verhalten. Das gilt vor allem für junge Männer, aber auch für erwachsene Frauen, berichten Forscher im Wissenschaftsmagazin* Science. **Wenn die tägliche Fernsehzeit drei Stunden überschreitet, nimmt die Rate von gewaltsamen Übergriffen wie Körperverletzung und Raubüberfällen dramatisch zu.** *„Ich war überrascht, einen fünffachen Anstieg aggressiven Verhaltens bei drei oder mehr Stunden Fernsehkonsum zu beobachten", sagte Johnson. Jeffrey Johnson und Kollegen von der Columbia-Universität in New York beobachteten Jugendliche aus 707 Familien über einen Zeitraum von 17 Jahren.*

Die Ergebnisse zeigten, dass verantwortungsbewusste Eltern ihre Kinder – zumindest in früher Jugend – nicht mehr als eine Stunde lang fernsehen lassen sollten, erklärte Johnson, der an der Columbia-Universität sowie dem Psychiatrischen Institut des Staats New York tätig ist. Inzwischen sehen auch viele US-Organe wie die Amerikanische Akademie der Kinderärzte, die Ärztegesellschaft (AMA) sowie die Psychologen- und Psychiaterverbände klare Hinweise auf eine Erziehung zur Gewalt durch gewalttätige Fernsehprogramme.

In der Psychologie ist bekannt, dass man sein Unterbewusstsein programmieren und trainieren kann. Wer durch Vorstellungsübungen positive Verhaltensweisen einübt, der kann sie in der Realität leichter umsetzen. Gleiches gilt für negative Verhaltensweisen. Deswegen sind Gewaltfilme so schädlich. **Unsere Kinder üben in der Vorstellung Gewalt ein und können sie später dann perfekt umsetzen. Die**

Gewaltorgien an den Schulen sind kein Zufall. Die *dramatische Zunahme von Ängsten, Depressionen und psychosomatischen Krankheiten ist kein Zufall.*

Die staatlichen Aufsichtsorgane sollten dafür sorgen, dass das westliche Konsumfernsehen nicht die Gewalt unter den Menschen verstärkt. Es sollten verbindliche Wirkungsstudien erstellt werden, an denen sich alle Fernsehsender orientieren müssen. Übermäßige Gewalt im Fernsehen muss verboten werden. Das Programm insgesamt jedes Senders sollte die Liebe, die Weisheit, den Frieden und das innere Glück bei den Zuschauern messbar vergrößern. **Von 5 % Unzufriedenheit nach einer Stunde fernsehen sollten wir mindestens auf 1 % Zufriedenheit kommen. Das Fernsehen ist der entscheidende Kulturformer im Westen. Es muss deshalb seinen grundgesetzlichen Bildungsauftrag stärker wahrnehmen.**

Diskussion

Klaudia Wick ist Sachbuchautorin und freie Journalistin unter anderem für die „Berliner Zeitung", die Branchendienste „epd medien" und „Funkkorrespondenz" und „Theater heute". Seit 2005 ist sie die Vorsitzende der Jury des Deutschen Fernsehpreises:

"Wer das Angebot von heute für ausnahmslos flach und banal hält, sieht oft nicht richtig hin. Denn natürlich muss man die Perlen im Programm suchen. Für einen breiten gesellschaftlichen Diskurs braucht es nicht nur verantwortungsbewusste, sondern auch populäre Medien, die komplexe Themen für ein breites Publikum in leicht verständlicher Weise aufbereiten können. Ich bin der Meinung, dass unser duales Fernsehsystem für diese Herausforderung bestens geeignet ist. Es scheint mir unabdingbar, der Idee des gemeinnützigen Rundfunks – nämlich „das Zeigen, Wahren und Setzen öffentlicher Werte" - einen prominenten Platz einzuräumen. Unser Fernsehen gehört zu den besten der Welt."

Lisa: Die traurige Wahrheit lautet ja, dass das Fernsehen nur das sendet, was die Mehrheit der Leute sehen will. Da muss man sich schon mal fragen, warum viele Leute sich jeden Tag diese Reality-Formate zuführen.

Politische, wirtschaftliche und gesellschaftliche Themen blenden die Privaten weitgehend aus. Leider sind die Privaten schlicht und einfach unterhaltsam, so dass man ihnen leicht verfällt. Auch die Öffentlich-Rechtlichen passen sich den Privaten immer mehr an, um Einschaltquoten zu erzielen. Angesichts der Entwicklung der Privaten ist das gefährlich.

Tania: Also mein Fernseher hat einen Knopf zum Ausschalten. Mein Tipp: Einfach nur das ansehen, was einen wirklich interessiert. Ihr werdet überrascht sein, wieviel wirklich gute Beiträge es gibt.

Christoph: In unserer medialen Welt ist es nicht für jeden so einfach, sich von der Beruhigungsdroge Fernsehen loszulösen. Da denke ich schon, dass etwas mehr »geistige Führung« durch unsere Politiker notwendig ist, denn der Schwachsinn im TV nimmt immer mehr überhand.

Susi: Die Medien – allen voran das Fernsehen – sind quasi die vierte Gewalt im Staat, die eine überwachende Funktion einnehmen! Ich sehe eine Entwicklung hin zur offenen und unvoreingenommenen Diskussion von anstehenden Problemen und Fragestellungen! Das ist gut so.

Jürgen: Für mich sind Fernsehen und Internet ergänzende Informationsquellen.

Christoph: Ich habe mich schon häufig gefragt, was alles passiert, wenn man das Fernsehen in Deutschland für zwei

Monate abschalten könnte. Die Familien müssten sich miteinander auseinandersetzen. Man könnte seine Kinder nicht mehr vor der Glotze parken. Einige würden das erste Mal ihre Nachbarn kennen lernen.

Susi: Marcel Reich-Ranickis Fernsehkritik war berechtigt, seine Alternativen aber nicht praktikabel. Gottschalk hatte vollkommen recht: Wenn man sich bemüht, niveau- und anspruchsvolles Programm zu bieten, strafen die Konsumenten den Sender sofort mit schlechten Einschaltquoten – so funktioniert nun mal der Markt: Das Angebot passt sich der Nachfrage an.

Frau AB: Hallo Herr Horn! Ich finde, man braucht keinen Fernseher um glücklich zu sein. Happiness lässt sich gänzlich ohne Fernsehen erreichen.

Nils: Die meisten Menschen in Deutschland sehen jeden Tag etwa drei Stunden fern. Wir werden sie nicht davon abhalten können. Das Fernsehen ist der entscheidende Kulturformer im Westen. Es erzieht die Menschheit zu den Werten Sex, Gewalt, Konsum und Egoismus.

Wenn Frau Wick meint, dass unser Fernsehen zu den besten der Welt gehört, so macht das eine erschreckende Blindheit bei unseren Fernsehverantwortlichen deutlich. Sie verdrängen die wissenschaftlichen Forschungsergebnisse über die negative Wirkung des Fernsehens. Wir brauchen eine positive Fernsehkultur, die die Menschen innerlich glücklich macht und zum Frieden und zur Liebe erzieht.

Fernsehmeditation

Wir setzen uns entspannt hin. Der Rücken ist gerade. Die Hände liegen im Schoß oder auf den Beinen.

1. Glückliche Welt = Wir visualisieren unter uns die Erdkugel

und reiben kreisend mit den Füßen (erst der rechte und dann der linke Fuß) die Erde. Wir denken das Mantra: „Möge es eine glückliche Welt geben. Mögen alle Wesen auf der Welt glücklich sein." Wir denken dabei bewusst an das viele Leid auf der Erde. Wir verbinden uns geistig mit dem Leid unserer Mitmenschen.

2. Meister = Wir visualisieren unsere erleuchteten Meister im Himmel (Om Buddha, Jesus, Shiva, Epikur ...). Wir reiben die Handflächen aneinander über dem Kopf und denken: „Om ... (Name des persönlichen Vorbildes). Om alle erleuchteten Meister. Ich bitte um Führung und Hilfe auf meinem Weg." Wir fühlen uns dabei real mit den Meistern verbunden. Wir spüren, wie ihre Energie mit dem Mantra in uns hineinfließt.

3. Buddha/Göttin/Engel = Wir visualisieren uns als Buddha, Göttin/Engel. Wir denken: „Ich bin ein Buddha (Göttin/Engel) der Liebe. Ich gehe den Weg des Positiven." Dabei reiben wir unsere Hände vor dem Herzchakra.

4. Buddha/Göttin/Engel im Fernsehen = Wir bewegen eine Hand segnend hin und her. Wir senden einem Menschen im Fernsehen Licht und denken: „Ich sende Licht zu ... Möge er/sie ein Engel (Buddha, Göttin) werden. Mögen alle Menschen im Fernsehen Engel (Buddhas, Göttinnen) werden." Welcher Mensch hat dich heute im Fernsehen besonders positiv oder negativ berührt? Reinige die energetische Verbindung, indem du ihn als Engel (Buddha, Göttin) visualisierst.

5. Om im Bauch = Lege die Hände in den Schoß, bewege die Zehen und denke das Mantra "Om" im Bauch. Stoppe danach eine Minute alle Gedanken. Entspanne dich.

Der Weg der Liebe

<u>Amma Hugging The World</u>

<u>Mein Amma Darshan</u>

<u>Darshan: The Embrace - Amma Movie 2005</u>

Amma (Amritanandamayi) ist eine der bekanntesten
spirituellen Meisterinnen des heutigen Indiens. Sie wurde am

27.9.1953 in Kerala geboren. Bereits im Alter von fünf Jahren begann sie mit ihrer spirituellen Praxis. Ihr Motto war: "Vergeude spirituell keine Minute in deinem Leben." Im Alter von 17 Jahren gelangte sie zur Erleuchtung und mit 22 Jahren erreichte sie die Buddhaschaft (vollständige Erleuchtung).

Sie gründete in ihrem Heimatort in Südindien (Kerala) einen Ashram, in dem heute auch viele Menschen aus dem Westen leben. Von ihrer Lehre her ist sie eine typische Vertreterin des Neohinduismus. Sie verbindet Karma-Yoga (den Weg der umfassenden Liebe), Bhakti-Yoga (Gottheiten-Yoga, Meister-Yoga) und spirituelles Üben (Singen, Meditieren) zu einem effektiven Yogaweg. Sie ist undogmatisch, humorvoll und betont die Einheit aller Religionen.

Amma hat in Indien in den letzten Jahren ein umfassendes humanitäres Hilfswerk aufgebaut. Sie hat Dörfer für arme Familien errichten lassen. Sie hat Schulen, Universitäten und Krankenhäuser finanziert. Und sie hat eine Organisation für alleinerziehende Mütter gegründet. Allen Müttern gibt sie so viel Geld, dass sie davon leben können. Das ist in Indien eine große soziale Tat.

Sie engagiert sich stark für die Gleichberechtigung von Männern und Frauen. Sie hat als erste große Meisterin weibliche Priester in den indischen Tempeln eingesetzt. Dazu hat sie den Brahma-Kult neu erweckt. Brahma ist der indische Gott der Weisheit. Er gilt als Schöpfer der Veden, der heiligen Schriften Indiens. Wir können ihn uns als alten Weisen (Heiligen) mit einem weißen Bart vorstellen.

Gleichberechtigt ihm zur Seite steht Brahmani, die Meisterin (Yogalehrerin, Glückslehrerin, Priesterin). Sie ist schön, klug und liebevoll. Sie wird auch Sarasvati genannt, die Göttin der Wissenschaft, der Künste und der Kreativität. Sie hält ein Buch, eine Gebetskette und ein Musikinstrument in den Händen. Sie geht weise und kreativ ihren spirituellen Weg.

Im Jahre 2002 wurde Amma für ihr soziales Engagement von der UNO mit dem Gandhi-King-Preis ausgezeichnet. In ihrer Rede erklärte sie: "Echte Führerschaft heißt nicht dominieren, sondern den Menschen mit Liebe und Mitgefühl zu dienen." Auf dem Weltparlament der Religionen 2004 in Barcelona ergänzte sie: "Liebe ist unser wahrer Kern. Liebe und Mitgefühl sind die Essenz aller Religionen. Wozu also unnötig in Wettstreit treten."

Des weiteren lehrte sie: „In der heutigen Welt erfahren die Menschen zwei Arten von Armut: die äußere Armut durch den Mangel an Nahrung und die innere Armut durch den Mangel an Liebe. Wir müssen beide Arten von Armut auf der Welt überwinden. Um Kriege zu führen, geben die Menschen Milliarden von Dollars aus. Wenn wir nur einen Bruchteil dieses Geldes in Frieden und Harmonie investieren würden, könnten wir allen Hunger und alle Armut auf der Welt besiegen. Mehr als eine Milliarde Menschen auf dieser Erde leidet an Hunger und Armut. Dies ist in Wirklichkeit unser größter Feind. Wenn wir die Liebe in uns entwickeln, alle unseren Teil zu einer glücklichen Welt beitragen und positiv zusammenarbeiten, können wir diesen Feind besiegen."

Seit 1987 reist Amma jedes Jahr einmal um die ganze Welt. Sie gibt allen Menschen ihren Darshan. Ihre besondere spirituelle Methode besteht darin, die Menschen zu umarmen. Sie zeigt allen Menschen, dass sie geliebt werden. Sie bringt die Liebe erfahrbar in die Welt. Sie sagte: "Konzentrieren wir uns darauf, was wir geben können. Und nicht darauf, was wir von anderen erhalten können. Dann werden wir Glück und Erfüllung im Leben erfahren."

Im Dezember 2005 kam erstmals ein Film über Amma in die Kinos der Welt. Er hieß "Darshan" und war für Nils ein echter Darshan. Darshan bedeutet Segensübertragung. Ein vollständiger Darshan besteht aus den drei Elementen Sehen,

Hören und Berühren. Sehen ist das persönliche Sehen eines erleuchteten Meisters. Amma ist eine vollständig erleuchtete Meisterin, ein Buddha, ein Mahatma, eine befreite Seele (Jivanmukta). Das Sehen geschieht durch die Betrachtung eines Bildes, eines Filmes oder eines direkt anwesenden Heiligen. Das Hören bezieht sich auf die Lehre des erleuchteten Menschen. Man kann ein Buch von ihm lesen oder einen Vortrag von ihm hören.

Der entscheidende Punkt beim Darshan ist die Berührung. Man muss innerlich berührt sein. Es muss eine echte Energieübertragung stattfinden. Man muss sich mit der Lehre und der Person des erleuchteten Meisters identifizieren und sie für sich als persönliche Wahrheit empfinden. Durch die innere Berührung wird man eins mit dem Meister und empfängt seinen Segen. Segnung bedeutet, dass sich das Leben des Gesegneten positiv verändert. Es entstehen Glück, Frieden, Liebe, Licht und Erleuchtung.

Nils fuhr mit der U-Bahn in die Hamburger Innenstadt zum Kino. Er kaufte sich eine Eintrittskarte und setze sich bequem in einen Kinosessel. Der Film begann. Nach einiger Zeit spürte Nils, wie eine starke spirituelle Energie auf ihn übersprang. Zuerst war er endlos traurig über das Leid der Welt. Er teilte vollständig mit Amma ihren großen Satz: "Wie kann es sein, dass die einen Menschen auf der Welt zu essen haben und die anderen nicht!" Er sah auch mit ihr das zentrale Problem: "Die Teufel in den Köpfen der Menschen nehmen immer mehr zu. Wir brauchen eine vollständige geistige Umkehr. Wir brauchen keine Welt des Leidens und der Zerstörung. Wir brauchen eine Welt der Liebe und des Friedens."

Dann entstand Glück in ihm. Nils trat für eineinhalb Stunden in eine tiefe Glücks-Meditation ein. Und auch die eineinhalb Stunden danach auf der Heimfahrt mit der Bahn war er in einer tiefen Glücks-Trance. Er spürte, dass Amma ihn über den Film gesehen und gesegnet hatte. Im Herbst 2016 reiste Nils dann in den Odenwald, um drei Tage an einem Retreat mit Amma teilzunehmen. Auch das wurde eine besondere Zeit des Segens. Weltretter brauchen viel Kraft, um erfolgreich ihren Weg zu gehen. Diese Kraft bekommen sie aus der Verbindung von Spiritualität und dem Weg der umfassenden Liebe.

Den Hunger auf der Welt überwinden

Hunger in der Welt (Bundeszentrale)

Das Geschäft mit der Armut | In AFRIKA u. SÜDAMERIKA

Monsanto - Der schlimmste Konzern der Welt?

Chronisch vergiftet - Monsanto und Glyphosat (ARTE Doku)

Die Welt leidet unter Hunger, Krankheit, Krieg und Unweisheit. Die Menschen schreien nach Hilfe. Im Moment zerstört die kapitalistische Globalisierung die Beziehungen der Menschen zueinander. Die Reichen werden immer reicher und es gibt immer mehr Arme. Über 1 Milliarde Menschen auf der Welt leiden unter extremer Armut. Extreme Armut bedeutet chronische Unterernährung, schlechte Gesundheitsversorgung, nicht genug zum Leben zu haben. Mehr als zehn Millionen Kinder sterben jährlich an Unterernährung und vermeidbaren Krankheiten.

Ich sah gerade einen Film auf Phönix über die globalisierte Landwirtschaft. Biosprit und Fleischproduktion verbrauchen einen Großteil des Weltgetreides (Mais, Soja). Gleichzeitig werden momentan viele kleine und mittlere Bauern von ihren Höfen verdrängt und wandern in die Städte, wo sich weltweit riesige Slums bilden. Und der Wald wird gerodet, um Kraftstoff für die Autos der Reichen zu haben. Auf die Welt kommt eine riesige Hunger- und Umweltkatastrophe zu. Alle wissen es und keiner tut etwas. Nur eine globale neue Landwirtschaftspolitik würde helfen. Aber davon sind wir weit entfernt.

Welthunger (Wikipedia/Zitate)

Mit dem Ausdruck Welthunger wird die Situation beschrieben, dass international Menschen längerfristig unter Unter- oder Mangelernährung leiden. Der Personenkreis erleidet Hunger aufgrund von Armut. Nach Definition der Ernährungs- und Landwirtschaftsorganisation der Vereinten Nationen ist chronischer Hunger der Zustand einer Person, der eintritt, sobald ihre Energiezufuhr dauerhaft niedriger als 8.800 kJ (= 2.100 kcal) pro Tag ist. Neben einem Energie- und Proteinmangel kann Unterernährung auch durch das Fehlen einzelner Nährstoffe, zum Beispiel Vitaminen oder Mineralstoffen, entstehen. Hiervon abzugrenzen ist Hunger, der durch akute Hungersnöte entsteht. Dieser wird durch Naturkatastrophen oder Konflikte ausgelöst. Chronischer Hunger macht den überwiegenden Teil des heutigen Welthungers aus.

Laut dem Welternährungsprogramm der Vereinten Nationen leiden rund 795 Millionen Menschen weltweit an Hunger (Stand 2015), also etwa jeder neunte (11 %). Jedes Jahr sterben etwa 8,8 Millionen Menschen an Hunger, was einem Todesfall rund alle drei Sekunden entspricht. Häufig sind Kinder unter fünf Jahren betroffen. Jedes siebte ist weltweit untergewichtig und jedes vierte ist chronisch unterernährt. Unterernährung trägt jährlich und weltweit zum Tod von 3,1 Millionen Kindern unter fünf Jahren bei, was mehr als 45 % aller Sterbefälle von Kindern unter fünf Jahren entspricht.

98 % der Hungernden leben in Entwicklungsländern. Die meisten leben in Asien (511,7 Millionen) und Afrika (232,5 Millionen), aber auch in Lateinamerika (26,8 Millionen) und in den Industriestaaten (14,7 Millionen).

50 % der Hungernden sind Kleinbauern, die hauptsächlich Selbstversorger sind. Da sie arm sind, können sie bei Bedarf keine ausreichenden Nahrungsmittel hinzukaufen und sind von Hunger bedroht, wenn ihre Ernte schlecht ausfällt oder sie

keine existenzsichernden Preise für ihre Waren erzielen können. 20 % der Hungernden sind Landarbeiter ohne eigenes Land, weitere 20 % leben in städtischen Elendsvierteln, die restlichen 10 % sind Fischer und Viehzüchter.

Nach Ansicht verschiedener Beobachter ist der Welthunger nicht von mangelnder Produktion verursacht, sondern von ungerechter Verteilung. Laut UN werden jedes Jahr 1,3 Milliarden Tonnen Lebensmittel in den Müll geworfen, was rechnerisch etwa viermal so viel ist, wie nötig wäre, um das Hungerproblem in der Welt zu lösen. Allein die in den Industrienationen weggeworfene Menge von 300 Millionen Tonnen jährlich würde reichen, um alle hungernden Menschen zu ernähren.

Die Weltbevölkerung hat sich im letzten Jahrhundert nahezu vervierfacht; sie ist von 1900 bis 2015 von 1,6 auf 7,28 Milliarden gestiegen. Besonders in den Entwicklungsländern wächst die Bevölkerung. Hohes Bevölkerungswachstum muss nicht zwangsläufig zu Hunger führen, in vielen Entwicklungsländern halten jedoch die natürlichen Ressourcen und das Angebot an Arbeitsplätzen nicht damit Schritt, so dass Bevölkerungswachstum („Überbevölkerung") zu einem Hungerrisiko wird.

Die Strukturen des Welthandels sind eine weitere Ursache für den Hunger in den Entwicklungsländern. Der Welthandel wird durch die Industrieländer dominiert. Die Industrieländer propagieren einen freien Welthandel und drängen daher die Entwicklungsländer dazu, Importbeschränkungen aufzugeben und ihre einheimische Landwirtschaft nicht mit Subventionen zu unterstützen. Die Industrieländer selbst subventionieren ihre Landwirtschaft jedoch massiv und fördern mit Exportsubventionen den Export von Produktionsüberschüssen in Entwicklungsländer („Agrardumping"). Diese Überschüsse werden dort zu somit künstlich verbilligten Preisen angeboten und konkurrieren mit der Landwirtschaft der Entwicklungsländer. Einheimische Bauern verlieren als Folge ihre lokalen Absatzmärkte, müssen ihre Produktion auf den eigenen Bedarf beschränken oder ganz einstellen. Dadurch können ganze Länder von Importen abhängig werden. So war Mexiko einst ein führender Produzent von Mais in Lateinamerika, muss jedoch heute fast die Hälfte seines Maisbedarfs aus den USA importieren.

Die Staatsverschuldung der Entwicklungsländer führt dazu, dass die betreffenden Länder einen großen Teil ihrer Wirtschaftsleistung für Zinszahlungen an das Ausland aufbringen müssen. Dadurch stehen ihnen weniger Mittel für Entwicklung und Armutsbekämpfung zur Verfügung.

Seit dem Zweiten Weltkrieg zeichnet sich eine Veränderung der Ernährungsgewohnheiten auf der Welt ab. Der Fleischkonsum ist stark gestiegen, besonders in den Industrieländern, seit einiger Zeit auch in Schwellenländern. Heute werden viele der Tiere, die zur Fleischproduktion gemästet werden, mit Getreide gefüttert. Etwa ein Drittel der weltweiten Getreideernte wird für die Fütterung von Nutztieren verbraucht. Durch eine Senkung des Fleischkonsums könnten große Anbauflächen und Getreidemengen zugunsten der menschlichen Ernährung genutzt werden statt für die Viehmast. Eine vergleichbare Problematik sehen Umweltschutzorganisationen und Wissenschaftler in der zunehmenden Verwendung von landwirtschaftlichen Flächen für die Produktion von Biokraftstoffen.

Ein weiterer Lösungsansatz ist die Eindämmung des Bevölkerungswachstums, z.B. durch staatliche Maßnahmen und vermehrte sexuelle Aufklärung zur Empfängnisverhütung. Auch allgemeine Bildungsprogramme für Mädchen und Frauen können dazu beitragen, das Bevölkerungswachstum einzudämmen; laut Studien der Weltbank ist die Geburtenrate bei Frauen ohne Schulbildung dreimal höher als bei Schulabsolventinnen. Kontrovers beurteilt werden staatlich verordnete Maßnahmen wie die Ein-Kind-Politik Chinas; im dicht bevölkerten afrikanischen Ruanda, wo die Geburtenrate bei etwa sechs Kindern pro Paar liegt, bestehen Pläne für eine „Drei-Kinder-Politik".

Ein weiterer Ansatzpunkt ist die Verbesserung der landwirtschaftlichen Produktionsmethoden, insbesondere die Förderung produktiverer und umweltschonender Anbautechniken und entsprechende Bildungsprogramme für Bauern.

Diktaturen und schlechte Regierungsführung stehen in vielen Entwicklungsländern der Bekämpfung des Hungers im Weg. Gezielte Förderungen für demokratische Reformen und Programme zur Bekämpfung von Korruption durch internationale Organisationen könnten in diesem Bereich eingesetzt werden. Indien sei Beispiel für schlechte Regierungsarbeit – mit vielen unterernährten Kindern trotz Wirtschaftsboom.

Viele internationale Hilfsorganisationen setzen immer mehr auf Schulspeisungsprogramme. Durch kostenlose Schulmahlzeiten steigt die Zahl der Kinder und vor allem der Mädchen, die zur Schule geschickt werden, deutlich an. Gleichzeitig können sich Kinder, denen der Magen nicht vor Hunger knurrt, besser auf den Unterricht konzentrieren. So haben sie die Chance, den Kreislauf aus Hunger und mangelnder Bildung zu durchbrechen. Das Welternährungsprogramm der Vereinten Nationen unterstützt jährlich über 20 Millionen Kinder in Entwicklungsländern mit Schulmahlzeiten.

Ein weiterer Schritt könnte eine Reform der Welthandelsstrukturen sein, etwa der Abbau der milliardenschweren Exportsubventionen, mit denen die Industrieländer ihre landwirtschaftlichen Überschüsse verbilligt in Entwicklungsländer exportieren und so in Konkurrenz zu der einheimischen Kleinlandwirtschaft treten. Weitere Maßnahmen könnten Schuldenerlasse, höhere und effizientere Entwicklungshilfen und die Sicherstellung gerechter Rohstoffpreise sein. Darüber hinaus wird oft ein verbesserter Zugang für landwirtschaftliche Produkte aus Entwicklungsländern zu den Märkten der Industrieländer gefordert. Ob höhere landwirtschaftliche Exporte den Hungernden helfen, ist jedoch fraglich. Meist kommen die Exporterlöse lediglich einer kleinen Schicht von Großgrundbesitzern zugute. In vielen Ländern ist der Landbesitz sehr ungleich verteilt, die Mehrheit der Hungernden sind landlose Landarbeiter und Kleinbauern. Landreformen wären vielerorts ein Ansatz, um die Ursachen von Hunger und Armut anzugehen.

(TAZ, 2010) In Bonn trafen sich 80 Trägerinnen und Träger des alternativen Nobelpreises. Sie warnen vor gefährliche Entwicklungen – und zeigen, dass eine humane Welt möglich ist. „Gentechnik, Agrarindustrie und ökonomisches Wachstum verringern den Hunger nicht – Indien beweist das Gegenteil", fasste Vandana Shiva zusammen. Dagegen könnte eine kleinteilige, auf Vielfalt und regionale Besonderheiten ausgerichtete Landwirtschaft die Menschheit ernähren und sei außerdem anpassungsfähiger in Bezug auf den Klimawandel.

(TAZ, Juni 2011) Neuer FAO-Generalsekretär José da Silva. Der Kampf der Vereinten Nationen gegen den Hunger hat ein neues Gesicht. Da Silva bringt Erfahrung im Kampf gegen Hunger und Unterernährung mit. 2001 machte der damalige brasilianische Präsident Lula da Silva zum Sonderminister für Ernährungssicherheit. José Graziano da Silva leitete das neue Programm „Fome Zero" (Null Hunger). Nach offiziellen Schätzungen sank die Zahl der unterernährten Menschen in Brasilien innerhalb von fünf Jahren um 25 Prozent, 24 Millionen Brasilianer entkamen der extremen Verarmung. Da

Silva setzt dabei auf kleinbäuerliche Strukturen. „Graziano hat das nötige Engagement, die Erfahrung und die Fähigkeiten, um unser kaputtes Ernährungssystem zu reformieren und den Wechsel in eine neue landwirtschaftliche Zukunft zu vollziehen", zeigt sich Oxfam hoffnungsfroh.

FIAN kämpft weltweit gegen den Hunger

FIAN gründet seine Arbeit auf internationale Menschenrechtsabkommen, insbesondere den Internationalen Pakt über wirtschaftliche, soziale und kulturelle Rechte (Sozialpakt) und setzt sich für die konsequente Umsetzung dieser Abkommen, insbesondere des Rechts auf angemessene Ernährung ein. FIAN Deutschland wurde 1986 als e. V. gegründet. Die Organisation stützt sich auf ehrenamtliche Mitarbeit und wird von den Beiträgen der etwa 1000 Mitglieder sowie aus Spenden und Projektzuschüssen getragen. (Wikipedia)

https://www.fian.de/

Vor zehn Jahren explodierten weltweit die Preise für Grundnahrungsmittel. Die Zahl der Hungernden stieg auf über eine Milliarde Menschen, in Dutzenden Ländern kam es zu Unruhen. Die jüngsten Zahlen der Vereinten Nationen belegen, dass aktuell rund elf Prozent der Weltbevölkerung chronisch Hunger leiden. Das evangelische Hilfswerk Brot für die Welt und die Menschenrechtsorganisation FIAN legen das 10. Jahrbuch zum Recht auf Nahrung vor, in dem die Hintergründe der Krise beleuchtet und Alternativen vorgestellt werden.

Cornelia Füllkrug-Weitzel, Präsidentin von Brot für die Welt sagt: „Die Hungerkrise von 2007 hat gezeigt, dass jeder Anstieg der Preise für Grundnahrungsmittel sich unmittelbar auf die Ärmsten auswirkt und die Zahl der Hungernden in die Höhe treibt. Damit sich eine solche Krise nicht wiederholt, sind stabile, aber auch faire Preise wichtig – für Konsumenten wie für Produzenten. Wenn die größte Gruppe der Nahrungsmittelproduzenten, die Kleinbauern, neben dem Zugang zu verbesserten Anbaumethoden und zu Krediten angemessene Preise für ihre Erzeugnisse bekäme, wäre das ein großer Beitrag zur Vermeidung künftiger Hungerkrisen."

Philipp Mimkes, Geschäftsführer von FIAN Deutschland, ergänzt: „Die Bundesregierung vertraut bei der Hungerbekämpfung zu sehr auf offene, liberalisierte Märkte. Wenn dann aber Schutzmechanismen fehlen, können besonders von Hunger betroffene Bevölkerungsgruppen nicht mehr mit den Produkten aus industriellen globalisierten Agrarsystemen konkurrieren. Dann nimmt der Hunger zu und nicht ab. Schlimmer noch: Kleinbäuerinnen und Kleinbauern, die bis zu 70 Prozent der Grundnahrungsmittel weltweit produzieren, werden durch Großinvestitionen häufig verdrängt. Auch verschärfen sich durch den übermäßigen Einsatz von Dünger und Agrarchemikalien die ökologischen Probleme." Mimkes fordert eine menschenrechtliche Ausrichtung der Agrar- und Handelspolitik sowie eine engagierte Klimaschutzpolitik.

Laut den jüngsten Angaben der Vereinten Nationen ist die Zahl der Hungernden im Jahr 2016 erstmals seit Jahren gestiegen, auf nun 815 Millionen. Jeder neunte Mensch leidet chronisch Hunger. Zugleich belegen die Daten der Welternährungsorganisation FAO, dass noch nie so viele Nahrungsmittel produziert wurden wie heute. Die Verwirklichung des Rechts auf Nahrung ist daher weniger eine Frage der Mengen, sondern des Zugangs zu Nahrungsmitteln.

Das Recht auf Nahrung ist als Menschenrecht verankert in

Artikel 11 des Internationalen Pakts über wirtschaftliche, soziale und kulturelle Rechte, dem UN-Sozialpakt. Es ist eines der am häufigsten verletzten Menschenrechte. In den Nachhaltigen Entwicklungszielen haben die Vereinten Nationen vereinbart, bis 2030 das Recht auf Nahrung für alle Menschen zu verwirklichen.

Diskussion

Frage: Was den Hunger betrifft, stehen extreme Hungerkatastrophen in heutiger Zeit praktisch immer mit Krieg und Bürgerkrieg in Verbindung, schreiben Experten. Die Gründe für extreme Armut und chronischen Hunger sind sehr komplex.

Nils: Es gibt viele Ursachen für den Hunger auf der Welt. Die Hauptursachen sind die mangelnde Geburtenkontrolle, Zerstörung der Kleinbauern durch die kapitalische Landwirtschaft, Vernichtung der Fischbestände durch unkontrollierte Ausbeutung der Meere durch den industrieellen Fischfang, Umweltkatastrophen, Kriege, Ausbeutung der Armen durch die Reichen aller Länder. Letztlich bewirken der globale Raubtierkapitalismus (genannt neoliberale Wirtschaftspolitik) und der Egoismus einzelner Länder und Menschengruppen (Amerika first) eine ungerechte Verteilung des weltweit produzierten Reichtums. Billiarden von Dollar sammeln sich bei einigen wenigen Reichen an und ein Drittel der Welt lebt in extremer Armut.

Die Lösung des Hungerproblems ist ganz einfach. Der Reichtum der Welt muss umverteilt werden. Die Reichen müssen den Armen so viel Geld abgeben, dass damit der Hunger beseitigt, genug Arbeitsplätze geschaffen und glückliche soziale Verhältnisse aufgebaut werden können. Das ist ganz einfach erreichbar durch eine weltweite Reichensteuer von 2 %. Zusätzlich muss natürlich noch eine vernünftige Verteilung des Geldes organisiert werden. Letztlich muss das bestehende Wirtschaftsystem gar nicht abgeschafft werden. Der neoliberale Raubtierkapitalismus muss nur in eine soziale Marktwirtschaft umgewandelt werden, in der es Schutzgesetze für die Armen, die Kleinbauern, die kleinen Fischer und die Umwelt gibt. Das steht sogar im CDU-Programm. Das Problem ist nur die konsequente Umsetzung. Und hier wird hart gerungen. Hier müssen wir uns einmischen und für eine soziale, gerechte und friedliche Welt kämpfen. Von alleine kommt eine bessere Welt nicht. Aller sozialer Fortschritt ist von der Menschheit hart erkämpft.

In einer Demokratie muss dieser Kampf grundsätzlich gewaltlos sein. Sonst zerstört er die Demokratie. Und die Demokratie ist eine große Errungenschaft, die es zu verteidigen gilt. Die Reichen haben kein Interesse an einer echten Demokratie. Dort kann die Mehrheit dafür sorgen, dass sie nicht von einer kleinen Minderheit ausgebeutet wird.

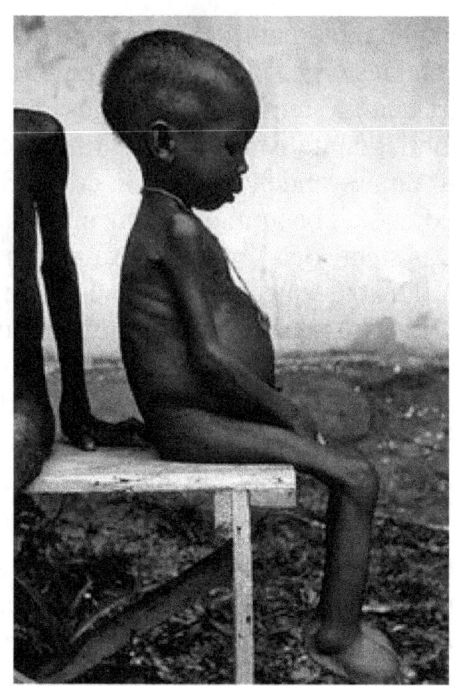

Rettet Afrika

Afrika hungert - Ein Wettlauf gegen die Zeit (ARD)

Afrika - Korrupte Politik, Skandale & Hoffnungslosigkeit - Doku 2017

HühnerWahnsinn (Zerstörung Afrikas Wirtschaft)

Senegal: Aussichtsloser Kampf der Fischer | Weltspiegel

Der brutale Drogenhandel in Afrika - Doku 2017

Blutiger Kongo - Chaos im Herzen Afrikas

EU treibt Afrika in die Armut - Nicht Flüchtlinge, sondern Fluchtursachen bekämpfen (Spiegel TV)

Schattenseite der Globalisierung - Waffenhandel und Diktaturen in Afrika

Ausverkauf in Afrika - Der Kampf ums Ackerland (Landgrabbing in Mali)

Land Grabbing und die Folgen für Afrika (Arte)

Die meisten extrem Armen leben in Afrika. Der Weltwährungsfond (IWF) hat vierzig Jahre lang versucht, mit einer neoliberalen Wirtschaftspolitik (Staatsunternehmen privatisieren, die Märkte liberalisieren, Sozialausgaben einsparen) die Wirtschaft Afrikas in Gang zu bringen. Sie hat das Gegenteil bewirkt. Sie ist in Afrika gescheitert.

Der Harvard-Professor Jeffre Sachs hat 2005 das Buch "Das Ende der Armut" veröffentlicht. Darin macht er konkrete

Vorschläge, wie die extreme Armut in Afrika überwunden werden kann. Seine wichtigste Erkenntnis besteht darin, dass Afrika sich nicht selbst aus der wirtschaftlichen Not befreien kann. Die reichen Staaten des Westens müssen den Menschen finanziell und personell helfen. Afrika kann nur durch einen klugen Marshallplan wirtschaftlich gerettet werden, der von der westlichen Welt finanziert werden muss. Das kann durch eine Reichensteuer gelingen (Finanztransaktionssteuer wie von den Kirchen, der Welthungerhilfe, dem DGB, Attac und dem französischen Präsidenten Giscard d'Estaing bereits vorgeschlagen wurde).

Jeffrey Sachs hat einen konkreten Plan der Armutsüberwindung in Afrika ausgearbeitet:

1. Die landwirtschaftlichen Erträge der Bauern könnten durch gute Beratung und bestimmte Hilfsmittel (Bewässerungsanlagen, Dünger, Hochleistungssaatgut) leicht verdoppelt werden.

2. Damit die größere Ernte nicht gleich wieder aufgegessen wird, muss das Bevölkerungswachstum durch eine gezielte Familienberatung und die kostenlose Verteilung von Verhütungsmitteln eingedämmt werden.

3. Die Hilfsgelder müssen demokratisch von den Dorfgemeinschaften selbst verwaltet werden, damit sie nicht in der staatlichen Korruption verschwinden.

4. Die armen Länder müssen von ihrer Schuldenlast befreit werden, damit sie Geld zur Überwindung der Armut übrig haben.

5. Es muss eine ausreichende Infrastruktur (Schulen, Straßen, Gesundheit, Elektrizität) aufgebaut werden.

Dass nachhaltige Entwicklungshilfe funktioniert, hat der Filmschauspieler Karl Heinz Böhm in Äthiopien bewiesen. Er hat vier Dörfer persönlich betreut, Spenden in Deutschland gesammelt, eine ökologische Landwirtschaft aufgebaut und so einen ganzen Landstrich vor dem Hungertod bewahrt. Es hat über ein Jahrzehnt gedauert, aber heute können sich die Dörfer selbst mit allem Notwendigen versorgen.

Kritik an der Entwicklungshilfe (Wikipedia)

Afrika gilt vielen Kritikern in seiner Gesamtheit als Musterbeispiel für eine fehlgeleitete Entwicklungspolitik. Insgesamt hat der Westen Entwicklungsgelder von 800 Milliarden Euro an Afrika geleistet. Dies ist ein mehrfaches des Marshallplans. Das Hauptproblem sind korrupte Eliten, die sich an den Entwicklungsgeldern bereicherten. Besonders in Afrika zeigt sich, dass Entwicklungshilfe gerade bei der Bekämpfung der größten Armut versagt hat und häufig nur eine Abhängigkeit von dieser Hilfe geschaffen wurde.

Beispiel für eine Landvertreibung von Kleinbauern in Afrika durch westliche Konzerne

Filmtipp: Doku zur Vertreibung von Mubende/Uganda im Schweizer Fernsehen

Noch immer ist das Recht der Vertriebenen der Kaweri-Kaffeeplantage in der Region Mubende/Uganda nicht wieder hergestellt. Über 16 Jahre kämpfen sie um Wiedergutmachung und Rückgabe ihres Landes. Ein sehr informativer TV-Beitrag zum Kaweri-Fall wurde diese Woche im Schweizer Fernsehen ausgestrahlt. In dem Beitrag gerät nun auch das Handelsunternehmen Migros in die Kritik, da dieses schätzungsweise einen Viertel ihres Kaffes von der Neumann-Gruppe bezieht. Migros selbst weist die Kritik jedoch zurück und gibt an, keinen Kaffee von der Kaweri-Plantage zu erhalten. Im Interview zu sehen ist die FIAN-Referentin

Gertrud Falk.

Armut in Indien

Indien zwischen Gestern und Morgen 1/4

ARTE : Indiens verlorene Töchter

Die Strassenkinder von Mumbai

DOKU Terra X- Heilige Männer in Indien

Indien: Raus aus der extremen Armut

http://www.caritasinternational.de/hilfeweltweit/asien/indien/armut-frauen-sozialarbeit

(2016) Indien nimmt auf der Liste der weltgrößten Volkswirtschaften inzwischen den dritten Platz ein und liegt noch vor Japan und Deutschland. Dennoch ist Indien mit rund 750 Millionen Armutsbetroffenen das Land, mit der absolut höchsten Zahl an armer Bevölkerung.

Das Wirtschaftswachstum in Indien lag in den vergangenen zehn Jahren durchschnittlich bei 7 Prozent pro Jahr, und die mittel- und langfristigen Wachstumsperspektiven werden für den asiatischen Staat zumeist als sehr günstig beurteilt.

Zugleich gibt es kein anderes Land auf der Welt, in dem so viele Menschen in Armut leben: Nach Angaben der Weltbank müssen in Indien rund 750 Millionen Menschen mit weniger als zwei Dollar pro Tag auskommen. Das sind fast 60 Prozent der Gesamtbevölkerung. Als absolut arm, mit weniger als 1,25 Dollar pro Tag, gelten 30 Prozent der Bevölkerung. Hunger und Mangelernährung sind allgegenwärtig, die Kinder- und Müttersterblichkeit ist hoch.

Es kann nicht behauptet werden, Indien hätte politisch nichts für seine arme Bevölkerung getan. Im Jahre 2005 gab sich die damalige sozialdemokratisch orientierte Regierung ein starkes sozialpolitisches Profil. So wurde unter ihr das größte Beschäftigungsprogramm der Welt aufgelegt.

Mit dem Gesetz Mahatma Gandhi National Rural Employment Guarantee Act garantierte der Staat mindestens 100 Tage bezahlte Arbeit pro Jahr und Haushalt in den ländlichen Distrikten Indiens, denn hier leben drei Viertel aller als arm geltenden Inder/innen. Die Regierung verpflichtete sich, jedem und jeder Arbeitswilligen eine Beschäftigung in lokalen Arbeitsbeschaffungsprogrammen anzubieten - innerhalb von zwei Wochen und im Umkreis von fünf Kilometern vom

Wohnort entfernt. Vergütet wurde die Arbeit nach dem 2009 gesetzlich festgelegten bundesweiten Mindestlohn von 100 Rupien am Tag (rund 1,50 Euro). Wird keine entsprechende Arbeitsstelle gefunden, so besteht Anspruch auf eine Unterstützung in dieser Höhe.

Seit 2014 regiert jedoch in Indien die hindufundamentalistische indische Volkspartei, BJP, die dieses Programm schrittweise wieder herunterfährt. Stattdessen wird nun wieder eine starke Förderung vor allem indischer Großunternehmen betrieben, die bei ihren Investitionsprojekten wenig Rücksicht auf soziale oder ökologische Belange nehmen.

Neun von zehn Menschen im erwerbsfähigen Alter sind im informellen Sektor tätig - also ohne Arbeitsvertrag und ohne soziale Absicherung, ohne Krankenversicherung und Rentenanspruch. Die meisten von ihnen arbeiten als Tagelöhner, Straßenverkäufer/innen oder sammeln Müll. Mit dem Wachstum der Wirtschaft ging kein Wachstum an festen Arbeitsplätzen einher.

Auch Menschen, die einen festen Arbeitsplatz haben, können aufgrund der hohen Arbeitslosigkeit ihre Rechte auf Mindestlohn nicht immer durchsetzen, und ihr geringes Gehalt reicht meist nicht aus, um ausreichend Nahrung, angemessenes Wohnen, die Schule der Kinder und die Kosten der Gesundheitsversorgung zu finanzieren.

Von Löhnen unter dem Existenzminimum, aber auch von Arbeitslosigkeit und Ausbeutung sind Frauen besonders betroffen. Weit öfter als ihre männlichen Altersgenossen können Frauen und Mädchen in Indien nicht lesen und schreiben oder haben die Grundschulbildung abgebrochen. Der Arbeitsmarkt bleibt ihnen häufig verschlossen, weil sie für die Kinder zuständig und daher weniger flexibel sind: Der Entwicklungsbericht der Vereinten Nationen von 2013 stellt fest, dass lediglich ein Drittel aller Inderinnen einer bezahlten

Tätigkeit nachgeht oder ein Einkommen erwirtschaftet, bei den Männern sind es über 80 Prozent. Zudem werden Frauen trotz Gleichstellungsgesetzes viel häufiger unterbezahlt.

Die arme Landbevölkerung - und mit ihr viele Frauen - bilden den Pool der rund 150 Millionen Wanderarbeiter/innen, die in die Metropolen ziehen, um dort ein Überleben zu finden. An den Rändern der Städte leben sie häufig von dem, was das Wachstum auch produziert - ungeheure Mengen Müll. Es gibt keine modernen Recyclingfabriken, der Abfall wird von Hand sortiert und an Zwischenhändler für wenige Rupien verkauft. Elektroschrott, Plastik, Batterien, Gummi sind nicht selten mit Abfällen aus Schlachtereien oder Krankenhäusern vermischt, das Sammeln und Weiterverarbeiten birgt große gesundheitliche Risiken. Viele Frauen leben hier mit ihren Kindern, oft alleinerziehend, und arbeiten für weniger als einen halben Dollar am Tag.

Im Gegensatz zum Land gilt das Arbeitsbeschaffungsprogramm nicht für die städtische Bevölkerung. Es gibt aber auch hier staatliche Unterstützungs- und Wohlfahrtsprogramme. Viele Frauen wissen aber nichts darüber. Oft bleibt deshalb in den Programmen bis zur Hälfte der eingesetzten Mittel ungenutzt. Dazu gibt es Hürden, die Frauen, Senioren oder Menschen mit Behinderungen oft nicht alleine nehmen können. Vielfach scheitert es schlicht an einfachen bürokratischen Formalitäten: Die Geburtsurkunden fehlen, sie haben keinen Personalausweis, kein Passfoto oder kommen erst gar nicht bis zum Amt. Gerade in den Elendsvierteln der Großstädte, wo die Ärmsten der Armen leben, sind die indischen Wohlfahrtsprogramme kaum bekannt.

Dies ist ein Grund mehr, besonders benachteiligte Frauen, Senioren und Menschen mit Behinderungen in den Slums der Metropolen dabei zu unterstützen, ihr Recht wahrzunehmen.

Den Krieg abschaffen

Akte D: Das Comeback der Rüstungsindustrie - Doku

Waffenhandel -Ein Bombengeschäft (Full Doku)

Inselkrieg im Chinesischen Meer| ARTE 2015

Nordkorea : horrorstaat. (ZDF)

Michael Lüders | Die WAHRE Politk im Nahen Osten

Wikipedia: Weltfrieden ist der Ausdruck für den Idealzustand eines weltweiten Friedens, also für das Ende aller Feindseligkeiten und aller Kriege. Er beinhaltet dauerhafte Freiheit, Gerechtigkeit und Glück für alle Menschen und Völker. Dies gilt oft als höchstes Ziel aller Politik und Wissenschaft. Es wird von der internationalen Friedensbewegung, von Einzelpersonen, Nichtregierungsorganisationen, Gruppen und Parteien auf vielfältige Weise angestrebt.

Die Vorstellung eines Weltfriedens war über Jahrhunderte hinweg verknüpft mit der Ankunft einer Welterlösung oder eines Herrschers, der alle Feinde vernichten und alle freundschaftlich gesinnten Völker in Frieden vereinen sollte. Viele bekannte Mythologien und religiöse Kulte beinhalteten diese Elemente (z. B. Mithras-, Kaiserkult). Auch in den späteren Religionen lebte der Wunsch nach einem meist göttlichen Erlöser und Friedensbringer weiter, in der Folge auch im Christentum als Christus und Heiland. So verkündet das Neue Testament bei der Geburt Jesu Christi Frieden auf Erden.

Im Jahr 1824 schuf Ludwig van Beethoven seine Neunte Sinfonie, in der er Friedrich Schillers Gedicht Ode an die Freude verarbeitete. Sie ist, gerade angesichts von Zeiten politischer Reaktion und Fürstenherrschaft ein Gesang von der Hoffnung auf einen einstigen Weltfrieden: "Alle Menschen werden Brüder".

In neuerer Zeit ist eine der bekanntesten religiös motivierten Initiativen für einen dauerhaften Frieden das Projekt Weltethos des Theologen Hans Küng. Darin wird deutlich gemacht, dass Frieden auf der Welt nur möglich ist durch Frieden, Toleranz und Respekt zwischen den Religionen und durch ethisches Handeln.

Seit 1945 verankerte die Charta der Vereinten Nationen den Erhalt bzw. die Schaffung des Weltfriedens als das Ziel aller Politik, auf das die Mitglieder der UNO sich verpflichtet haben. Solange die UNO jedoch keine eigene Exekutivgewalt besitzt, kann sie ihre Aufgabe nur mit Resolutionen verfolgen und ist auf Durchsetzung durch einzelne Mitgliedsstaaten angewiesen.

Die Welt kauft wieder mehr Waffen 11.12.2017
http://www.tagesschau.de/ausland/sipri-ruestung-101.html

Fünf Jahre lang gingen die Waffenverkäufe auf der Welt zurück - doch angesichts politischer Spannungen hat sich der Trend umgekehrt, wie das schwedische Friedensforschungsinstitut SIPRI verzeichnet. Die meisten Geschäfte entfallen dabei auf Rüstungsfirmen aus den USA.

So groß die Summen, so verschwiegen die Branche: Im Rüstungsgeschäft werden Milliarden bewegt, viel darüber geredet wird nicht. Allein 2016 summierten sich die Geschäfte der 100 größten Rüstungsunternehmen der Welt auf fast 375 Milliarden US-Dollar - ein Anstieg um zwei Prozent gegenüber dem Vorjahr und 38 Prozent seit dem Jahr 2002. So ist es nachzulesen in einer neuen Untersuchung des schwedischen

Friedensforschungsinstitutes SIPRI.

Das tatsächliche Volumen dürfte sogar noch deutlich größer ausfallen, denn über eine Nation, die im globalen Geschäft mit Waffen und Militärgerät auch weit vorne mitmischt, können die Forscher keine Aussagen treffen: über China. Der Irak etwa beschaffte sich bewaffnete Drohnen aus Peking, der Iran Raketentechnik, mehrere Länder Lateinamerikas Flugzeuge und Radargeräte und auch mit Sturmgewehren, Panzern und Schiffen drängt China in den Markt.

In Peking interessiert man sich dabei nach Angaben von Branchenkennern wenig dafür, was die Käufer mit dem gelieferten Gerät letztlich machen oder an wen sie die Waffen gegebenenfalls weiter verkaufen. Das macht Geschäfte mit China auch für Länder mit fragwürdigen Menschenrechtsstandards besonders interessant.

Unter den zehn größten Rüstungsfirmen der Welt listen die Friedensforscher vor allem amerikanische Unternehmen auf, aber auch vier europäische Firmen - darunter Airbus auf Platz sieben. Europas Anteil am internationalen Rüstungsgeschäft hat sich kaum verändert und liegt bei 91,6 Milliarden Dollar.

Nils: Die Welt sollte abrüsten und nicht aufrüsten. Die Steigerung der Waffenverkäufe zeigt die verfehlte Weltpolitik hin zu mehr Krieg und weniger Frieden. Krieg gehört abgeschafft. Das Geld sollte dazu genutzt werden den Hunger zu überwinden und die Menschheit glücklicher zu machen.

UN-Blauhelme
https://de.wikipedia.org/wiki/Friedenstruppen_der_Vereinten_ Nationen

Als Friedenstruppen der Vereinten Nationen oder UN-Friedenstruppen, umgangssprachlich Blauhelmsoldaten oder Blauhelmtruppen, werden militärische Einheiten bezeichnet, die von den Mitgliedsländern den Vereinten Nationen (UN) für Friedenssicherungseinsätze (englisch peacekeeping operations) bereitgestellt werden und unter dem Kommando der UN stehen. Seit 1948 sind sie in den verschiedenen Konfliktregionen in aller Welt im Einsatz. Für ihr Engagement zur Sicherung des Weltfriedens erhielten die UN-Blauhelme 1988 den Friedensnobelpreis. Über Friedenssicherungseinsätze der Vereinten Nationen entscheidet der Sicherheitsrat der Vereinten Nationen. Für die Umsetzung der einsatzspezifischen Mandate des Sicherheitsrates ist die im Sekretariat der Vereinten Nationen angesiedelte Hauptabteilung für Friedenssicherungseinsätze (englisch Department of Peacekeeping Operations) verantwortlich.

Eine Friedensmission der Vereinten Nationen findet immer nur mit Zustimmung der Regierung des Gastgeberlandes statt, in dem ihre Einheiten tätig werden, oder aber mit allen dort bestehenden Konfliktparteien. Diese Regelung soll verhindern, dass die Blauhelme zwischen die Fronten geraten und Teil des Konflikts werden. Ihre Truppen haben niemals einen Kampfauftrag, sind aber bewaffnet und zumindest in gewissem Umfang berechtigt, von ihrer Waffe Gebrauch zu machen. So sind sie ermächtigt, grundsätzlich sich selbst und teilweise auch ihre Stellung zu verteidigen sowie ihre Bewegungsfreiheit zu gewährleisten. Zu den Instrumenten einer Friedensmission zählen die Einsetzung von Untersuchungskommissionen, Vermittlungen zwischen Konfliktparteien, Anrufung des internationalen Gerichtshofes in Den Haag soweit sich diesem beide Streitparteien unterworfen haben, die Bildung von UN-kontrollierten Pufferzonen, die Entsendung von Wahlbeobachtern wie z. B. bei der Mission der Vereinten

Nationen in Osttimor (UNAMET).

Friedensmissionen der Vereinten Nationen dienten bisher zumeist der humanitären Hilfe, der Überwachung eines Waffenstillstandes wie z. B. die Friedenstruppe der Vereinten Nationen in Zypern (UNFICY) oder der Entwaffnung von Bürgerkriegsparteien. In diesem Sinne dient eine Friedensmission als Friedenssicherung oder Polizei- und Ordnungsmacht der Weltorganisation. Zu den weiteren Aufgaben können die Unterstützung der staatlichen Bürokratie oder Unterstützung beim Demokratisierungsprozess zählen. Dazu zählen auch Kooperationen mit NGOs wie zum Beispiel hinsichtlich Kulturgüterschutz mit dem Internationalen Komitee vom Blauen Schild.

Insgesamt gibt es im Hinblick auf die Einsatzmodalitäten der verschiedenen Missionen Unterschiede, die von der Anlage her gegebenen Möglichkeiten des Vorgehens mit Waffengewalt schafft jedoch Situationen, in denen Raum für die Anwendung des Kriegsvölkerrecht besteht. Da die Vereinten Nationen eine internationale Organisation sind, dem Abkommen über das Kriegsvölkerrecht aber nur Staaten beitreten können, ist vor allem der rechtliche Status der Friedensmissionen in vielen konkreten rechtlichen Fragen noch offen und ungeklärt.

Die Vergangenheit hat gezeigt, dass die UN-Blauhelme nicht immer den Frieden sichern konnten. Es hat sich herausgestellt, dass das Bereitstellen von Truppen durch die UN-Mitglieder auf freiwilliger Basis nicht funktioniert. Zwar werden regelmäßig rund 150.000 Mann theoretisch als verfügbar gemeldet, wenn es aber um konkrete Einsätze geht, wird von den Regierungen nur ein Bruchteil der offiziell verfügbaren Truppen bereitgestellt.

In der Praxis stellt sich auch die Einbindung möglichst vieler Länder in die Friedenstruppe als nicht effektiv heraus. Unklare Befehlsstrukturen, Sprachbarrieren und mangelnde Zusammenarbeit (aus technischen oder menschlichen Unzulänglichkeiten) führen zu Organisationsdefiziten.

Aber auch die Bürokratie des UN-Sicherheitsrates selbst, der als einziges UN-Organ Mandate zu Blauhelmeinsätzen erteilen kann, war in der Vergangenheit Ziel von Kritik. Als 1994 in Ruanda angesichts von Massakern schnell gehandelt werden musste, brauchte der Sicherheitsrat drei Wochen, um die notwendigen Maßnahmen zu ergreifen. Schuld an missglückten Blauhelmeinsätzen waren in der Vergangenheit auch falsche Mandate, mit denen die Friedenstruppen ausgestattet wurden. Oft konnten sie sich durch mangelnde Bewaffnung noch nicht einmal selbst verteidigen, und wurden als Geiseln genommen. Auch kam es immer wieder vor, dass Blauhelme zur Friedenserhaltung in noch brodelnde Krisenherde geschickt wurden: „Man schickt Streitkräfte zur Erhaltung eines Friedens, der überhaupt nicht existiert" (France Soir). Dadurch wurden die Blauhelme ständig in die Auseinandersetzungen verwickelt.

Ein weiteres Problem machte im Jahr 2000 der Brahimi-Bericht deutlich. Er stellte fest, dass die Einsätze von 27.000 Blauhelmen in aller Welt im New Yorker UN-Hauptquartier, der Hauptabteilung Friedenssicherungseinsätze (DPKO), von nur 32 Militärexperten geplant, unterstützt und überwacht wurden, und dass für die 8000 Polizisten dort nur 9 Polizeioffiziere verantwortlich waren. Auch die Sonderstellung der US-amerikanischen Blauhelme war schon oft Anlass für Kritik. Die US-amerikanische Regierung fürchtet, dass es zu politisch motivierten Anklagen gegen die eigenen Truppen kommen könne, und besteht deshalb auf der Immunität ihrer eigenen Truppen.

Um einer Reihe der aufgezählten Probleme begegnen zu können, findet die Friedenssicherung durch die Vereinten Nationen immer häufiger durch Übertragung eines konkreten Handlungsauftrages statt: Die UN vergeben hierbei einen Auftrag zur Friedenssicherung in Form eines vom Sicherheitsrat formulierten Mandats an eine externe Organisation. Entweder handelt es sich dabei um einen einzelnen Staat, eine Gruppe von Staaten oder eine weitere internationale Organisation. Dieses Vorgehen ist allerdings mit Risiken verbunden, so könnten Unterauftragnehmer beispielsweise vom Mandat abweichen und eigene Ziele verfolgen. Eine Alternative wäre eine ständige UN-Eingreiftruppe, wie sie in Artikel 43 der UN-Charta vorgesehen ist. Es fehlt jedoch noch an den entsprechenden Abkommen hierzu.

Vereinte Nationen unter Druck 04.01.2018
http://www.tagesschau.de/ausland/lage-uno-101.html

Die Welt wird von schweren Konflikten erschüttert. UN-Generalsekretär Antonio Guterres hat die "Alarmstufe Rot" ausgegeben. Simon Adams, Völkerrechtler und Geschäftsführer einer New Yorker Denkfabrik: "Die Welt brennt. Wir haben 65 Millionen Menschen weltweit, die wegen Konflikten oder Verfolgung ihre Heimat verlassen mussten. Wir erleben gerade eine der größten humanitären Krisen seit dem Zweiten Weltkrieg."

Entscheidend ist der UN-Sicherheitsrat, denn er hat am meisten Macht. Der Rat wird von den fünf ständigen Mitgliedern USA, Russland, China, Frankreich und Großbritannien dominiert. Sie sind mit einem Vetorecht ausgestattet. Russland hat zum

Beispiel in der Syrienfrage reichlich davon Gebrauch gemacht.

Fast jedes Thema sorgt für Polarisierung zwischen den fünf ständigen Mitgliedern. Beispiel Rohingya: Die muslimische Minderheit der Rohingya in Myanmar wurde im Herbst 2017 vertrieben. Der Sicherheitsrat brauchte zwölf Wochen für ein Statement, das nicht bindend ist. In der Zeit starben Menschen. 600.000 wurden vertrieben.

Die Stärke - oder Schwäche - der Vereinten Nationen hat auch mit handelnden Personen zu tun. Seit Kofi Annan fehlt den Vereinten Nationen ein charismatischer Generalsekretär, der moralische Autorität ausstrahlt. Gleichzeitig stellt US-Präsident Donald Trump die Vereinten Nationen zum Teil infrage, kritisiert sie als ineffizient und verschwenderisch und zeichnet für die Kürzung des Budgets um 285 Millionen Dollar in den Jahren 2018 und 2019 verantwortlich. Vor allem aber lebt er mit seiner "America First"-Politik eine radikale Ausrichtung an nationalen Interessen vor. Trump schwäche damit ausgerechnet jetzt die internationale Staatengemeinschaft, findet Völkerrechtler Adams: "Trump scheint den Großteil der Welt gar nicht wahrzunehmen, sofern er dort nicht zufällig ein Hotel besitzt oder sonstige Interessen verfolgt."

Düstere Apokalypse im Weltsaal der UN

19.09.2017 http://www.tagesschau.de/kommentar/trump-un-113.html Ein Kommentar von Georg Schwarte, ARD-Studio New York

Wenn ein Präsident im Weltsaal der Vereinten Nationen, die einst aus den rauchenden Trümmern des Zweiten Weltkriegs gegründet wurden mit Ziel, die Geißel des Krieges der Menschheit künftig zu ersparen, wenn ein Präsident also im

Weltsaal einer anderer Nation die totale Zerstörung androht, dann ist die Lage entweder sehr ernst oder Präsident Donald Trump spricht. Oder wie jetzt passiert eben beides.

Starke Nationalstaaten, das Besinnen auf sich selbst, die eigene Sicherheit und Souveränität über alles: So sieht Trump die Welt. "Der schwarze Prinz des Unilateralismus zu Gast im Tempel des Multilateralismus", so hat es vorher ein langjähriger UN-Experte formuliert und so ist es gekommen. Und die Welt hält den Atem an.

"Wir dürfen nicht in den Krieg schlafwandeln", hatte UN-Generalsekretär António Guterres Minuten vor Trump die Welt und auch jenen US-Präsidenten gewarnt. Nicht nur die Tatsache, dass der zu spät kam, machte diese Warnung im Falle Trumps vermutlich hinfällig. Es war wohl kein Zufall, dass Trump zum großen Staunen der Zuhörer die militärische Stärke der USA an den Beginn seiner Rede stellte. 700 Milliarden Dollar würden die USA für Rüstung ausgeben, niemals sei die Armee stärker gewesen. UN-Generalsekretär Guterres wird im Stillen weinend kalkuliert haben, wie viel Leben, wie viel Zukunft, wie viel Hoffnung und wie viel Freude seine Vereinten Nationen mit 700 Milliarden Dollar der Welt schenken könnten.

Was also bleibt vom denkwürdigen Auftritt des Donald Trump: Seine Weltsicht, die losen gedanklichen Enden aus "America First" gepaart mit dem großen Potenzial der UN, die offene Drohung gegen Nordkorea und den Iran hier, die ausgestreckte Hand an den Rest der Welt da. Dass es phasenweise Beifall gab für den Mann, der diese Vereinten Nationen zuletzt als Debattierclub und Minderleister abtat, hat auch damit zu tun, dass jeder im Saal eine Gewissheit mit nach Hause nahm: Die USA sitzen am sehr langen Hebel. Der heißt: Geld. 22 Prozent des UN-Budgets fließen aus amerikanischer Kasse. Wenn Trump und Washington es wollen, gehen am East River in New York die Lichter aus. Auch im Weltsaal, dem Ort der Trump-Rede, in dem er dem sogenannten Schurkenstaat Nordkorea die totale Vernichtung androhte. Ein denkwürdiger Tag - in vielerlei Hinsicht.

Rede vor UN-Vollversammlung Gabriels Spitzen gegen Trump 21.09.2017
http://www.tagesschau.de/ausland/un-generalversamlung-iran-105.html

Es war seine erste Rede vor der UN-Vollversammlung und Außenminister Sigmar Gabriel nutzte die Gelegenheit vor den Vertretern der Weltgemeinschaft, um sich für eine Stärkung der Vereinten Nationen auszusprechen. Nicht "Germany first", sondern der Vorrang von europäischer und internationaler Verantwortung habe Deutschland Frieden und Wohlstand verschafft, sagte Gabriel. Deutschland habe nach zwei schrecklichen Weltkriegen gelernt, in seinen ehemaligen Feinden Nachbarn und Partner zu erkennen und mit ihnen gemeinsam Verantwortung für das friedliche Miteinander zu übernehmen.

In klarer Abgrenzung zur Politik von US-Präsident Donald Trump warnte Gabriel vor "nationalem Egoismus", der nur zu mehr Konfrontation und weniger Wohlstand in der Welt führe. "Am Ende gibt es nur Verlierer", sagte er, ohne jedoch Trump namentlich zu erwähnen. Der US-Präsident hatte am Montag vor der Generalversammlung geredet und seine Devise des "America first" bekräftigt.

Nationaler Egoismus sehe "die Welt als eine Arena, eine Art

Kampfbahn, in der jeder gegen jeden kämpft, und in der man allein oder in Zweckbündnissen seine Interessen gegen andere durchsetzen muss." In dieser Weltsicht herrsche das Recht des Stärkeren und nicht die Stärke des internationalen Rechts.

"Ich bin sicher, dass wir uns dieser Weltsicht entgegenstellen müssen", betonte Gabriel. "Wir brauche mehr internationale Zusammenarbeit und weniger nationalen Egoismus und nicht umgekehrt."

Der SPD-Politiker erklärte die Bereitschaft Deutschlands, international mehr Verantwortung zu übernehmen. Deshalb wolle sich die Bundesrepublik für 2019 erneut für einen Sitz im UN-Sicherheitsrat bewerben.

Auch sprach er sich dafür aus, den Vereinten Nationen mehr Mittel zur Verfügung zu stellen. Zahlreiche Programme seien dramatisch unterfinanziert. Es könne nicht sein, dass die UN mehr Zeit mit Bettelbriefen und Bittstellungen verbrächten als damit, effektive Hilfe zu organisieren.

"Den Vereinten Nationen müssen wir die Mittel und auch mehr Freiheiten geben." Im Gegenzug forderte Gabriel wesentlich mehr Transparenz über die Mittelverwendung und die Umsetzung der von UN-Generalsekretär António Guterres angekündigten Reformen.

Angriff der Türkei auf Kurden
http://www.taz.de/Kommentar-Angriff-der-Tuerkei-auf-Kurden/!5475995/

Die kurdischen Kämpfer haben ihre Schuldigkeit getan, sie können gehen, sie sind zur „Vernichtung" (so Erdoğan) freigegeben. Sie dienten den USA, Nato-Staaten, auch Deutschland, als Bodentruppe im verlustreichen Krieg gegen den „Islamischen Staat" (IS). Sie trugen die Hauptlast, hatten die größten Verluste, während die Westpiloten aus sicherer Entfernung Angriffe flogen. Sie sind es, die den IS besiegten, Rakka befreiten und in Afrin hunderttausend Flüchtlinge aus ganz Syrien aufnahmen und Schutz gewährten.

Das von ihnen kontrollierte Gebiet in Syrien ist halbwegs sicher. Die Welt atmete auf. Vor allem aus den USA kamen viel Lob und Anerkennung. Jetzt, schon wenige Wochen später, wird Afrin von der türkischen Armee beschossen, aus der Luft bombardiert, deutsche Leopard-Panzer der Türkei fallen ein.

Die Bundesregierung und die der USA mahnen angesichts dieses türkischen Angriffskrieges ganz allgemein zu „besonnenem Handeln". Wahrlich keine robuste Reaktion, sondern nur noch zynisch... Und unfassbar ist, wie skrupellos und hinterlistig die westlichen Staaten, einschließlich Deutschland, mit Verbündeten im Kampf gegen den islamischen Terror umgehen.

Nils: Die derzeitige Bundesregierung handelt absolut unmoralisch und dumm. Es geht ihr nur

um wirtschaftliche Interessen. Sie möchte die Türkei als Absatzmarkt für die deutsche Wirtschaft nicht verlieren. Es ist ihr egal, dass Erdogan ein grausamer Diktator ist, der die Demokratie und die Menschenrechte mißachtet. Unmoralisches Verhalten ist langfristig dumm. Die USA haben immer wieder ihre Verbündeten verraten, wenn es ihren kurzfristigen Interessen diente. Langfristig haben sie dadurch die Welt in ein Chaos gestürzt.

Nur zur Erinnerung. Erst haben die USA die Taliban in Afghanistan mit Waffen unterstützt und groß gemacht, weil sie ihnen im Kampf gegen Rußland nützlich waren. Dann haben sie selbst Afghanistan besetzt, mit Hilfe deutscher Truppen, die nach dem Grundgesetz gar keinen Angriffskrieg führen dürfen. Zynisch erklärte daraufhin der deutsche Verteidungsminister, dass Deutschland in Afghanistan verteidigt wird. Das erinnert an die Worte von Adolf Hitler, mit denen er den zweiten Weltkrieg begann. Er griff als erstes Polen an und behauptete einfach frech, dass die Polen Deutschland angegriffen haben und Deutschland sich nur verteidigt. Und was ist dabei herausgekommen? 80 Millionen Tote im zweiten Weltkrieg. Ein ewig andauernder Krieg in Afghanistan, den wir nicht gewinnen können.

Desweiteren sollten wir uns erinnern. Zuerst gab es kaum islamistische Terroristen. Dann haben die USA den Irak angegriffen, um ihre Ölinteressen zu schützen. In den Gefängnissen dort haben sich dann die Islamisten zusammengefunden und die Welt in das Zeitalter des islamistischen Terrorismus geführt. Es entstand der IS, der große Teile Nordafrikas erobert hatte. Deutschland verbündete sich mit den Kurden und konnte so den IS zurückdrängen. Jetzt wird der Verbündete fallen gelassen. Es könnte passieren, dass der IS wiedererstarkt und die Probleme neu beginnen. Die Türkei steht dem IS ideologisch nahe und hat ihn in ihrem Staatsgebiet geschützt. Deutschland muss sich aus den sinnlosen Kriegen der Welt raushalten. Und wenn wir uns mit jemandem verbünden, dann dürfen wir die Freunde nicht aus kurzfristigen Interessen fallen lassen. Wer seine Freunde verrät, der hat irgendwann keine Freunde mehr.

Swami Sivananda (indischer Heiliger)

"Schafft den Krieg ab. Krieg ist unmenschlich."

"Frieden ist etwas Göttliches. Er ist die Eigenschaft der Seele. Er erfüllt das reine Herz. Er ist der Schmuck des Paramhamsa.

Frieden ist ein Zustand der Stille. Er ist das Freisein von Störung, Angst, Erregung, Aufruhr und Gewalttätigkeit. Er ist Harmonie, Stille, Ruhe, Gemütsruhe und Erholung. Im

Speziellen ist damit das Fehlen oder Aufhören von Krieg gemeint.

Frieden ist der glückliche natürliche Zustand des Menschen. Er ist sein Geburtsrecht. Krieg ist seine Schmach. Jeder Mensch wünscht Frieden und schreit nach Frieden, aber Frieden kommt nicht leicht. Selbst wenn er kommt, währt er nicht lange.

Frieden findet sich nicht im Herzen sinnlicher Menschen. Frieden ist nicht im Herzen von Ministern, Anwälten, Geschäftsleuten, Diktatoren, Königen und Kaisern. Frieden ist im Herzen von Yogis, Weisen, Heiligen und spirituellen Menschen. Er ist im Herzen des Wunschlosen, der Sinne und Geist kontrolliert hat. Habsucht, Lust, Eifersucht, Neid, Zorn, Stolz und Egoismus sind Feinde des Friedens. Erschlage diese Feinde mit dem Schwert der Leidenschaftslosigkeit, der Unterscheidungskraft und der Verhaftungslosigkeit. Du wirst dauerhaften Frieden genießen.

Frieden liegt nicht in Geld, Anwesen, Haus und Besitzungen. Frieden liegt nicht in äußeren Dingen, sondern in der Seele. Geld kann dir keinen Frieden bringen. Du kannst viel Dinge erwerben, aber du kannst keinen Frieden kaufen. Du kannst weiche Betten kaufen, aber du kannst keinen Schlaf kaufen. Du kannst gute Speisen kaufen, aber du kannst keinen guten Appetit kaufen. Du kannst gute Stärkungsmittel kaufen, aber du kannst nicht gute Gesundheit kaufen. Du kannst gute Bücher kaufen, aber du kannst nicht Weisheit kaufen. Wende dich ab von den äußeren Dingen. Meditiere, und ruhe in deiner Seele. Nun wirst du immerwährenden Frieden ver-wirklichen.

Nichts außer du selbst kann dir Frieden bringen. Nichts kann dir Frieden bringen, außer der Triumph über dein niederes Selbst, der Triumph über Sinne, Geist, Wünsche und Sehnsüchte. Wenn du den Frieden nicht in dir trägst, ist es vergeblich, ihn in äußeren Objekten und äußeren Quellen zu suchen.

Vollkommene Sicherheit und vollen Frieden kann es in dieser Welt nicht geben, denn dies ist eine relative Ebene. Alle Dinge sind bedingt durch Zeit, Raum und Ursächlichkeit. Sie sind vergänglich. Wo kannst du dann volle Sicherheit und vollkommenen Frieden finden ? Du findest sie im unsterblichen Selbst. Es ist eine Verkörperung von Frieden. Es ist jenseits von Zeit, Raum und Ursächlichkeit. Wahrer tiefer Frieden ist unabhängig von äußeren Umständen. Wahrer bleibender Frieden ist die beeindruckende Stille der unsterblichen Seele im Innern. Wenn du in diesem Ozean von Frieden ruhen kannst, können dich alle üblichen Geräusche der Welt kaum berühren. Wenn du die Stille, die wundervolle Ruhe göttlichen Friedens betrittst, indem du den plappernden Geist beruhigst, die Gedanken einschränkst und die nach außen gehen-den Sinne zurückziehst, werden alle störenden Geräusche absterben. Motorfahrzeuge fahren vielleicht über Straßen; Kinder schreien vielleicht aus vollem Hals; Eisenbahnen mögen vor deinem Haus vorbeifahren; etliche Mühlen sind vielleicht in der Umgebung in Betrieb – und doch, all diese Geräusche werden dich kein bisschen stören.

Frieden ist von grundlegender Bedeutung für das Wachstum. Frieden ist der begehrenswerteste Besitz auf Erden. Er ist der größte Schatz im ganzen Universum. Frieden ist der wichtigste und unerlässlichste Faktor für Wachstum und Entwicklung. In der Stille und Ruhe der Nacht keimt der Same langsam aus der Erde. Die Knospe öffnet sich in der Tiefe der stillsten Stunden. Genauso entwickeln sich die Menschen in einem Zustand von Frieden und Liebe, wachsen in ihrer jeweiligen Kultur und entwickeln vollkommene Zivilisation. In Frieden und Stille geht auch die spirituelle Entwicklung leichter von statten.

Bessere dich selbst. Dann wird sich die Gesellschaft bessern. Beseitige Weltlichkeit aus deinem Herzen. Die Welt wird sich um sich selbst kümmern. Beseitige die Welt aus deinem Geist. Die Welt wird friedvoll sein. Das ist die einzige Lösung. Das ist nicht Pessimismus. Das ist herrlicher Optimismus. Das ist nicht Ausflucht. Es ist die einzige Möglichkeit, der Situation zu begegnen. Wenn jeder Mensch an seiner eigenen Rettung arbeitet, gibt es niemanden mehr, der Probleme schafft ! Wenn jeder sich mit Leib und Seele darum bemüht, Religion zu üben, Sadhana zu machen und Gottverwirklichung zu erlangen, wird er wenig geneigt sein und wenig Zeit haben, Streitereien zu verursachen. Automatisch wird Frieden auf Erden herrschen.

Meister Om Om singt Blowin in the Wind

(für den Weltfrieden und eine weltweite Solidarität)

Nils (Weltretter)

Es ist wichtig, dass die Staaten der Welt abrüsten und sich immer mehr dem Ziel einer friedlichen Welt nähern. Die USA geben jährlich etwa 600 Millarden Dollar für ihr Militär aus, gefolgt von China mit 215 Milliarden und Russland mit 69 Milliarden. Wird dieses Geld eingespart, könnte damit aller Hunger auf der Welt beseitigt und das Paradies auf der Erde geschaffen werden. Hohe Rüstungsausgaben bringen auch die große Gefahr mit sich, dass die Waffen eines Tages eingesetzt werden. Ein dritter Weltkrieg könnte große Teile der Menschheit vernichten.

Für die Abrüstung der USA ist die amerikanische Friedensbewegung zuständig. Wir sollten dafür sorgen, dass in Deutschland und Europa nicht die Rüstungsausgaben steigen. Die USA verlangen von Deutschland eine Verdoppelung des Verteidigungsetats. Dem entspricht das Interesse der Bundesregierung nach einer Modernisierung und Umstrukturierung seiner Armee. Deutschland möchte weltweit bei den Kriegen mitspielen, um die deutschen (kapitalistischen) Interessen zu verteidigen. Deutschland neigt dazu sich in die Kriege der USA hineinziehen zu lassen (Afghanistan, Syrien).

Dabei sind Kriege nach dem Grundgesetz nur zur Verteidung des deutschen Terretoriums erlaubt. Sehr problematisch ist es, dass Deutschland zu den größten Waffenexporteuren der Welt gehört. Wir ermöglichen damit anderen Ländern Krieg zu führen.

Es ist wichtig für das Ziel eines weltweiten Friedens einzutreten. Viele Staaten, Organisationen und Menschen handeln unmoralisch. Sie stellen ihre persönlichen Interessen in den Mittelpunkt und sind bereit sie auch mit Waffengewalt durchzusetzen. Wir müssen dem die Grundsätze Liebe, Frieden, Weisheit, Glück und Einheitsbewusstsein entgegensetzen. Ein Erleuchteter sieht sich in allen seinen Mitwesen. Wir können das Paradies auf der Erde schaffen. Dazu brauchen wir nur Weisheit, guten Willen und genügend Menschen, die sich für dieses Ziel engagieren. Wir sollten uns vergegenwärtigen wie grausam Kriege sind. Alle Menschen möchten glücklich sein. Wenn wir das begreifen, werden alle Menschen zu Brüdern und Schwestern. Alle friedliebenden Menschen sollten zusammenarbeiten und sich gegenseitig stärken.

We Shall Overcome (Joan Baez)

We shall overcome, we shall overcome, we shall overcome
some day.
Oh, deep in my heart I do believe: We shall overcome some
day.

We'll walk hand in hand, we'll walk hand in hand, we'll walk
hand in hand some day.
Oh, deep in my heart I do believe: We'll walk hand in hand
some day.

We shall live in peace, we shall live in piece, we shall live in
peace some day.
Oh, deep in my heart I do believe: We shall live in peace some
day.

We shall live in love, we shall live in love, we shall live in love
some day.

Oh, deep in my heart I do believe: We shall live in love some day.

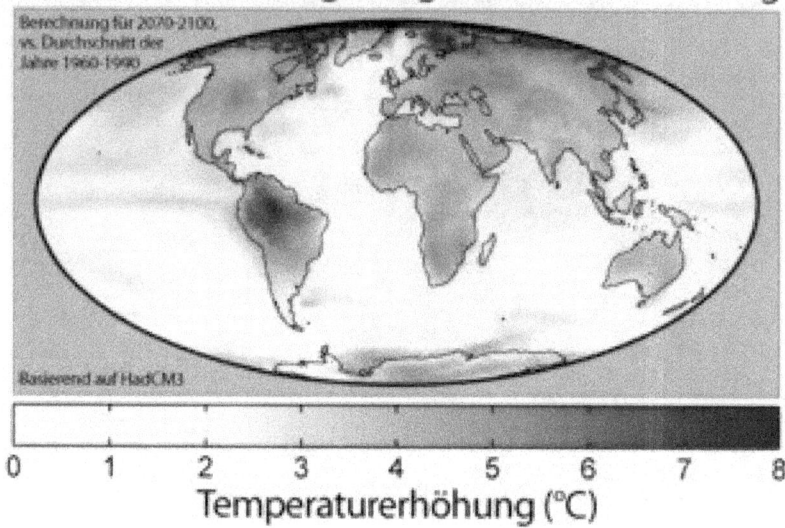

Vorausberechnung der globalen Erwärmung

Berechnung für 2070-2100,
vs. Durchschnitt der
Jahre 1960-1990

Basierend auf HadCM3

| 0 | 1 | 2 | 3 | 4 | 5 | 6 | 7 | 8 |

Temperaturerhöhung (°C)

Prof. Rahmstorf über die Erhitzung der Erde und die bevorstehende Klimakatastrophe

Die Klimakatastophe verhindern

Wikipedia: Als Klimakatastrophe bezeichnet man die Folgen von unkontrollierter globaler Erwärmung. Hierzu zählen unter anderem ein drastischer und über viele Jahrhunderte andauernder Meeresspiegelanstieg, ausgeprägte und schnell stattfindende regionale, abrupte Klimawechsel durch einen Zusammenbruch der thermohalinen Zirkulation, Ernteausfälle durch häufigere und extreme Dürren oder den Zusammenbruch des indischen Sommermonsuns, sowie möglicherweise seltenere aber intensivere tropische Zyklone.

Drastische Veränderungen von Meeresströmungen sowie die Tatsache, dass das Klima ein chaotisches, mit vielerlei Rückkopplungen ausgestattetes System darstellt, können zu abrupten Klimawechsel führen. Würde der warme Golfstrom versiegen, käme es in Mitteleuropa zu einer starken Abkühlung, in dessen Folge Ernteausfälle zu erwarten sind. Das Verbrennen aller fossilen Brennstoffe würde die Luft über den Kontinenten durchschnittlich um 20 °C erwärmen und die Pole um 30 °C. Die Erde würde größtenteils unbewohnbar werden.

Risiko und Ausmaß der Folgen des Klimawandels nehmen mit dem Ausmaß der Erwärmung zu. Eine Erwärmung von mehr als zwei Grad wird häufig als gefährlich angesehen, weswegen von der Politik eine Begrenzung der Erwärmung auf zwei Grad beschlossen wurde, das sogenannte Zwei-Grad-Ziel. Mit stärker zunehmender Erwärmung steigt die Gefahr katastrophaler Folgen, wie von Extremwetterereignissen, überproportional. Der Stern-Report nennt bei einer Temperaturzunahme um 5 °C soziale Verwerfungen, Sicherheitsrisiken und viele Flüchtlinge als mögliche katastrophale Folge des Klimawandels.

Klimaskeptiker, wie etwa Fritz Vahrenholt, die die menschlichen Ursachen bzw. das Ausmaß der globalen Erwärmung bestreiten und zumeist keine Klimawissenschaftler sind, halten eine nahe Klimakatastrophe für unwahrscheinlich. Unter Fachwissenschaftlern existiert ein Konsens bezüglich der menschengemachten globalen Erwärmung. Die American Association for the Advancement of Science – die weltweit größte wissenschaftliche Gesellschaft – stellt klar, dass sich 97 % aller Klimatologen darüber einig sind, dass ein vom Menschen verursachter Klimawandel stattfindet. Der Wissensstand um die mit dem Klimawandel verbundenen Folgen wird als ausreichend sicher angesehen, um umfangreiche Klimaschutzmaßnahmen zu fordern.

09.11.2017 **Weltklimagipfel**
http://www.tagesschau.de/inland/klima-risiko-index-101.html

<u>**Erklärfilm zur Weltklimakonferenz**</u> **(BMUB)**

<u>**Weltklimakonferenz in Bonn: Tausende demonstrieren für einen sofortigen Kohleausstieg**</u>

Ob Überschwemmungen, Stürme oder Hitzewellen: Für den Globalen Klima-Risiko-Index zählte Germanwatch über 11.000 Extremwetter-Ereignisse in den vergangenen 20 Jahren. Neben mehr als einer halben Million Toten entstand auch großer wirtschaftlicher Schaden von über drei Billionen Dollar, so Germanwatch.

Im Jahr 2016 waren die meistbetroffenen Länder Haiti, Simbabwe und die Fidschi-Inseln. Christoph Bals, politischer Geschäftsführer von Germanwatch, sagt: "Wir sehen, dass die armen Länder diesen Index dominieren. Gerade, was die

Todeszahlen angeht. Auch in diesem Jahr sind neun der zehn Länder, die oben stehen, arme Länder. Sie sind besonders verwundbar."

Haiti traf 2016 der Hurrikan Matthew schwer, Simbabwe der Tropensturm Dineo. Und der tropische Wirbelsturm Winston jagte mit bis zu 325 Kilometern pro Stunde über die Fidschi-Inseln im Südpazifik. Über eineinhalb Jahre später habe man sich von den Verwüstungen immer noch nicht erholt, erklärt Kirchenrätin Frances Namoumou, die derzeit am Weltklimagipfel in Bonn teilnimmt. "Es leben immer noch Menschen in Zelten. Der Schulunterricht findet in Zelten statt. Die Infrastruktur ist noch nicht wieder soweit. Gerade der Wiederaufbau von abgelegenen Inseln dauert. Die Häuser wurden bis auf die Grundmauern zerstört." Genau aus diesem Grund haben die Fidschi-Inseln die Präsidentschaft des Klimagipfels in Bonn bekommen. Die Vereinten Nationen wollten den am meisten betroffenen Ländern eine Stimme verleihen und deutlich machen, wie konkret und akut Klimafragen sind.

Germanwatch veröffentlicht den Klima-Risiko-Index in diesem Jahr zum 13. Mal. Grundlage des Indexes ist die weltweit anerkannte Datenbank eines Versicherers sowie Daten des Internationalen Währungsfonds. Ausschlaggebend ist die Zahl der Todesopfer sowie der entstandene wirtschaftliche Schaden. Germanwatch betont, dass der Index keine Aussage darüber zulässt, welchen Einfluss der Klimawandel konkret auf diese Unwetterereignisse habe.

Auf Platz 10 des Rankings für 2016 stehen die USA - auf Platz 42, also im oberen Mittelfeld, Deutschland. Dass Deutschland in den vergangenen Jahren unter auffällig vielen extremen Wetterereignissen zu leiden hatte, macht deutlich, wenn man

20 Jahre zurückblickt. Deutschland landet dann auf Platz 23. Der Hitzesommer 2003, der Orkan Kyrill 2007 und zahlreiche andere Stürme und Überflutungen tragen dazu bei, ebenso die enormen wirtschaftlichen Schäden, die in hoch entwickelten Ländern deutlich höher ausfallen. Christoph Bals von Germanwatch: **"Deutschland ist auf diesen langen Zeitraum eines der drei am stärksten betroffenen Industrieländer."**

Club of Rome

<u>Überbevölkerung - Kollaps der Menschheit im Jahr 2052 (Club of Rome)</u>

Der Club of Rome ist ein Zusammenschluss von Experten verschiedenster Disziplinen aus mehr als 30 Ländern. 1968 gegründet, setzt sich die gemeinnützige Organisation für eine nachhaltige Zukunft der Menschheit ein. Mit dem 1972 veröffentlichten Bericht Die Grenzen des Wachstums erlangte er große weltweite Beachtung. Seitdem kämpft der Club of Rome für nachhaltige Entwicklung und setzt sich für den Schutz von Ökosystemen ein.

Um seine Ziele zu erreichen, setzt der Club of Rome auch auf die Bildung der jungen Generation. Die Deutsche Gesellschaft Club of Rome rief daher im Jahr 2004 gemeinsam mit Schulen aus ganz Deutschland das Netzwerk der Club of Rome Schulen ins Leben. Unter dem Motto "global denken, lokal handeln" lernen Schülerinnen und Schüler an Club of Rome Schulen über Grenzen hinweg zu denken, globale Perspektiven einzunehmen und in ihrem lokalen Umfeld aktiv zu werden. Als junge Weltenbürger lernen sie sich in komplexen Kontexten zu orientieren, globale und lokale Entwicklungen zu deuten und sich mutig, kreativ und tatkräftig in Entscheidungsprozesse einzubringen.

http://www.zeit.de/wissen/umwelt/2012-05/club-of-rome-studie-klimawandel

In Rotterdam hat die Denkfabrik Club of Rome einen Bericht vorgestellt, der eine düstere Prognose für den Planeten Erde entwirft. Der Klimawandel werde der Menschheit kräftig einheizen und mehr Dürren und Fluten über die Kontinente jagen. Die Treibhausgasemissionen steigen weiter. Gleichzeitig müssen sich die Industrienationen auf ein geringeres Wirtschaftswachstum einstellen. Weltweit sei mit drei Milliarden Menschen in Armut zu rechnen und ungeheuren Umweltzerstörungen.

Der Zukunftsreport 2052: A Global Forecast for the Next Forty Years ist keine entspannende Lektüre, der Club of Rome fragt sich, ob der Mensch überhaupt in der Lage sei zu überleben, ohne einen massiven Richtungswechsel. Der Bericht selbst enthält 35 Ausblicke von international führenden Wissenschaftlern, Ökonomen und Zukunftsforschern. Zahlreiche Statistiken flossen in die Zukunftsmodelle ein.

"Die negativen Auswirkungen werden deutlich sein", warnte der Hauptautor des Reports, der norwegische Wirtschaftsexperte und Zukunftsforscher Jørgen Randers . "Die Menschheit hat die Ressourcen der Erde ausgereizt und wir werden in einigen Fällen schon vor 2052 einen örtlichen Kollaps erleben", sagte Randers bei der Präsentation der Ergebnisse in Rotterdam. "Wir stoßen jedes Jahr zweimal so viel Treibhausgas aus wie Wälder und Meere absorbieren können."

Die Trends scheinen zu stimmen. Randers Report erscheint 40 Jahre nach dem ersten großen Bericht im Auftrag des Club of Rome, einem Thinktank aus internationalen Denkern und Experten, der sich seit Jahrzehnten mit Nachhaltigkeit und Zukunftsfragen auseinandersetzt. 1972 erschien Die Grenzen des Wachstums , an dem auch Randers als Mitte Zwanzigjähriger mitgeschrieben hat. Damals waren die Reaktionen auf die Prognose heftig . Der zentrale Schluss des damaligen Berichts: "Wenn die gegenwärtige Zunahme der Weltbevölkerung, der Industrialisierung, der Umweltverschmutzung, der Nahrungsmittelproduktion und der Ausbeutung von natürlichen Rohstoffen unverändert anhält, werden die absoluten Wachstumsgrenzen auf der Erde im Laufe der nächsten hundert Jahre erreicht."

Millionenfach wurde das Buch dazu verkauft. Kurz nach Erscheinen spotteten Kritiker, der Bericht sei Unsinn. Dann folgte die Ölkrise und sie rieben sich die Augen. Bis heute werden die alten Szenarien verfeinert und angepasst – und tatsächlich hat sich zumindest der grobe vorhergesagte Trend bewahrheitet: Die Schere zwischen Arm und Reich weitet sich, Landwirtschaftsflächen erodieren und gehen verloren, die Meere sind überfischt und die fossilen Rohstoffe werden immer knapper.

Dass diese Entwicklungen weitergehen, steht auch in dem aktuellen Bericht. Randers zufolge schadet die Wirtschaft mit ihrem steten Wachstum dem Klima und den Naturschätzen. Zudem berechneten die Forscher, dass die Industrie schon heute keinen Gewinn mehr einfährt – würde man die

Umweltzerstörung als Schaden gegenrechnen.

Auch das weltweite Bruttoinlandsprodukt (BIP) werde künftig langsamer steigen. Bis 2052 werden zwar die Entwicklungsländer aufholen, die Armut sich hier verringern. Gleichzeitig müssen die Menschen in den heutigen Wirtschaftsnationen mit mehr Ungleichheit kämpfen. Viele Volkswirtschaften hätten ihr Entwicklungspotenzial ausgeschöpft und es gebe weniger Geburten, da immer mehr Menschen in Städten lebten und die Zahl ihrer Kinder selbst bestimmen könnten. Nach den Abschätzungen aus dem Bericht wird die Weltbevölkerung kurz nach 2040 bei 8,1 Milliarden ihren Höchststand erreichen und dann zurückgehen.

Die größte Bedrohung der Menschheit sieht Hauptautor Randers allerdings im fortschreitenden und ungezügelten Wandel des Klimas, der die Erde erwärmt. "Der Meeresspiegel wird weiter steigen, das Arktiseis im Sommer verschwinden und verändertes Wetter wird Landwirte und Urlauber treffen", sagt er voraus. Die Treibhausgasemissionen werden ihm zufolge erst 2030 ihren Höhepunkt erreicht haben. Das sei zu spät, um den globalen Temperaturanstieg auf zwei Grad Celsius zu begrenzen, was als eben noch akzeptable Marke angesehen wird. Bis 2080 werde die Temperatur um 2,8 Grad steigen.

"Im Jahr 2052 wird die Welt mit Schrecken auf weitere Änderungen in der zweiten Hälfte des Jahrhunderts blicken", sagt Randers. "Der sich selbst verstärkende Klimawandel wird die Sorge Nummer 1 sein." Aus den Permafrostböden hoch im Norden des Erdballs werde das starke Treibhausgas Methan entweichen, weil der frostige Grund zu tauen beginne. Es wird den Globus weiter aufheizen und noch mehr Permafrost schmelzen lassen. Eine Revolution könnte die Folge sein, die junge Generation sei nicht länger bereit, die Fehler und Umweltlasten ihrer Vorgänger zu tragen.

Weltparlament der Religionen

The Heart of Faith: The Parliament of the World's Religions

Parliament of the World Religions (2015 Highlights)

Marianne Williamson on Women and Religion

Parliament of the World Religions 2015 (Musik)

Der Rat für ein Parlament der Weltreligionen wurde geschaffen, um die Harmonie unter den religiösen und spirituellen Gemeinschaften zu fördern und um eine gerechte, friedliche und nachhaltige Welt zu erreichen.

Wikipedia: Das Weltparlament der Religionen ist ein Zusammentreffen von Vertretern aller großen Religionen mit dem Ziel eines friedlichen Dialogs. Das Erste Parlament der Weltreligionen trat 1893 in Chicago im Rahmen der World Columbian Exposition zusammen. Über 4000 Menschen nahmen allein an der Eröffnungszeremonie teil. Die unumstrittene Hauptperson war damals Swami Vivekananda. Erst 100 Jahre später, im Jahre 1993, trat das Weltparlament der Religionen das zweite Mal zusammen. Seit dieser Zeit gibt es alle 3 Jahre erneute Treffen.

Die „Erklärung zum Weltethos" wurde am 4.9.1993 in Chicago verabschiedet und von führenden Kirchenführern unterschrieben: „Unsere Erde kann nicht verändert werden, ohne daß ein Wandel des Bewußtseins beim Einzelnen und der Öffentlichkeit erreicht wird. (…) Wir plädieren für einen individuellen und kollektiven Bewußtseinswandel, für ein Erwecken unserer spirituellen Kräfte durch Reflexion, Meditation, Gebet und positives Denken, für eine Umkehr der Herzen. Gemeinsam können wir Berge versetzen! Ohne Risiko und Opferbereitschaft gibt es keine grundlegende Veränderung unserer Situation! Deshalb verpflichten wir uns auf ein gemeinsames Weltethos: auf ein besseres gegenseitiges Verstehen sowie auf sozialverträgliche, friedensfördernde und naturfreundliche Lebensformen."

Die „Vier unverrückbaren Weisungen": Verpflichtung auf eine Kultur der Gewaltlosigkeit und der Ehrfurcht vor allem Leben. Verpflichtung auf eine Kultur der Solidarität und eine gerechte Wirtschaftsordnung. Verpflichtung auf eine Kultur der Toleranz und ein Leben in Wahrhaftigkeit. Verpflichtung auf eine Kultur der Gleichberechtigung und die Partnerschaft von Mann und Frau.

(Zitat Amma Homepage) Das hundertjährige Jubiläum des ersten Parlamentes der Weltreligionen fand wiederum in Chicago statt, vom 28. August bis zum 4. September 1993. Mehr als 6500 Abgeordnete, annähernd 125 Religionen der Welt vertretend, nahmen an diesem großen Parlament teil; darunter befanden sich ungefähr 600 spirituelle Führer.

Ein großartiger Erfolg dieses zweiten Parlamentes der Weltreligionen war die Gründung einer Kerngruppe der weltweit einflussreichsten religiösen Führer – ein Ausschuss von 25 Vertretern, die alle Hauptglaubensrichtungen repräsentieren. Amma wurde als eine der drei Vertreter des Hinduismus gewählt. Ziel dieses Ausschusses ist es, zu versuchen der Welt zu zeigen, dass Religion eine Quelle der Harmonie und nicht der Konflikte sein kann und auch soll. Die Gruppe soll nicht nur danach streben den Dialog zwischen verschiedenen Glaubensrichtungen zu fördern, sondern die Menschen zu einer neuen Ära von Harmonie und Frieden zu führen.

Auszüge aus Ammas Rede während des zweiten Parlaments der Weltreligionen: "Zufriedenheit und Glück hängen einzig und allein vom Gemüt ab, nicht von Objekten oder äußeren Umständen. Glück hängt von der Selbstkontrolle ab. Sowohl der Himmel als auch die Hölle sind vom Gemüt geschaffen. Selbst der „höchste Himmel" wird zur Hölle, wenn das Gemüt unruhig ist; wohingegen die tiefste Hölle zum glückseligen Ort wird, wenn der Mensch ein friedliches und entspanntes Gemüt hat." "Religion ist die Wissenschaft, die uns lehrt, wie wir ein zufriedenes und glückliches Leben in dieser gegensätzlichen Welt führen können." "Wahre Religion ist eine Sprache, die der moderne Mensch vergessen hat. Wir haben vergessen, was uns die Religion lehrt, nämlich Liebe, Mitgefühl und gegenseitiges Verständnis. Die grundlegende Ursache für all die heutigen Probleme ist der Mangel an Liebe und Mitgefühl. Allein Liebe und Mitgefühl werden die Dunkelheit wegwischen und Licht und Reinheit in die Welt bringen. Unser spirituelles Streben sollte mit selbstlosem Dienst in der Welt beginnen. Jene Menschen werden enttäuscht, die meditieren und erwarten, dass sich das dritte Auge öffnet, sobald sie die anderen zwei schließen. Dies wird nicht geschehen. Wir können unsere Augen nicht im Namen der Spiritualität vor der Welt verschließen und gleichzeitig unsere Weiterentwicklung erwarten. Die Einheit in Allem zu sehen während man die Welt mit offenen Augen betrachtet, das ist spirituelles Bewusstsein."

2009 Melbourne / Australien

(Zitat Michael Slaby) Rund 6.000 Menschen aus über 220 verschiedenen Glaubensrichtungen und allen Teilen der Welt kamen dafür zusammen. Die über 450 Podien, Workshops und Dialogveranstaltungen des Parlaments standen unter dem Motto „Sich gegenseitig zuhören, die Erde heilen". Das vielseitige Programm, das in einem klein gedruckten, mehrere Kilogramm schweren Programmbuch zusammengefasst war, ließ das Parlament wie einen bunten, interreligiösen Kirchentag auf Weltebene erscheinen. Der interreligiöse Dialog wird erst dann richtig spannend, wenn es nicht mehr nur um dem Austausch von Nettigkeiten geht, sondern dann, wenn reale soziale oder ökologische Missstände thematisiert werden und schwierige, das Verhältnis der Religionen belastende Themen angesprochen werden. In den Worten von Swami Aginesh, der sein Leben dem Dienst an den kastenlosen, in Schuldknechtschaft lebenden Indern gewidmet hat, geht es darum, dem „Dialog der Worte" einen „Dialog der Taten" für die Unterdrückten und Ärmsten der Armen folgen zu lassen.

Gewalt zwischen Buddhisten und Muslimen in Myanmar

https://www.tagesschau.de/ausland/rohingya-147.html

Derart deutliche Worte sind im UN-Sicherheitsrat selten: Als "ethnische Säuberung" hat nicht nur Generalsekretär Guterres das Vorgehen des Militärs gegen die Rohingya in Myanmar verurteilt. Mehr als 500.000 Menschen flohen nach Bangladesch. Das Wort machte die Runde: Ethnische Säuberung. Schon bevor der UN-Sicherheitsrat überhaupt zusammensaß, um zu lösen, was UN-Generalsekretär Antonio Guterres später einen Alptraum für die Rohingya, eine Katastrophe für Myanmar nennen würde. Das Wort von der ethnischen Säuberung. UN-Generalsekretär Guterres selbst war gekommen, um seinerseits zu sagen, was ist. Die Situation habe sich zur am schnellsten wachsenden Flüchtlingskrise entwickelt und zu einem humanitären Alptraum auch für die Menschenrechte, so der Generalsekretär der Vereinten Nationen. Guterres bat nicht mehr, sondern forderte von der Regierung in Myanmar ein sofortiges Ende aller militärischen Operationen, sofortigen Zugang für UN-Helfer, der erst an diesem Tag wieder verweigert worden war, und die sichere Rückkehr aller Rohingya.

https://info-buddhismus.de/Burma-Gewalt-im-Namen-des-Buddha...

Seit Sommer 2012 gibt es immer wieder Berichte und Nachrichten über Gewalt in buddhistischen Ländern gegen muslimische Minderheiten, vor allem aus Burma (Myanmar), gelegentlich auch Sri Lanka. Im Dezember 2012 haben sich 18 renommierte buddhistische Persönlichkeiten aller Traditionen, unter ihnen S.H. der Dalai Lama, Thich Nhat Hanh, Bhikkhu Bodhi, Harada Roshi und Dr. A.T. Ariyaratne, in einem offenen Brief an das burmesische Volk gewandt, zum Frieden aufgerufen und die buddhistischen Prinzipien der Gewaltlosigkeit, des Mitgefühls und der Fürsorge beschworen. S.H. der Dalai Lama hat auch in diesem Jahr wiederholt betont, dass Gewalt für Buddhisten kein akzeptables Mittel sei.

TP: Sind denn die gegenwärtigen Konflikte z. B. in Burma überhaupt religiös motiviert? Fast alle Medien haben das bisher suggeriert.

TD: Nein, das sind keine primär religiös motivierten Konflikte, sie sind ganz klar ethnisch-sozial motiviert.

TP: Lässt sich die Gewalt seitens der Buddhisten in Burma mit den Lehren des Buddha rechtfertigen?

TD: Grundsätzlich nicht! Grundsätzlich gilt, dass Gewalt negatives Karma und Leid mit sich bringt und mehr Probleme schafft, als sie löst. Aber es gibt auch Grenzfälle, in denen Gewaltanwendung als legitim gilt und angewandt werden kann, ja sogar muss, z. B., um größeres Übel abzuwenden. Der Buddhismus geht sehr geschickt und flexibel mit den klassischen moralischen Dilemmas um, und seine Einstellung zur Gewalt hat viel mit dem gesunden Menschenverstand zu tun.

Allerdings ist die Gewalt, über die wir hier sprechen, die in Burma und Sri Lanka, in keiner Weise mit den Lehren des Buddha zu rechtfertigen. Hier geht es um Gruppenego, um den Zusammenstoß zwischen verschiedenen Volksgruppen. Dem Buddhismus zufolge sollte man ein Problem erkennen, daran arbeiten und es lösen, aber eben nicht mit Gewalt! Hassreden sind mit der Ordensdisziplin für Mönche, dem Vinaya, nicht vereinbar. Interessant ist, dass die Gewalt bisher auch nicht mit buddhistischen Glaubensbekenntnissen gerechtfertigt wird, sondern immer mit sozialen Begründungen wie „die muslimische Bevölkerung wächst zu schnell" oder „die Muslime nehmen uns unsere Frauen weg" etc.

Wie sehr man den Buddhismus auch schätzen mag, muss man doch erkennen, dass Buddhisten nicht unbedingt die besseren Menschen sind. Wo immer der Buddhismus zum festen Bestandteil von Kulturen geworden ist, wurde auch er für Identitätsstiftung, für Gruppenegoismus und Nationalismus der schlimmsten Art missbraucht. Dabei basiert der Buddhismus auf Reflexion und Einsicht in komplexe Zusammenhänge und nicht auf der Konstruktion von Identitäten, die danach trachtet, sich von anderen Identitäten abzugrenzen, die man dann zerstören und niedermachen muss. Wer das tut, missbraucht den Buddhismus!

TP: Gibt es viele buddhistische Mönche in Burma, die Gewalt gegen Minderheiten bzw. Muslime unterstützen? Gibt es auch Gegenstimmen von Buddhisten oder Gegenbewegungen?

TD: In Burma ist die Lage verworren. Die Mönche, die Gewalt gegenüber Muslimen predigen, sind eine kleine Minderheit. Aber die Frage ist natürlich immer, wie einflussreich diese kleine Minderheit ist. Gäbe es keine Probleme und keine Unterstützung durch Teile der Bevölkerung, könnte diese Minderheit auch nichts bewerkstelligen. Ein entschiedenes, kraftvolles Veto, das diesen Mönchen Einhalt gebieten könnte, kann in solch einem Land allerdings nur von anderen buddhistischen Mönchen kommen. Die Staatsmacht wird für Ordnung sorgen, aber mit den Mönchen wird sie sehr vorsichtig umgehen, weil die Gesellschaft sie so hoch verehrt. Mit anderen Worten: Die Hassreden schwingende Minderheit im Sangha kann nur dann wirksam in Schach gehalten werden, wenn die Mehrheit der Mönche Verantwortung übernimmt, ihre

Autorität einsetzt. Das ist meiner Ansicht nach ein entscheidender Faktor bei der Lösung des Konfliktes auf der buddhistischen Seite.

Dazu kommt aber auch, dass in der Presse kaum berichtet wird, wenn mal etwas Positives geschieht. Ruft aber ein buddhistischer Mönch zum Töten von Muslimen auf oder zur Vertreibung aus dem Land, dann geht das durch alle Medien. Das ist ein Problem unserer modernen Zeit: Ausschlaggebend für die Verbreitung von Fakten ist nicht deren Repräsentativität sondern ihre mediale Wirkung. Schließlich muss die Quote stimmen! Hier müssten diejenigen unterstützt werden, die positiv auf die Konflikte einwirken können, und man müsste denen eine Plattform geben, die das tun.

http://www.taz.de/Rohingya-in-Birma/!5451294/

In den frühen Morgenstunden des 9. Oktober 2016 griff eine Gruppe aufständischer Muslime den birmesischen Staat an. Mit Messern, Steinschleudern und ein paar wenigen Waffen gingen sie im Norden von Birmas Teilstaat Rakhine auf Grenzschutzposten los. Neun Polizisten verloren ihr Leben. Beobachter der Krise hielten die Luft an: Vielen schwante, was folgen sollte.

Birmas Militär vergalt die Attacke mit einer brutalen Operation gegen die muslimischen Rohingya, von der die UNO sagt, sie käme Verbrechen gegen die Menschlichkeit gleich. Soldaten sollen Frauen vergewaltigt, Männer erschossen und Kinder misshandelt haben.

Ende August griff die Arsa in einer konzertierten Aktion fast dreißig Sicherheitsposten an. Birmas Militär wird beschuldigt, im Gegenzug die Hälfte aller Rohingya-Dörfer in Nord-Rakhine abgebrannt zu haben. Seitdem fliehen Rohingya zu

Hunderttausenden ins benachbarte Bangladesch, unter dramatischen Bedingungen. Ein Jahr nachdem die Arakan Rohingya Salvation Army (Arsa) erstmals auf den Plan getreten ist, entfaltet sich in Bangladesch die am schnellsten wachsende Flüchtlingskrise der Welt.

Seit Jahrzehnten gelten die Rohingya in Birma, das offiziell inzwischen Myanmar heißt, als unerwünschte illegale Einwanderer aus Bangladesch. Nach und nach hat man ihnen die Staatsbürgerschaft entzogen. Sie dürfen sich in Rakhine nicht frei bewegen. Dass sie nun mit Waffengewalt aufbegehren, hat die Karten neu gemischt. Die Rohingya sind nicht mehr nur die Opfer in einem Konflikt, von dem Beobachter sagen, Birmas Militär erhalte ihn am Leben, um so seine eigene Macht zu legitimieren. Rohingya sind selbst zu Tätern geworden.

Geführt wird die Arsa von Ata Ullah, einem in Pakistan geborenen Rohingya. Er spricht vom Recht der Minderheit auf Selbstverteidigung und streitet Verbindungen zu internationalen islamistischen Organisationen ab. Birmas Regierung hingegen verurteilt die Aufständischen als „Terroristen". Dass die internationale Gemeinschaft das nicht so sieht, macht viele Birmesen wütend. Scheinbar geschlossen stehen sie stattdessen plötzlich hinter dem jahrzehntelang verhassten Militär. Die Antiterrorpropaganda scheint zu fruchten.

Detailliert mit der Arsa beschäftigt hat sich der Thinktank International Crisis Group (ICG). Ihr zufolge wird die Arsa von Mitgliedern der Rohingya-Diaspora in Saudi-Arabien gesponsert. Die Anführer in Myanmar hätten internationale Kampferfahrung, unter anderem in moderner Guerillakriegsführung. Verbindungen zu internationalen Terrorgruppen allerdings ließen sich laut ICG bisher nicht nachweisen.

In den Flüchtlingslagern, wo Menschen einander bei der
Verteilung von Hilfsgütern tottrampeln, am Straßenrand
schlafen und teilweise nicht einmal eine Plastikfolie zum
Schutz vor dem Monsunregen besitzen, scheint es fast
programmiert, dass Menschen sich radikalisieren. Islamistisch
motivierte Attacken sind in Bangladesch bereits jetzt keine
Seltenheit. So könnte Birmas Antiterrorpropaganda zu einer
selbsterfüllenden Prophezeiung werden.

Nils: Der Konflikt in Myanmar ist ein gutes Beispiel für das
Aufschaukeln von Gewalt durch das Ego aller Beteiligten. Eine
Bevölkerungsgruppe fühlt sich benachteiligt. Ob zu recht oder
zu unrecht, kann hier dahingestellt bleiben. Man kann die
Dinge immer aus verschiedenen Perspektiven betrachten. Ein
spiritueller Mensch neigt dazu die Dinge so anzunehmen wie
sie sind. Ein Egomensch hat immer Wünsche und ist immer
unzufrieden. Er ist immer voller Aggressionen. Es kommt
deshalb immer auf der Welt zu Gewaltausbrüchen kleiner
Gruppen. Entscheidend ist, wie die Herrschenden darauf
reagieren. Sie können die Konflikte besänftigen oder anheizen.
Letzteres kann für sie vorteilhaft sein, wie viele Beispiele auf
der Welt zeigen. Erdogan hat den kleinen Putschversuch in der
Türkei genutzt, um diktatorische Vollmachten zu bekommen.
In Myanmar scheint das Militär die Situation zu nutzen, um
seine Macht zu festigen und gleichzeitig die
Ausländerproblematik durch Vertreibung lösen zu können. Die
buddhistische Mehrheit fällt auf die Propaganda der Militärs
herein. Selbst die Friedensnobelpreisträgerin Aung San Suu
Kyi kann sich nicht für die leidenden Rohingya einsetzen, weil
sie sonst die Wahlen verlieren würde. Sie hält sich deshalb aus
dem Konflikt weitestmöglich heraus.

Was können wir in Deutschland daraus lernen. Wir haben hier
auch eine große muslimische Minderheit, die durch den Zuzug

von Millionen von islamischen Flüchtlingen verstärkt wird. Unter den Muslimen gibt es eine kleine Anzahl von gewaltbereiten Islamisten, die teilweise vom IS organisiert werden. Es gab deshalb bereits terroristische Aktionen und wird sie in Zukunft vermutlich weiterhin geben. Und natürlich gibt es rechte Kräfte wie die AfD und die NPD, die versuchen daraus Wählerstimmen zu gewinnen. Sie heizen mit ihrer Propaganda die Konflikte weiter an. Der richtige Weg ist es aber zu deeskalieren. Wir müssen die Flüchtlinge integrieren, soweit wir sie nicht wieder in ihre Heimatländer zurückschicken können. Und das gelingt nur bei wenigen. Die Flüchtlinge müssen gut Deutsch lernen, eine gute Ausbildung erhalten und in den Berufsmarkt integriert werden. Radikale Islamisten müssen abgeschoben (das ist jetzt bei sog. Gefährdern rechtlich möglich), in ihrer Entfaltung gehindert und am besten vom Weg des Friedens und der Liebe überzeugt werden. An den Universitäten müssen gemäßigte Imame ausgebildet und die Entsendung von fundamentalistischen islamischen Religionslehrern aus der Türkei und Saudi Arabien muss verhindert werden. Wer in Deutschland leben will, muss sich an die Regeln des Grundgesetzes halten. Und diese Regeln sehen Religionsfreiheit (Pluralismus), Meinungsfreiheit, Gleichberechtigung und Gewaltlosigkeit vor.

Flüchtlingskriminalität "Perspektiven sind entscheidend"
03.01.2018
http://www.tagesschau.de/inland/pfeiffer-fluechtlingskriminalitaet-101.html

Eine neue Studie von Kriminologen um den Experten Pfeiffer legt nahe, dass der Anstieg von Gewaltstraftaten in Deutschland vor allem auf die zunehmende Zahl von Flüchtlingen zurückzuführen ist. Pfeiffers Team untersuchte

Zahlen für Niedersachsen, die seinen Angaben zufolge aber bundesweit repräsentativ sind. Pfeiffer mahnt jedoch zur Differenzierung - und schlägt Lösungen vor.

NDR Info: Herr Pfeiffer, belegen diese Zahlen dass Flüchtlinge krimineller sind als Menschen, die hier schon lange leben?

Christian Pfeiffer: Auf den ersten Blick ist das so. Wir haben, seit die große Flüchtlingswelle kam, nach sieben Jahren des Rückgangs plötzlich einen Anstieg der Gewalt in Niedersachsen um zehn Prozent. 92 Prozent der ermittelten Tatverdächtigen, die zusätzlich gekommen sind, sind Flüchtlinge. Auf den ersten Blick sind also die Flüchtlinge daran schuld, dass die Gewalt steigt.

Aber man muss genauer hinschauen. Erste Differenzierung: Die Anzeigewahrscheinlichkeit ist bei Fremden etwa doppelt so hoch wie bei Einheimischen. Wer von einem, den er aus dem Dorf kennt, gewalttätig misshandelt oder beraubt wird, der zeigt zu 13 bis 15 Prozent an. Aber wenn es ein Fremder ist, steigt es gleich auf das Doppelte. Wenn der Fremde dann nicht einmal die Sprache spricht, und man den Schadenersatz mit ihm gar nicht direkt erörtern kann, nimmt man sowieso eher die Hilfe der Polizei in Anspruch. Also ist die Flüchtlingsgewalt sichtbarer. Das erhöht die Zahlen, aber trotzdem bleibt es ein Problem. Da hilft uns bei der Interpretation der Daten weiter, dass es riesige Unterschiede innerhalb der Flüchtlingsgruppen gibt.

NDR Info: Inwiefern?

Pfeiffer: Es gibt sehr gut integrierte, relativ vorsichtige Kriegsflüchtlinge. Die Hälfte aller Flüchtlinge, 54 Prozent, kommen aus Syrien, Irak und Afghanistan und haben in

Niedersachsen nur 16 Prozent aller den Flüchtlingen zugeschriebenen Raubdelikte begangen.

Aber völlig anders sind die aus Nordafrika kommenden Flüchtlinge: 0,9 Prozent ist ihr Anteil unter allen Neuankömmlingen, aber 31 Prozent unter denen, die wegen Raubes von der Polizei ermittelt wurden. Sie sind um das 35-fache überrepräsentiert.

Deswegen meine ich. Da müssen wir mehr tun als bisher. Denn letztes Jahr haben wir in Deutschland 327.000 Leuten gewissermaßen die rote Karte gezeigt und gesagt: Kein Asyl. Ihr habt den Antrag gestellt, aber erfüllt die Voraussetzungen nicht. 200.000 sind dann zum Verwaltungsgericht gelaufen und haben geklagt, aber auch die werden mehrheitlich deswegen keinen Aufenthalt erzwingen können. Das heißt, wir haben ein Problem mit den Verlierern unseres Flüchtlingsprozesses. Da muss was geschehen, mehr als bisher.

NDR Info: Was denn zum Beispiel?

Pfeiffer: Ausweisung ist schon weiterhin richtig - wenn man Länder hat, die die Menschen auch wieder zurücknehmen. Aber wir sehen doch, dass es mit der Ausweisung nicht so richtig läuft. 21.000 sind ausgewiesen worden - gegenüber dieser Riesenzahl von Leuten, denen wir kein Asyl gewähren wollen.

Also meine ich, es ist Zeit, ein großes Rückkehrpogramm zu finanzieren, das zum Teil über die Entwicklungshilfe laufen muss. Wir müssen wesentlich mehr Geld in der Entwicklungshilfe für die Flüchtlinge ausgeben. Dafür, dass keine kommen, indem wir zu Hause Strukturen fördern, die sie am Bleiben halten, und für die, die bei uns fälschlich gelandet sind, Rückkehrprogramme freiwilliger Art.

Das ist bisher noch nicht voll versucht worden. Innenminister de Maizière hat die Länder besucht und sein Bestes gegeben, um sie zur Kooperation zu motivieren. Aber Reden reicht da nicht. Da hätte Herr Müller dabei sein müssen mit einer Milliarde Euro, dann hätte es klappen können. Aber der Herr Müller hat als Entwicklungshilfeminister auch nicht das große Geld gekriegt, was er brauchte.

Also meine ich angesichts von 35 Milliarden Euro zu viel gezahlter Steuern, die der Staat gar nicht ausgeben konnte, ist wirklich die Situation da, wo wir für uns etwas Gutes tun und für diese Länder, indem wir Entwicklungshilfe einsetzen zur Fluchtvermeidung und zu einem Rückkehrpogramm.

(Wikipedia) Bodhisattva

Im Mahayana-Buddhismus werden Bodhisattvas als nach höchster Erkenntnis strebende Wesen angesehen, die die „Buddhaschaft" anstreben bzw. in sich selbst realisieren, um sie zum Heil aller lebenden Wesen einzusetzen. Diese Ausgangsmotivation wird „Erleuchtungsgeist" (bodhicitta) genannt. Praktizierende verschiedener Traditionen des Mahayana rezitieren Bodhisattva-Gelübde und bekunden damit ihren Willen, auch selbst diesen Weg zu gehen.

Heute leben weltweit näherungsweise 450 Millionen Buddhisten, die meisten davon sind Mahayana-Buddhisten. Die Länder mit der stärksten Verbreitung des Buddhismus sind China, Bhutan, Japan, Kambodscha, Laos, Mongolei, Myanmar, Sri Lanka, Südkorea, Taiwan, Thailand, Tibet und Vietnam. In Indien beträgt der Anteil an der Bevölkerung heute weniger als ein Prozent. Neuerdings erwacht jedoch wieder ein intellektuelles Interesse an der buddhistischen Lehre in der gebildeten Schicht. Seit dem 19. und insbesondere seit dem 20. Jahrhundert wächst auch in den industrialisierten Staaten Europas, den USA und Australien die Tendenz, sich dem Buddhismus zuzuwenden.

Das Bodhisattva Gelübde lautet:

Die Zahl der Wesen ist unendlich; ich gelobe, sie alle zu erlösen

Gier, Hass und Unwissenheit entstehen unaufhörlich; ich gelobe, sie zu überwinden

Die Tore des Dharmas sind zahllos; ich gelobe, sie alle zu durchschreiten

Der Weg des Buddha ist unvergleichlich; ich gelobe, ihn zu verwirklichen

Yetnebersh Nigussie

Ethiopia -- the wonderful Yetnebersh Nigussie
Alternativer Nobelpreis

Meine heutige Heldin ist Yetnebersh Nigussie. Sie ist blind und
kämpft trotzdem erfolgreich für eine bessere Welt.

http://www.tagesschau.de/ausland/alternativer-nobelpreis-
119.html

Der Alternative Nobelpreis wird 2017 dreigeteilt: Preisträger sind der indische Menschenrechtsanwalt Colin Gonsalves, die Journalistin Khadija Ismayilova aus Aserbaidschan und die Äthiopierin Yetnebersh Nigussie.

Der indische Anwalt Colin Gonsalves: Er hat vor dem Obersten Gerichtshof das Recht auf Nahrung für viele arme Inder erstritten. Dadurch hat sich für 400 Millionen Menschen der Alltag dahingehend geändert, dass jetzt ihre Nahrungsmittel anders subventioniert werden als vorher und dass jeder Schüler und jeder Student in Indien das Recht auf ein freies Mittagessen hat.

Ausgezeichnet wird auch die Journalistin Khadija Ismayilova aus Aserbaidschan für ihren "Mut und ihre Hartnäckigkeit", Korruption auf höchster Regierungsebene durch hervorragenden investigativen Journalismus aufzudecken. "So etwas in Aserbaidschan zu betreiben ist gefährlich und das dann auch noch mit einer solchen Qualität und einer solchen Recherchetiefe zu machen - das ist einfach brillant und dafür bekommt sie den Preis", sagt von Uexküll.

Die dritte im Bunde der diesjährigen Preisträger ist die seit ihrem sechsten Lebensjahr blinde Äthiopierin Yetnebersh Nigussie: "Sie hat mehrere Organisationen gestartet und aufgebaut. Zum Beispiel eine Organisation für die Rechte von Menschen, die mit Behinderungen leben", sagt von Uexküll.

Wikipedia: Yetnebersh Nigussie (* 24. Januar 1982) ist eine äthiopische Rechtsanwältin und Menschenrechtsaktivistin. Sie engagiert sich für die Rechte von Menschen mit Behinderungen und deren Inklusion. Ihr Vater entstammte einer Familie von orthodoxen Priestern. Sie hat sieben Geschwister. Nigussie erblindete im Alter von fünf Jahren aufgrund einer

Meningitis-Infektion. Das verlorene Augenlicht bewahrte Nigussie vor einer früh geschlossenen Ehe.

Nigussie besuchte auf Rat ihrer Großmutter eine von katholischen Nonnen geführte Blindenschule. Hier wurden ihre Fähigkeiten gefördert und sie erkannte laut eigenen Angaben, dass Frauen in der afrikanischen Gesellschaft als sozial ungleich angesehen werden. Nigussie studierte in der äthiopischen Hauptstadt Addis Abeba Rechtswissenschaft. Neben einem Bachelor-Grad in Rechtswissenschaft und einem Master-Grad in Sozialarbeit absolviert sie gegenwärtig ein weiteres Master-Studium im Fach Internationale Friedens- und Konfliktforschung an der Universität von Addis Abeba.

Bereits als Schülerin begann sich Nigussie zu engagieren und leitete die Schülervertretung. Als Studentin an der Universität von Addis Abeba war sie Mitbegründerin einer Anti-AIDS-Bewegung und gründete 2006 eine weibliche Studierendenvertretung, deren Leitung sie übernahm. Sie engagierte sich für mehr als 20 äthiopische Organisationen. Seit 2016 arbeit sie als Inklusionsbeauftragte für die Nichregierungorganisation Light for the World. 2017 wurde Nigussie für ihre Verdienste der als „alternativer Nobelpreis" bekannte Right Livelihood Award zuerkannt.

Frances Moore Lappé

Why are we creating a world that no one wants?

World Food Prize 2013 - Vandana Shiva and Frances Moore Lappe

Frances Moore Lappé (* 10. Februar 1944 in Pendleton, Oregon, USA) ist eine Aktivistin gegen den Welthunger und seine Ursachen. Hierbei vertritt sie das Konzept des „Food First" bzw. der Ernährungssouveränität. Sie ist Autorin von 15 Büchern, darunter 1971 Diet for a Small Planet (deutsch: Die Öko-Diät), das weltweit etwa 3 Millionen Mal verkauft wurde, und 12 Mythen über den Welthunger (World Hunger: Twelve

Myths), das sie zusammen mit Joseph Collins verfasste. Mit letzterem gründete sie 1975 das Food First-Institut, das die US-amerikanische Öffentlichkeit über die Ursachen des Welthungers informieren soll. Sie ist Ratsmitglied im World Future Council.

Frances Moore Lappé hat insgesamt 17 Ehrendoktortitel erhalten. 1987 erhielt sie zusammen mit Joseph Collins und dem Institute for Food and Development Policy den „Alternativen Nobelpreis". Ihre Tochter, Anna Lappé, unterstützt Frances Moore Lappé in ihrem Kampf gegen den Hunger. Zitat: „Keine Gesellschaft hat ihr demokratisches Versprechen erfüllt, wenn Menschen hungern... Wenn einige nicht zu essen haben, sind sie offensichtlich jeder Macht beraubt worden. Die Existenz von Hunger straft die Existenz der Demokratie Lügen."

Walden Bello : Globalization

Walden Bello (* 1945 in Manila) ist ein philippinischer
Soziologe und Politiker (Akbayan). Er ist Professor an der
Universität der Philippinen und ein Globalisierungskritiker.
Seine Thesen werden vor allem in den südlichen Ländern
rezipiert und treffen die Stimmung vieler dortiger Aktivisten.
Im Jahr 2003 wurde ihm gemeinsam mit Nicanor Perlas der
Right Livelihood Award verliehen, „für ihre vorzüglichen
Beiträge zur Aufklärung der Zivilgesellschaft über die
Auswirkungen der Globalisierung und dafür, wie Alternativen
dazu verwirklicht werden können".

Bello versucht, der Globalisierung eine Deglobalisierung
gegenüberzustellen: „Jedes Land muss die Möglichkeit haben,
für seine eigenen Werte und seinen eigenen Rhythmus auch
eine eigene Politik zu entwickeln." Wenn über Globalisierung
gesprochen werde, sollten Alternativen nicht verschwiegen
werden. Die Deglobalisierung stelle die Frage, wie die Macht
der Staaten des Nordens in wirtschaftlichen und politischen
Angelegenheiten eingeschränkt werden könne. Er schlägt vor,
Entwicklungsländer sollten wieder vermehrt für ihre jeweiligen
lokalen Märkte produzieren und ihren Export einschränken.
Dem einheitlichen neoliberalen Denken soll in Form
dezentraler wirtschaftlicher Prozesse in lokalen
Gemeinschaften Vielfalt entgegengestellt werden. Die
internationalen Organisationen wie WTO, IWF und Weltbank
sollten mithin ihren Einfluss abgeben und den ökonomisch
schwächeren Staaten keine sogenannten
Strukturanpassungsprogramme auferlegen.

Für eine neue Weltordnung

<u>Das schmutzige Geschäft von Bayer (Dokumentation) 2014</u>

Der äußere Reichtum hat sich im Westen in den letzten fünfzig Jahren verdoppelt. Gleichzeitig ist die Anzahl der Depressionen um das Zehnfache angestiegen. Wenn wir genau hinsehen, können wir feststellen, dass der westliche Kapitalismus zu großem äußeren Reichtum bei einigen wenigen Menschen und zu großem inneren Unglück bei immer mehr Menschen führt.

Das Modell des westlichen Konsumkapitalismus ist ein schlechtes Vorbild für die Welt. Die kapitalistische Globalisierung wird einige wenige Superreiche hervorbringen, etwas Reichtum für eine kleine Mittelschicht und eine massive Verelendung für eine große Unterschicht. Sie wird äußerlich riesige Slums, viel Kriminalität und große Suchtprobleme erzeugen. Die Masse der Menschen wird durch die vorwiegende Orientierung auf äußere Werte innerlich nicht glücklicher, sondern unglücklicher.

Wenn wir ohne Weisheit bei der kapitalistischen Globalisierung so weiter machen, wird die Umwelt zerstört, die Armut unkontrollierbar groß und die psychische Verelendung der Menschen entsetzlich werden. Es wird ewig sinnlose Verteilungskriege geben. Die Welt muss auf der Basis des inneren Glücks und der umfassenden Brüderlichkeit neu organisisiert werden. Wir brauchen eine Globalisierung der Liebe und der Vernunft.

Millennium-Gipfel

Wikipedia: Am 18. September 2000 verabschiedeten 189 Mitgliedstaaten der Vereinten Nationen mit der Millenniumserklärung einen Katalog grundsätzlicher, verpflichtender Zielsetzungen für alle UN-Mitgliedstaaten. Armutsbekämpfung, Friedenserhaltung und Umweltschutz wurden als die wichtigsten Ziele der internationalen Gemeinschaft bestätigt. Das Hauptaugenmerk lag hierbei auf dem Kampf gegen die extreme Armut.

Reiche wie auch arme Länder verpflichteten sich die Armut drastisch zu reduzieren und Ziele wie die Achtung der menschlichen Würde, Gleichberechtigung, Demokratie, ökologische Nachhaltigkeit und Frieden zu verwirklichen.

Im Vergleich zu früheren Entwicklungsdekaden sind die Ziele umfassender, konkreter und mehrheitlich mit eindeutigem Zeithorizont versehen. Außerdem ist zu erwähnen, dass sich nie zuvor neben Regierungen auch Unternehmen, internationale Organisationen aber auch die Zivilgesellschaft so einstimmig zu einem Ziel bekannt haben und sich einig sind, dass der Ausbreitung der Armut Einhalt geboten werden muss.

Die UN-Millenniumsziele sind acht Entwicklungsziele, die im Jahr 2000 von einer Arbeitsgruppe aus Vertretern der UNO, der Weltbank, der OECD und mehreren NGOs formuliert worden sind.

1. Bekämpfung von extremer Armut und Hunger
* Zwischen 1990 und 2015 den Anteil der Menschen halbieren, die Hunger leiden.
* Vollbeschäftigung in ehrbarer Arbeit für alle erreichen, auch für Frauen und Jugendliche.

2. Primärschulbildung für alle

3. Gleichstellung der Geschlechter / Stärkung der Rolle der Frauen

4. Senkung der Kindersterblichkeit

5. Verbesserung der Gesundheitsversorgung der Mütter

6. Bekämpfung von HIV/AIDS, Malaria und anderen schweren Krankheiten

7. Ökologische Nachhaltigkeit
* Die Grundsätze der nachhaltigen Entwicklung in der Politik und den Programmen der einzelnen Staaten verankern und die Vernichtung von Umweltressourcen eindämmen.
* Bis 2020 eine deutliche Verbesserung der Lebensbedingungen von mindestens 100 Millionen Slumbewohnern und -bewohnerinnen bewirken.

8. Aufbau einer globalen Partnerschaft für Entwicklung
*Entwicklung eines offenen, regelgestützten, berechenbaren und nicht diskriminierenden Handels- und Finanzsystems.
* Umfassende Anstrengungen auf nationaler und internationaler Ebene zur Lösung der Schuldenprobleme der Entwicklungsländer.
* In Zusammenarbeit mit den Entwicklungsländern Strategien zur Schaffung menschenwürdiger und sinnvoller Arbeitsplätze für junge Menschen erarbeiten und umsetzen.

Prinzip der Selbstversorgung

In Indien setzt sich die soziale Basisbewegung Ekta Parishad (Solidarischer Bund) mit gewaltfreien Methoden für die Rechte der unterdrückten Landbevölkerung ein. Ihr Gründer und Leiter Rajagopal erklärt: „Die Globalisierung hat der Mittelklasse Indiens viel gebracht, den Armen jedoch geschadet. 80 Prozent der Inder leben von der Arbeit auf dem Land. Wenn sie kein Land haben, gibt es auch keine Nahrung für sie."

Die industrielle Landwirtschaft führt zu kapitalistischen Agrarkonzernen, einem großen Sterben bei den kleinbäuerlichen Betrieben und zur Massenarbeitslosigkeit bei der Landbevölkerung. Unter dem Begriff «Entwicklung» wird diese Idee nach Indien exportiert, sagt Rajagopal. Land ist aber kein kapitalisierbares Gut, sondern Nahrungsgrundlage für die Landbevölkerung. Er zitiert Gandhi, der gesagt hat, dass Indien nicht eine Massenproduktion braucht, sondern eine Produktion durch die Massen.

Die landlosen und landarmen Bauern in den Ländern der so genannten Dritten Welt stellen den Großteil der Unterernährten. Was sie brauchen, ist vor allem ein Stück Land, von dem sie sich selber ernähren können. Agrarreformen sind zur wirksamen Armutsbekämpfung, zur nachhaltigen Sicherung der Welternährung und zur Umsetzung des Menschenrechts auf Nahrung von zentraler Bedeutung. Sie müssen eingebettet sein in ein umfassendes Konzept zur Förderung einer nachhaltigen ländlichen Entwicklung.

Die Hauptlösung des Welthungerproblems ist das Prinzip der Selbstversorgung durch eigenes Land. Jeder Bauer sollte das Recht auf ein eigenes Stück Land haben, von dem er mit seiner Familie leben kann. Die landlosen Bauern müssen fruchtbares Land von den Regierungen bekommen. Im Moment läuft der Prozess eher umgekehrt. Das Land der Armen wird den Reichen gegeben, damit diese noch reicher werden. Wenn landlose Bauern erfolgreich ein Stück Land angebaut haben, werden sie oft wieder davon vertrieben.

Die Großgrundbesitzer müssen einen Teil ihres Landes den Armen abgeben. Ohne Landreformen ist das Welthungerproblem nicht zu lösen. Teilweise können auch neue landwirtschaftliche Flächen erschlossen werden. Dieses kann zum Beispiel durch die Bewaldung von Wüstengebieten geschehen. Die Abholzung der Wälder muss gestoppt werden. Statt Monokulturen (Ölpalmen, Biosprit) für den Export aufzubauen, sollte jedes Land eine ausreichende Fläche für die Selbstversorgung der Bevölkerung zur Verfügung stellen.

Der Aufbau funktionierender kleinbäuerlicher Strukturen in den Entwicklungsländern muss verbunden werden mit einer guten Beratung durch landwirtschaftliche Experten, einem effektiven ökologischen Landanbau, mit kooperativen Strukturen und einem fairen weltweiten Handel. Es gibt funktionierende Beispiele für ökologische Selbstversorgungsgemeinschaften, an denen sich die Entwicklungshelfer orientieren können.

Wichtig ist die Förderung des Gemeinsinns in der Welt. Ohne eine Rückbesinnung auf die Werte Genügsamkeit, inneres Glück, umfassende Liebe und gegenseitige Hilfe werden die Selbstversorgungsstrukturen sich langfristig wieder auflösen. Wenn der Egoismus dominiert, hat das gemeinsame Glück auf der Welt keine Chance. Wir müssen uns als eine Weltfamilie bereifen, die aus vielen kleinen Familien besteht und wo jeder jedem hilft, damit es allen gut geht.

Die Dorfgemeinschaften müssen zu Orten des Glücks werden, damit die Landflucht beendet wird. Wenn die Menschen erst einmal in den Großstadtslums angekommen sind, ist es sehr schwer sie zurückzusiedeln.

In den Slums müssen positive Strukturen auf eine spezielle Art aufgebaut werden. Überall ist aber eine neue Kultur des Gemeinsinns sehr wichtig. Arbeitsplätze können in Zukunft viel im sozialen Bereich entstehen, wenn der gesamtwirtschaftliche Reichtum in vernünftige Bahnen gelenkt wird. Statt dem überflüssigen Luxus einiger Weniger sollte er vorwiegend dem gemeinsamen Glück aller dienen.

Wir brauchen eine globale Umkehr zur Vernunft. Das kann meines Erachtens nur durch ein globales Bündnis aller positiven Kräfte aus Politik, Wissenschaft, Religion und Gesellschaft geschehen. Und durch das intensive Bemühen vieler Einzelner, jeder an seinem Ort und im Rahmen seiner Möglichkeiten. Die vielen Nichtregierungsorganisationen leisten hervorragende Arbeit. Sie haben viele Vorschläge für eine glückliche Welt ausgearbeitet, die wir aufgreifen sollten.

Die Welt ist noch nicht gerettet. Die Klimakatastrophe kommt immer bedrohlicher auf uns zu. Der Hunger auf der Welt wird immer größer. Die Industrialisierung der Landwirtschaft in Afrika und Asien wird unermeßlich viele Menschen arbeitslos machen und in die Großstadtslums treiben. Das westliche Konsumfernsehen tritt weltweit seinen Siegeszug an. Die ganze Welt taumelt im Wahn des maximalen Konsums dem globalen Massenelend und der globalen Umweltzerstörung entgegen.

Ich bin ein Optimist. Irgendwann wird die Katastrophe auf der Welt so groß sein, dass genügend Menschen eine Umkehr zu einer besseren Welt wollen. Die Bankenkrise hat gezeigt, dass die Staaten der Erde zu einem tatkräftigen Handeln in der Lage sind. Mit dem Geld, das die westlichen Staaten jetzt den Banken geschenkt haben, hätten wir das gesamte Hungerproblem in Afrika lösen können. Vielleicht weitet sich irgendwann der Blick und wir begreifen die gesamte Menschheit als eine Familie, in der kein Bruder seine Schwester verhungern oder in Armut vor sich hin vegetieren lässt.

Nach der Menschenrechtscharta der Vereinten Nationen ist ausreichende Nahrung ein Menschenrecht. Die Reichen sind deshalb verpflichtet, den am Hunger leidenden Menschen von ihrem Geld so viel abzugeben, dass sich alle genug zu essen kaufen können. Darüber hinaus gibt es in der Menschenrechtscharta das Menschenrecht auf Arbeit. Die Reichen sind desweiteren verpflichtet, für die gesamten Arbeitslosen der Erde Arbeit zu schaffen, ihnen ausreichend Land zur Verfügung zu stellen oder den Staaten der Welt genug Geld für Arbeitsbeschaffungsmaßnahmen zu geben.

Es gibt die Möglichkeit von ausreichender Besteuerung, Schutzgesetzen für die Armen und einer Agrarreform. Es gibt die Möglichkeit eines globalen Marshallplans und einer globalen ökosozialen Marktwirtschaft. Und es gibt die Möglichkeit, dass die Armen sich organisieren und gemeinsam ihre Rechte durchsetzen. Es gibt viele Organisationen auf der Erde, die für eine bessere Zukunft arbeiten. Ich rufe dazu auf, sie zu unterstützen. Jeder Mensch sollte im Rahmen seiner Möglichkeiten dazu beitragen, dass unsere Welt nicht eines Tages im Chaos versinkt, sondern in eine glückliche Zukunft gelangt.

Wikipedia

Nach dem Ende des Kalten Krieges und dem Untergang der Sowjetunion war die Vorstellung verbreitet, nun breche ein neues Zeitalter an. Der amerikanische Politikwissenschaftler Francis Fukuyama stellte 1989 die These auf, das Ende der Geschichte sei gekommen: Der demokratische, marktwirtschaftlich verfasste Liberalismus habe endgültig gesiegt, es gebe keine globalen Gegensätze mehr, die eine Weiterentwicklung der Geschichte antreiben könnten. In ähnlichem Sinne äußerte sich der amerikanische Präsident George Bush während des Zweiten Golfkriegs. Am 29. Januar

1991 sagte er in seiner zweiten State of the Union Address vor beiden Häusern des Kongresses: „Es geht um mehr als nur um ein kleines Land; es ist eine große Idee: eine neue Weltordnung, wo unterschiedliche Nationen zusammenrücken im gemeinsamen Ziel, die universalen Hoffnungen der Menschheit zu erreichen – Frieden und Sicherheit, Freiheit und Rechtsstaatlichkeit. Dies ist eine Welt, die es wert ist, dass wir für sie kämpfen, und die es wert ist, die Zukunft unserer Kinder zu sein."

http://www.zukunftsentwicklungen.de/Weltordnung.html
Martin R. Textor

Wie wird sich die Weltbevölkerung in den kommenden 10 bis 40 Jahren verändern? Welche Trends werden die politischen und wirtschaftlichen Systeme prägen? Wie werden sich die Weltmächte weiterentwickeln?

Nach der aktuellen Prognose der UN-Abteilung für Bevölkerungsforschung wird die Weltbevölkerung in den kommenden Jahrzehnten stärker wachsen als zuvor angenommen: auf gut 8 Mrd. Menschen im Jahr 2025, auf rund 9,6 Mrd. im Jahr 2050 und auf ca. 10,8 Mrd. im Jahr 2100. Die Revidierung bisheriger Vorausberechnungen erfolgte vor allem aus zwei Gründen: Zum einen steigt die Lebenserwartung dank der Fortschritte in Medizin und Pharmakologie weltweit stark an. Zum anderen sinkt die Geburtenrate in vielen Ländern langsamer als zuvor erwartet.

Sieht man einmal von den USA ab, so findet das Bevölkerungswachstum vor allem in ärmeren Staaten statt. So wird sich die Einwohnerzahl in den 49 am wenigsten entwickelten Ländern bis zum Jahr 2050 verdoppeln (auf 1,8 Mrd. Menschen). In Staaten mit einem starken Bevölkerungswachstum wird der Druck auf die natürlichen

Ressourcen (wie Nahrungsmittel, Wasser, Bauland usw.) und die finanziellen Möglichkeiten der Regierungen (z.B. in Bereichen wie Bildungs- und Sozialpolitik) in den kommenden Jahrzehnten immer größer werden.

Schon jetzt sind in diesen Ländern viele Menschen arbeitslos bzw. leben am oder unter dem Existenzminimum. Ihre Zahl dürfte stark ansteigen, weil immer mehr junge Menschen auf den Arbeitsmarkt drängen werden. So wird z.B. Indien zwischen 2010 und 2040 knapp 320 Mio. Arbeitsplätze zusätzlich bereitstellen müssen. Selbst bei einem Wirtschaftswachstum von 5 oder 6% werden wohl kaum so viele neue Stellen geschaffen werden können.

So wird die Konkurrenz um die verbleibenden Stellen größer werden. Dann wird die Mittelschicht nicht mehr weiter wachsen - oder sogar schrumpfen. Die Arbeitslosigkeit - insbesondere von jüngeren Menschen - wird zu einem immer größeren Problem werden; die Gefahr von sozialen Unruhen und Aufständen wird steigen.

Je größer die Probleme in diesen Ländern werden, umso mehr Menschen werden versuchen, sie zu verlassen: Besser qualifizierte Personen werden sich auf vakante Stellen in Industrieländern bewerben (hier wird es in den nächsten Jahren noch einen großen Fachkräftemangel geben; nach dem Jahr 2030 werden z.B. Ärzte, Krankenschwestern und Pfleger für die rasant zunehmende Zahl von kranken bzw. pflegebedürftigen Senioren benötigt werden).

Dieser Braindrain ist für die Wirtschaft und die Gesellschaft der betroffenen Staaten von Nachteil. Allerdings überweisen Migranten auch viel Geld an Verwandte in ihren Herkunftsländern. Un- oder wenig qualifizierte Menschen, die in ihrer Heimat keine Zukunftschancen sehen, aber auch Personen, die in diesen Ländern von Hungersnöten und anderen (Klima-) Katastrophen, von Verfolgung oder

Bürgerkriegen betroffen sind, werden versuchen, als Flüchtlinge, Asylanten oder Illegale in reichere Staaten zu gelangen.

In nahezu allen Industrieländern, aber auch in Schwellenländern wie China oder Südkorea, wird es in den kommenden Jahrzehnten - entgegen dem weltweiten Trend - einen Bevölkerungsrückgang geben, verbunden mit einer starken Bevölkerungsalterung.

Informationstechnik, Automatisierung und Robotik werden es Arbeitgebern ermöglichen, viele Arbeitsplätze wegzurationalisieren, für die niedrige bis mittlere Qualifikationen nötig sind. Dementsprechend wird sich die Nachfrage hin zu hoch qualifizierten Mitarbeitern verlagern, die wegen der Konkurrenz mit anderen Arbeitgebern immer besser bezahlt werden müssen. So werden in den Industrieländern die Unterschiede zwischen gut und schlecht verdienenden Menschen bzw. zwischen Reichen und Armen größer werden. Auch wird es trotz des Bevölkerungsrückgangs viele Arbeitslose geben - Menschen, die über keine in der Wissensgesellschaft benötigten Qualifikationen verfügen.

Die Globalisierung trägt dazu bei, dass immer größere multinationale Konzerne entstehen, die von den lokalen Regierungen kaum noch kontrolliert werden können. Häufig beanspruchen sie besondere Rechte für sich selbst (z.B. Steuererleichterung), vor allem in Entwicklungsländern. Auch die Finanzmärkte entziehen sich weitgehend der Überwachung durch Regierungen. Gleichzeitig schwindet die Macht der Gewerkschaften und Arbeitnehmervertretungen, da sie nur lokal bzw. national tätig sind und der Organisationsgrad der Beschäftigten abnimmt. Außerdem müssen sie sich damit abfinden, dass die Unternehmen zunehmend Marktrisiken auf die Belegschaften abschieben. So wird das Machtungleichgewicht zwischen Arbeitgebern und

Arbeitnehmern bzw. zwischen den multinationalen Konzernen und den Staaten immer größer.

Das Internet trägt in hohem Maße zur Globalisierung bei. Es schafft zusammen mit den Massenmedien eine Weltkultur (oder eine kleine Anzahl von Weltkulturen): Immer mehr Menschen kleiden sich ähnlich, kaufen dieselben Produkte, schauen sich die gleichen Filme an, hören international bekannte Musikstücke, essen dieselben Speisen, haben vergleichbare Lebensstile. Zugleich breiten sich Weltsprachen wie Englisch, Spanisch und Chinesisch aus - wer sie beherrscht, kann mit den meisten Menschen dieser Erde kommunizieren.

Die Globalisierung zeigt sich aber auch in einem weltweiten Werte- und Gefahrenbewusstsein. Beispielsweise setzt sich der Demokratiegedanke durch, treten mehr Menschen in autoritär regierten Ländern für deren Demokratisierung ein. Auch große Unterschiede zwischen Arm und Reich innerhalb eines Landes bzw. zwischen armen und reichen Ländern werden zunehmend kritisch gesehen; viele Menschen fordern soziale Gerechtigkeit und einen höheren Lebensstandard für sich selbst.

Nach dem Zweiten Weltkrieg wurde die Welt durch den Ost-West-Konflikt geprägt. Seit dem Zerfall der Sowjetunion beanspruchen die USA die alleinige Führungsrolle. Der Machtanspruch der USA - und damit auch des Westens - wird zunehmend in Frage gestellt. Hinzu kommt, dass die Volksrepublik China in den letzten Jahren sehr schnell an wirtschaftlichem, militärischem und politischem Einfluss gewonnen hat und nun die entsprechenden Mitbestimmungsrechte auf der "Weltbühne" einfordert. Zudem bemüht sich Russland verstärkt, seinen Einflussbereich wieder auszudehnen.

Schwellenländer wie Mexiko, Brasilien, Argentinien, Indonesien, die Philippinen, Nigeria, die Republik Südafrika oder die Türkei haben in den letzten Jahren einen großen wirtschaftlichen Aufschwung erlebt und sich zu regionalen Machtzentren entwickelt. Dies trifft auch auf Indien zu, das mit über 1,2 Mrd. Einwohnern das bevölkerungsreichste Land nach China ist und als größte Demokratie der Welt gilt. Allerdings verlangsamt sich die wirtschaftliche Entwicklung in allen Schwellenländern. Zudem treten immer mehr Probleme wie z.B. große Außenhandelsdefizite, hohe Schulden, Inflation, unzureichende Infrastruktur, schlechtes Bildungswesen, extreme soziale Ungleichheit, Demokratiedefizite, Bürokratisierung und Korruption in den Vordergrund, die die nächsten Jahre prägen werden und zu immer mehr (gewalttätigen) Protesten führen.

So wird davon ausgegangen, dass die kommenden Jahrzehnte durch mehrere Weltmächte geprägt werden, die mehr oder minder stark miteinander konkurrieren werden. Die meisten Fachleute erwarten, dass diese Staaten friedlich koexistieren werden. Selbst wenn sich die Kräfteverhältnisse in den kommenden Jahren ein wenig verschieben sollten, so wird die neue Weltordnung doch weitgehend der alten entsprechen.

Das Bevölkerungswachstum und der zunehmende Konsum werden in den nächsten Jahrzehnten aber immer mehr an Grenzen stoßen: Irgendwann sind die natürlichen Ressourcen erschöpft, werden Umweltverschmutzung und Klimawandel zu einer immer größeren Bedrohung. Dann werden die Menschen in den reicheren Ländern nicht mehr durch "Brot und Spiele" (sozialstaatliche Leistungen und Massenunterhaltung) ruhig gestellt werden können. Schon jetzt zeigen Umfragen, dass sie pessimistischer als früher sind und die Zukunft ihrer Kinder recht negativ sehen.

Die große Herausforderung für alle Länder dieser Erde ist somit, ob in der nahen Zukunft ein Umdenken erfolgt: vom Egoismus hin zum Gemeinschaftssinn, von der

Selbstzentriertheit hin zum Mitgefühl, vom Konsumdenken hin zum bewussten Verzicht, von der Wohlstandsmehrung hin zu mehr Wohlbefinden (Glück), vom Wirtschaftswachstum hin zum Schutz natürlicher Ressourcen, vom Vertrauen in den freien Markt hin zu mehr staatlicher Kontrolle, von der Wegwerf- hin zur Recycling-Gesellschaft, von der Überbelastung vieler Arbeitnehmer hin zu einer gerechten Verteilung der Arbeit, von der gesellschaftlichen Ungleichheit hin zu mehr Gerechtigkeit, von dem Ignorieren der Armut in den Entwicklungsländern hin zu mehr finanzieller Unterstützung...

Der bekannte Wachstumskritiker Niko Paech
http://www.zeit.de/2017/11/niko-paech-oekonom-professur-wissenschaft

Umstritten war Niko Paech schon immer. Für die einen, die sich nach einer Alternative zum Immer-mehr-Kapitalismus sehnen, ist er eine Ikone, weil er vordenkt, wie eine Welt ohne Wirtschaftswachstum funktionieren könnte: mit Menschen, die nur 20 Stunden in der Woche arbeiten, die weniger konsumieren, ihre Lebensmittel selbst anbauen und kaum noch reisen. Er lebt seine Vision so gut es geht vor, hat kein Auto, fliegt nicht, isst vegetarisch. Für viele klassische Ökonomen ist Paech dagegen ein Spinner. Einer, der sich mit seiner Radikalität in den Medien Gehör verschafft hat, dessen Vorstellungen sie aber für unrealistisch halten und dessen Methoden wissenschaftlichen Kriterien nicht genügen.

"Das ganze intellektuelle Gedankengebäude ist mit der Krise in sich zusammengestürzt", sagte damals, 2008, der ehemalige Präsident der amerikanischen Notenbank, Alan Greenspan. Ökonomiestudenten auf der ganzen Welt gingen auf die Barrikaden und forderten eine Neuorientierung. Fast zehn Jahre später spricht Paech von einem "Rollback", die "dogmatischen Ökonomen", wie er sie nennt, seien wieder auf dem Vormarsch. Er ist ein ruhiger, freundlicher, umgänglicher Typ. Aber bei diesem Thema klingen seine Worte fast kriegerisch.

Ob die Ökonomie sich nach der Finanzkrise geöffnet oder weiter abgeschottet hat, ist umstritten. Eine Untersuchung des Forschungsinstituts für gesellschaftliche Weiterentwicklung aber kam zu dem Ergebnis, dass nur drei bis vier Prozent aller Ökonomiedozenten in Deutschland einen Ansatz vertreten, der radikal vom neoklassischen Mainstream abweicht. Paech war einer davon. Einer mit Einfluss. Auf der Liste der weltweiten "Thought Leaders" – jener Liste einflussreicher Köpfe, die das Gottlieb Duttweiler Institut zusammenstellt, ein Schweizer Thinktank – landete er 2015 auf Platz 18.

Nach der Finanzkrise, die kaum ein Wirtschaftswissenschaftler vorhergesehen hatte, war die Empörung groß: Die Modelle der Ökonomen seien zu starr und weltfremd. Gelehrt würde an den Universitäten fast nur die neoklassische Theorie.

Bei einer Umfrage im Auftrag der Hans-Böckler-Stiftung gaben 77 Prozent der befragten Ökonomen an, dass es nach wie vor einen neoklassischen Mainstream gebe. »Nur ganz wenige Professoren lehren andere Theorien«, sagt auch Jonathan Barth vom Netzwerk Plurale Ökonomik, das sich für mehr Vielfalt einsetzt. Achim Wambach, Vorsitzender des Vereins für Socialpolitik, hält die Ökonomie dagegen für »unglaublich breit aufgestellt«. Seit der Finanzkrise seien Liquiditätsprobleme und systemische Risiken besser in die Modelle integriert worden. Man kann es so zusammenfassen: Die einen verweisen auf Verbesserungen innerhalb der vorhandenen Theorien, die anderen wünschen sich ganz andere Ansätze.

Um zu verstehen, was für eine Art von Ökonom Paech ist, lohnt sich der Abend an der Waldorfschule. Für das Kolloquium hat Paech einen Gastredner eingeladen, einen Politologen, der von seinen Erfahrungen in einer Kommune in Kassel berichtet, die sich Villa Locomuna nennt und die er mit gegründet hat. Er erzählt von seiner "persönlichen Entrümpelung" während eines 2.500 Kilometer langen Fußmarsches nach Spanien und von den drei Waschmaschinen, die sich die 60 Erwachsenen und 20 Kinder in der Kommune teilen. Die Zuhörer haben viele Fragen. Paech moderiert. Er ist dabei keine Spur überheblich, der wissenschaftliche Elfenbeinturm ist ihm fremd. Kommunen, Repair-Cafés, autonome Höfe, all diese kleinen Initiativen, die sich so leicht belächeln lassen – Paech nimmt sie ernst und verleiht ihnen mit seiner Forschung einen theoretischen Überbau, der sie aus der Nische ins Zentrum der gesellschaftlichen Debatte holt.

Frau AB: Hallo Herr Horn!

»Über eine Milliarde Menschen auf der Welt leiden unter extremer Armut. Extreme Armut bedeutet chronische Unterernährung, schlechte Gesundheitsversorgung, nicht genug zum Leben zu haben. Mehr als zehn Millionen Kinder sterben jährlich an Unterernährung und vermeidbaren Krankheiten.« Ich finde, es kommt entscheidend darauf an, dass endlich die Millenniumsziele umgesetzt werden. Wir sollten unsere Politiker immer wieder an ihre großen Ziele erinnern.

Nils: Positive Ziele zu haben ist gut. Sie umzusetzen ist noch besser. Leider hapert es bei den Politikern oft an Letzterem. Politiker versprechen gerne viel und halten meistens nur wenig. Der Hunger auf der Welt sollte bis 2015 halbiert werden. Tatsächlich vergrößert er sich immer mehr. Die derzeitige Entwicklungspolitik ist weitgehend ein planloses

Vorsichhinwurschteln. Bei Katastrophen wird oft tatkräftig geholfen, aber ein langfristiger Plan der nachhaltigen Armutsbekämpfung fehlt.

Es werden die Symptome behandelt und nicht die Ursachen. Statt die Landwirtschaft in den Entwicklungsländern nachhaltig und ökologisch zu entwickeln, werden Essenspakete für die Hungernden geschickt. Das hält die Armen dann davon ab, sich selbst um den Anbau von Nahrungsmitteln zu bemühen. Die westlichen Länder plündern lieber die Rohstoffe in den armen Ländern und transferieren die Gewinne in ihr eigenes Land, als das Geld den armen Ländern für die Armutsbekämpfung zu belassen.

Wir brauchen eine weltweite Initiative zur Überwindung des Hungers. Wir brauchen ein großes Bündnis aus Entwicklungshilfeorganisationen, sozialen Parteien, Gewerkschaften, Christen und Einzelpersonen. Es gibt gute Beispiele wie Rockkonzerte gegen den Hunger, Internetaufrufe, Spendenaktionen, das Weltsozialforum und Massendemonstrationen (Antiglobalisierungskampagne, Attac). Ich rufe insbesondere dazu auf, Entwicklungshilfeorganisationen wie Oxfam, Fian, Brot für die Welt, Global Marshal Plan Initiative, Unicef, Greenpeace, Attac u.s.w. zu unterstützen.

Protest gegen Kapitalismus: Aktivisten eröffnen Weltsozialforum

Das Weltsozialforum in Dakar

Weltsozialforum (Wikipedia/Zitate)

Das Weltsozialforum ist eine Gegenveranstaltung zu den Gipfeln der Welthandelsorganisation (WTO), dem Davoser Weltwirtschaftsforum und den jährlichen Weltwirtschaftsgipfeln der Regierungschefs der G8-Staaten. Die erste Veranstaltung fand 2001 in Porto Alegre statt und wurde zu einem Symbol für die Bewegung der Kritiker der Globalisierung. Die Treffen stehen unter dem Motto: „Eine andere Welt ist möglich."

Mit den weltweiten Treffen wird unter anderem beabsichtigt, Alternativen zum vorherrschenden Denkmodell des globalen Neoliberalismus aufzuzeigen. Das Vernetzen sozial engagierter

Personen und Organisationen soll zum Ausdruck bringen, dass eine Globalisierung auch ein verantwortungsbewusstes Denken und Handeln für das Wohl der ganzen Welt bedeuten kann.

Beim 3. Weltsozialforum 2003 stand thematisch der (Nils: völkerrechtswidrige) Irakkrieg der USA im Vordergrund. Das Forum wurde zum Ausgangspunkt für die größten Massendemonstrationen der Menschheitsgeschichte zugunsten des Friedens.

2009 fand das WSF in Belém (Brasilien) statt. Es gab eine große Debatte über den Klimawandel. Am Forum nahmen über 130.000 Besucher aus 142 Ländern teil, darunter Delegierte von rund 4.000 sozialen Bewegungen, indigenen Völkern, Gewerkschaften, Kirchen und nichtstaatlichen Organisationen. Inhaltliche Schwerpunkte waren Ökologie, Arbeitswelt, indigene Völker sowie die globale Finanz- und Wirtschaftskrise.

Eine neue ökosoziale Marktwirtschaft

Andreas: Nachdem ich mal eben deine Webseite gescheckt habe, musste ich mit einem gewissen Befremden feststellen, dass deiner Erleuchtung noch eine ganze Ecke Realität fehlt. Die weltliche Existenz des Individuums Mensch basiert auf einer guten Volkswirtschaft. In diesem Zusammenhang sei dir dringend die Bekanntschaft eines gewissen Silvio Gesell empfohlen. Silvio Gesell ist Begründer der Freiwirtschaftslehre und beschreibt mit seiner „natürlichen Wirtschaftsordnung" die Bedingungen für den Schlüssel zum Glück.

Nils: Lieber Andreas! Schön, dass du dir meine Webseite angesehen hast. Wenn du mir mangelnden Realitätssinn unterstellst, hast du meine Texte aber nicht gründlich genug gelesen. Ich bin sehr realistisch. Mir ist vollständig bewusst, dass eine funktionierende Weltwirtschaft wichtig für das

Wohlergehen der Menschheit ist. Dazu habe ich einige Vorschläge unterbreitet.

Über Silvio Gesell habe ich mich im Internet informiert. Es gibt viele Modelle für eine bessere Wirtschaftsordung. Wir werden sehen, welches praktikabel ist und sich durchsetzt. Im Moment halte ich die ökosoziale Marktwirtschaft für den besten Weg. Wir brauchen mehr planerische Elemente in der Weltwirtschaft und eine stärkere Betonung der sozialen Gerechtigkeit. Der Raubbau an der Umwelt muss beendet werden. Das kann nur durch weltweite Umweltschutzgesetze geschehen.

Andreas: Eine ökosoziale Marktwirtschaft ist ein komplexes Gebilde. Ihre inneren Gesetze (Profitgesetz, Zinsen) erzwingen ein permanentes Wachstum. Sie bringen die Marktteilnehmer dazu den Konsum künstlich anzuheizen und sich ökologisch falsch zu verhalten. Mein Ziel ist es den Kapitalismus aus der Marktwirtschaft zu entfernen. Die Freiwirtschaft von Sivio Gesell ist ein Mittelweg zwischen Kapitalismus und Kommunismus. Das Grundeigentum wird vergesellschaftet. Ausbeuterische Zinsen werden verhindert.

Nils: Lieber Andreas, vielen Dank für deine Anregungen. Ich glaube nicht an einfache Lösungen. Ich bin ein Realist. Die Marktwirtschaft scheint sich bewährt zu haben. Es kommt darauf an, wie wir sie konkret ausgestalten. Ich halte eine Kontrolle des Marktes durch demokratische Gremien für einen guten Weg. Wir brauchen eine gesamtwirtschaftliche Rahmenplanung und gesetzliche Schutzmaßnahmen zugunsten der Schwachen und der Umwelt. Welche wirtschaftspolitischen Instrumente am besten funktionieren und politisch durchsetzbar sind, wird die Zukunft entscheiden.

In einer glücksorientierten Wirtschaftsordnung ist die innere Motivation der Menschen entscheidend. Ein Glücksmensch sollte in sich ruhen und im Schwerpunkt für das Glück seiner

Mitmenschen arbeiten. Er sollte mehr an andere als an sich denken. Er sollte eher aus dem Geben als aus dem Nehmen heraus leben.

Aufrüttelnde Worte von Jean Ziegler

Jean Ziegler - "Die Welt ist absurd" (ARD)

KenFM im Gespräch mit: Jean Ziegler

Der bekannte Schweizer Globalisierungskritiker Jean Ziegler kämpft wehement gegen die kapitalistische Globalisierung. Bis zu seiner Emeritierung im Mai 2002 war er Professor für Soziologie an der Universität Genf . Von 2000 bis 2008 arbeitete er als UN-Sonderberichterstatter für das Recht auf Nahrung.

Zitate TAZ 2010: "Ich gebe Ihnen ein Beispiel aus Guatemala. Dort besitzen die reichen Großgrundbesitzer und die westlichen Fruchtkonzerne das Land in den fruchtbaren Ebenen. Die Nachkommen der vertriebenen Maya dagegen - 80 Prozent der Bevölkerung - bearbeiten karge Maisäcker in 2.500 Meter Höhe. Die Bauern sind halb verhungert. Die Frauen auf den Feldern sehen mit 30 aus wie 80.

Die gerechte Verteilung des Landes, Schulbildung für alle Kinder, das wird alles nicht kommen, weil die multinationalen Unternehmen es blockieren. Die haben die wichtigsten UNO-Staaten in der Hand. Die haben auch die Regierung von Guatemala in der Hand. Eine Landreform dort wird es nicht geben.

Die weißen Kolonialherren, die Lateinamerika 500 Jahre ausgebeutet haben, verzichten nicht einfach auf ihr Machtmonopol. Es geht um die ökonomischen Interessen der Minenkonzerne, deren Macht der bolivianische Präsident Morales beschnitten hat. Evo Morales ist sehr intelligent, er hat gute Berater. In Bolivien gibt es berechtigte Hoffnungen auf eine wirkliche Dekolonisierung, durch die eine multiethnische Nation entsteht.
Eine Milliarde Menschen lebt noch immer in absoluter Armut. Die 500 größten transnationalen Privatgesellschaften kontrollieren über 52 Prozent des Weltsozialprodukts. Die Konzerne funktionieren nach dem reinen Prinzip der Profitmaximierung. Für die Opfer der Weltdiktatur des Finanzkapitals ist die Globalisierung täglicher Terror. Alle fünf Sekunden verhungert ein Kind unter zehn Jahren. Die Zahl der Hungernden und Armen steigt wieder. Das nenne ich Vernichtung der Menschen durch Hunger. Für diese Globalisierung gibt es keine Entschuldigung.

Jedes Kind, das an Hunger stirbt, könnte mein Kind sein oder Ihr Kind. Dabei sind alle diese schrecklichen Opfer unnötig.

Das ist es, was mich unendlich empört und erzürnt. Die Menschheit hat heute die Möglichkeit, ein materiell glückliches Leben für alle zu sichern. Der sagenhafte Reichtum, der unter dem Kapitalismus erwirtschaftet wurde, reichte dafür aus. Die Produktivkräfte sind enorm gestiegen. Deshalb gibt es für all das Leiden keine Entschuldigung, keine moralische Rechtfertigung. Die neoliberale Wahnidee muss verschwinden. Die Finanzdiktatur muss durch eine normative Weltgesellschaftsordnung ersetzt werden.

Es gibt immer Hoffnung. Gerade in unserer Zeit erleben wir, wie eine neue planetarische Zivilgesellschaft aufbegehrt. Beim Weltsozialforum im brasilianischen Belém 2009 waren über 8.000 soziale Gruppen und Bewegungen präsent. Es wächst heute die Erkenntnis, dass man die Unterdrückungsmechanismen mit demokratischen Mitteln brechen kann."

Arte - Vandana Shiva

Festival of Dangerous Ideas 2013: Vandana Shiva - Growth = Poverty

Einleitungsreferat Vandana Shiva beim Alternativgipfel zur Politik der G20 mit deutscher Übersetzung

A Billion Go Hungry Because of GMO Farming: Vandana Shiva

Vandana Shiva: Not Globalization, Localization

VANDANA SHIVA: Traditional Knowledge, Biodiversity

and Sustainable Living

Interview: "Eine andere Welt muss kommen", Vandana Shiva

Die Umweltschützerin Vandana Shiva

Vandana Shiva ist eine indische Umweltschützerin, Bürgerrechtlerin und Feministin. Sie wurde am Fuß des Himalaya geboren. Sie studierte in Kanada Physik und promovierte an der University of Western Ontario mit einer Arbeit zur Quantenphysik. Statt einer möglichen wissenschaftlichen Karriere in den USA entschied sie sich dafür, nach Indien zurückzugehen.

Shiva engagierte sich seit den 1970ern unter anderem in der ersten indischen Umweltbewegung, der Chipko-Bewegung. Dies ist eine Bewegung indischer Frauen zum Schutz der Wälder. Die Frauen umarmten Bäume und ketteten sich an diesen fest, um sie vor der Abholzung zu retten. Schließlich erreichten sie, dass die Regierung Kredite zur Verfügung stellte, um die örtlichen Gemeindewälder zu erhalten.

Als Globalisierungskritikerin engagiert sie sich vor allem gegen multinationale Unternehmen, die versuchen, zunehmenden Einfluss auf die indische Landwirtschaft zu nehmen. Sie sieht die Bauern in der Tradition Mahatma Gandhis. Sie kritisiert, dass die großen Handelsnationen ihr Patentdenken nun auch auf die sogenannte Dritte Welt übertragen wollen, auf Pflanzen, die es dort schon immer gab: „Heute müssen sie nicht mehr so tun, als wollten sie mit Gentechnologie das Hungerproblem der Welt lösen, heutzutage wollen sie die Weltmarktherrschaft."

Shiva ist Mitglied des Club of Rome und des Exekutivkomitees des Weltzukunftsrates. 1993 erhielt sie den Alternativen Nobelpreis (Right Livelihood Award), weil sie Frauen und Ökologie im Zentrum des modernen Diskurses um

Entwicklungspolitik platziert habe. Das Time-Magazine zeichnete sie als eine Heldin des neuen Zeitalters aus. 2009 erhielt sie den Save the World Award in Österreich.

Spiegel-Interview mit Vandana Shiva 2005 (Zitate)

Vandana Shiva: Nach Super-Models zu suchen, während das Klima und die Weltwirtschaft im Chaos versinken, ist so, als würde Nero fiedeln, während Rom brennt. Wenn wir unser Verhalten nicht ändern, wird unser Planet weiter zerstört. Der Drang in mir, biologische Vielfalt zu wahren, örtliche Landwirtschaft zu schützen und den ärmsten Menschen ihre Lebensgrundlagen zu sichern, wächst proportional mit der Zerstörungswut der globalen Wirtschaft.

Wir konzentrieren uns zu sehr auf die ökonomische Krise. Als würde die Welt ohne Banken und Autobauer zusammenbrechen. Dabei verkauft die Automobilindustrie zu viele Wagen, die keiner wirklich braucht, und die Banken spekulieren ständig mit überflüssigen neuen Papieren. Statt das zu korrigieren, wird alles getan, um rettend einzugreifen. Das ist so, als hätte ein Luftballon ein Loch, und man pustet trotzdem weiter Luft hinein. Aber ein kaputter Ballon ist kaputt.

Die Krise zeigt uns, das stetige Anhäufen von materiellen Dingen ist vorbei. Nun können wir uns darauf konzentrieren, ein wirklich glückliches Leben zu führen.

Gärtnern kann die Welt retten. Jeder sollte gärtnern. Für die Menschen, die keinen Platz haben, müssten die Gemeinden dafür öffentlichen Raum schaffen - statt neuer Parkplätze. Im Krieg wurden hier in Deutschland auch an den Rändern der Städte große Gärten angelegt, damit sich die Menschen ernähren konnten.

Was wir brauchen, ist eine bessere Verbindung eher weiblicher Kompetenzen wie zum Beispiel Fürsorglichkeit mit der Politik. Wir brauchen Frauen, die sich diese Qualität erhalten haben und dadurch Entscheidungen anders treffen. Wir brauchen Menschen an der Macht, die sich um die Umwelt, die Menschen und die Gesellschaft kümmern.

SPIEGEL ONLINE: Ihr Kampf für eine andere Gesellschaftsordnung scheint aussichtslos - was treibt Sie trotzdem immer weiter an?

Shiva: Mein Herz treibt mich, mein Bewusstsein, mein Geist. Ich handel, weil es einfach zwingend notwendig ist. Und dann fließt automatisch die ganze Energie des Universums in mich hinein. Samen wachsen zu sehen, das ist befriedigend.

SPIEGEL ONLINE: Gibt es etwas, worauf Sie verzichten müssen, um sich mit diesem Einsatz für Ihre Vision zu engagieren?

Shiva: Ich bin von Beruf Physikerin und musste diese Leidenschaft opfern, um mein jetziges Leben zu führen. Auch ich muss Grenzen akzeptieren - der Tag hat nur 24 Stunden und mein Körper hat ein Limit. An manchen Tagen vermisse ich die Physik, das intellektuelle Spiel. Aber es wäre schrecklich egoistisch, mich in meinen Lieblingsgedankenspielen zu verlieren, während die Welt untergeht.

Vandana Shivas Rede auf dem G8-Alternativgipfel 2007

Kurz bevor ich hierher kam, reiste ich durch Teile Indiens. Wir hatten reiche Böden, als die Baumwoll-Kultivierung begann. Heute begehen die Bauern zu Tausenden Selbstmord. Ich war dort, um kostenlos ökologisches Saatgut zu vertreiben, denn als ich letztes Jahr in die Gegend reiste, wurde klar, dass einer der Gründe für die Verzweiflung der Bauern ist, dass die multinationalen Agrarkonzerne dafür gesorgt haben, dass sie jedes Jahr wieder Saatgut zu hohen Kosten kaufen müssen. (Nils: Ökologisches Saatgut kann jeder Bauer selbst produzieren. Er bewahrt einfach etwas Saatgut von dem Ernteertrag auf.)

Allein durch ein Saatgutmonopol erwarten die Unternehmen Profite von einer Billion Dollar im Jahr, wenn jeder Bauer dazu gezwungen werden könnte, immer wieder neu Saatgut zu kaufen. Das Saatgutmonopol der großen Agrarkonzerne tötet die westafrikanischen Bauern, es tötet die indischen Bauern. Das ist die Art von Druck, durch den eine große Zahl von Menschen getötet wird: um den globalen Supermarkt am Laufen zu halten. Patente auf Saatgut und Patente auf Lebensformen wurden eingeführt durch das WTO-Abkommen auf geistiges Eigentum. Es tötet unsere Bauern, es verwehrt Millionen den Zugang zu preisgünstiger Medizin.

Die Bauern in Indien konnten vor zehn Jahren noch für ihren Lebensunterhalt aufkommen, ihre Kinder ins College schicken. Meine Mutter war eine Bäuerin und schickte mich auf die besten Schulen und Colleges in England. Heute kann ein Farmer nicht überleben. Nicht in Europa, nicht in Amerika, nicht in Mexico, und dieses System, das Tausenden keine Möglichkeit zum Überleben lässt, ist das System, gegen das wir sind. Das Herz dieses Systems ist die Privatisierung, Ausbeutung und Zerstörung der Ressourcen dieses Planeten, auf die jeder ein Anrecht hat.

Wir haben einen sehr alten Text der Isopanishad, und darin steht: „Ein selbstsüchtiger Mann, der die Ressourcen der Natur zur Befriedigung seiner stets wachsenden Bedürfnisse überbeansprucht, ist nichts als ein Dieb." Die Regeln der WTO, die Regeln der Weltbank, sind Regeln des Diebstahls, und es ist dieser Diebstahl, den wir stoppen müssen.

Die multinationalen Agrarkonzerne stehlen die Gene für

Dürreresistenz und Salzverträglichkeit, die unser Saatgut hat, damit sie sie patentieren können für die Folgen des Klimawandels. Denn Klimawandel bedeutet mehr Dürren, mehr Überschwemmungen. Wir brauchen diese Artenvielfalt, um mit dem Klimawandel zurecht zu kommen. Die multinationalen Agrarkonzerne hätten gerne das Monopol über diese Vielfalt, um Geld zu verdienen, während Menschen durch den Klimawandel sterben.

Das Gleiche mit Wasser: Die größten Wasserunternehmen der Welt möchten das Wasser der Welt privatisieren. Zwischen 2002 und 2005 haben wir eine Wasser-Demokratie-Bewegung aufgebaut. Unser Wasser ist nicht zu verkaufen, es ist keine Ware. Das weltbankgesteuerte Projekt zur Wasserprivatisierung wurde abgelehnt durch die Mobilisierung der Bürger.

Unser Saatgut, unser Wasser, unsere Luft sind Gemeingüter. Gemeingüter, die wir schützen müssen. Sie werden in das Eigentum der Konzerne gedrängt, was bedeutet, dass das Wasser, das wir trinken, die Saat, die wir säen, die Nahrung, die wir essen bei jedem Schritt Profite generiert für eine Hand voll Konzerne. Die Gemeingüter müssen zurückgefordert werden. Ich glaube, das ist der wichtigste ökonomische Kampf, das ist die wichtigste Nachhaltigkeitsfrage. Und um das zu können, müssen wir die ökonomischen Regeln verändern, die die Mächtigen machen.

Gandhi hat uns eine enorme Inspiration hinterlassen. Die Briten wollten das Salz monopolisieren. Er ging zum Strand, hob das Salz auf und sagte: "Die Natur gibt es umsonst, wir brauchen es für unser Überleben, wir werden damit fortfahren, unser Salz herzustellen." Er bezwang die Salzgesetze. Das war der erste Satyagraha, wie sie es nannten, der Kampf für Wahrheit. Heute ist der Satyagraha zum Kampf für die Zukunft des menschlichen Lebens auf der Erde geworden.

Seit den frühen 90ern, als die multinationalen Konzerne

dachten, sie hätten das Recht, das Leben auf diesem Planeten zu ihrem Eigentum zu erklären, und die G8-Institutionen für sie gemacht wurden, haben wir die Verpflichtung zu sagen: Wir werden niemals diese perversen Gesetze befolgen. Denn wir werden nicht erlauben, dass das Aufbewahren von Saatgut und das Teilen von Samen zum Verbrechen erklärt wird, das ist unsere Pflicht.

Die Konzerne und die G8 haben eine Wirtschaft der Einseitigkeit geschaffen, damit sie wachsen können. Was wir brauchen ist eine Ökonomie der Fülle, damit das Leben wachsen kann. Das kapitalistische Patriarchat hält sich für intelligent, während es die dümmste Ökonomie geschaffen hat, zu der der menschliche Verstand in der Lage ist.

Wenn Gesetze gemacht werden, um den Menschen die Freiheit zu nehmen, ist der einzige Weg, um frei zu bleiben, diese Gesetze zu brechen. Martin Luther King musste es tun, Gandhi musste es tun, wir müssen es tun. Und je gewaltfreier wir es tun, je solidarischer wir es tun, je mehr Mitgefühl wir dabei zeigen, desto stärker werden wir sein, um diese Ökonomie des Diebstahls und der Vernichtung umzustürzen und stattdessen Ökonomien und Demokratien zu errichten, die allen Land garantieren. Samen um Samen, Hof um Hof, werden wir eine ökologische Landwirtschaft wieder aufbauen, die alle Menschen ernährt.

Tara Stella Deetjen hilft Menschen in den Slums

<u>**Back to life - Die Anfänge**</u>

<u>**Planet Wissen - Die Vergessenen von Nepal**</u>

Wikipedia: Tara Stella Deetjen (* 1970 in Frankfurt am Main) ist eine deutsche Entwicklungshelferin. Nach einer Schauspielausbildung machte sie eine mehrmonatige Backpacker-Tour durch Indien Anfang der 1990er Jahre. In der Stadt Benares wurde sie mit Leprakranken konfrontiert und beschloss dort zu bleiben und zu helfen. Sie errichtete im Laufe der Zeit eine Straßenklinik, drei Kinderheime, ein Day-Care-Center sowie 13 non-formale Schulen in den Slums von Benares – zuerst zusammen mit freiwilligen Helfern, später mit Hilfe lokaler indischer Partner-Organisationen.

1996 wurde der gemeinnützige Verein Back to Life gegründet. Als weitere Aktivitäten wurden im nepalesischen Distrikt Mugu mittlerweile vier Geburtshäuser gebaut sowie mehrere Schulen. Auch im nepalesischen Distrikt Chitwan fördert Back to Life mehrere Schulen. In beiden Gebieten gibt es zudem soziale, landwirtschaftliche und medizinische Hilfsprojekte. Nach eigenen Angaben des Vereins erreichen die Programme mittlerweile bis zu 45.000 Menschen in Nepal und Indien, davon ca. 7.700 Schüler. Das nachhaltige Konzept benennt Back to Life immer mit "Hilfe zur Selbsthilfe". 2016 hat Stella Deetjen über ihre Zeit in Indien und die Entstehungsgeschichte von Back to Life ein Buch mit dem Titel „Unberührbar – Mein Leben unter den Bettlern in Benares" veröffentlicht.

Stella Deetjen nutzt die mediale Öffentlichkeit, um auf ihre spendenbedürftigen Projekte aufmerksam zu machen. Hierfür hatte sie Auftritte in Talkshows (u.a. Beckmann, Tietjen und Hirschhausen, Markus Lanz, NDR-Talkshow, Planet Wissen, Kölner Treff, Menschen hautnah, DAS!), im Radio (bspw. bei hr3 - Bärbel Schäfer Live, WDR 5 - Neugier genügt), wie auch auf dem Wiener Opernball 2007. Ihr Aussehen ist auffällig, sie trägt blonde Dreadlocks und kleidet sich oft in indische Saris. Außerdem hält Stella Deetjen regelmäßig Vorträge über die Projektarbeit des Vereins Back to Life bei Rotary- und Lionsclubs, Stiftungen, Schulen oder bei sonstigen Veranstaltungen.

Auf einer Lesung

Nils: Ich war am Freitag auf der Lesung von Tara Stella Deetjen. Ich war beeindruckt, was diese Frau in Indien und Nepal leistet. Sie betreut alleine 45 000 Arme, sammelt Spenden in Deutschland, kauft mit dem Geld Tabletten und heilt damit die Leprakranken. Sie errichtet Schulen für die Bettlerkinder, damit diese eine Zukunft haben. Sie baut

Geburtshäuser in Nepal und organisiert dafür Hebammen, damit die Frauen nicht mehr so oft bei der Geburt sterben.

Sie gibt ihr Leben für das Glück ihrer Mitmenschen. Welcher Mensch in Deutschland würde das sonst tun? Fast alle leben für ihr Ego und ihren persönlichen Lebensgenuss. Von der Philosophie des Egoismus läßt sich ein altruistisches Leben nicht begründen. Aber aus spiritueller Perspektive ist ihr Leben eine Erfolgsgeschichte. Wer anderen Gutes tut, lebt in der umfassenden Liebe und entwickelt sein inneres Glück. Er erhält ein erfülltes und beglückendes Leben. Er kann auf diesem Weg sogar zur Erleuchtung gelangen, weil er durch die umfassende Liebe sein Ego überwindet. Jedenfalls erhält Stella so ein gutes Karma. Sie wird nach ihrem Tod ins Paradies aufsteigen oder im nächsten Leben viel Glück erfahren.

FAZ: Stern in Benares

"Stella Deetjen findet wenig Schlaf, wenn sie in Deutschland ist. Spenden sammeln fordert Kraft, aber sie drängt unbeirrbar voran. Der Stern in Benares darf nicht verlöschen. Seit ein paar Tagen steht die WebSite des Projekts im Netz: www.back-to-life.com. Vor ein paar Wochen hat sie über ihre Mitstreiter von einem alten indischen Herrn, der seinen Lebensabend in Kalkutta verbringen will, für 100000 Euro ein Stück Land in Benares gekauft; bezahlt sind 20.000 Euro, 80.000 brauchen sie noch. Auf dem Grundstück steht ein großes dreistöckiges Gutshaus mit Säulen und einem Mangobaum davor. In den drei Nebengebäuden würde sie die geheilten Leprapatienten unterbringen, die im Kinderheim arbeiten. Im Gutshaus sollen ihre fünfzig Kinder heranwachsen und noch einmal 25 andere, für die Deetjen noch Paten sucht. "Wenn ich aus Deutschland nach Hause komme, führen mich die Kinder in einen ihrer Wohnräume", erzählt sie, und ihr Blick geht für Sekunden nach innen in die Ferne. "Ich muß mich auf ein Bett setzen. Sie stellen einen Ventilator an und lassen Blütenblätter auf mich regnen. Dann weiß ich: Ich hab' gefunden, wonach ich immer gesucht habe."

Deutschland und die Welt

US-Studie: Deutschland ist das beste Land der Welt!

Zum Glück Deutschland (Doku 2015)

Leben in Deutschland - aus der Sicht von Flüchtlingen (Film-Projekt 2015)

Arte - Was Tun - 2/5 - Verantwortung uebernehmen - Jakob von Uexkuell

Wir haben nicht nur eine Klimakatastrophe, sondern auch eine wachsende soziale Katastrophe auf der Erde. Die Unterschiede zwischen Arm und Reich vergrößern sich immer mehr. Immer mehr Menschen rutschen in die Langzeitarbeitslosigkeit, in

Alkoholismus, Drogensucht, Krankheit und Kriminaliät ab. Wir leben in einer Kultur der globalen Zerstörung, durch die langfristig immer mehr Menschen aus der Gesellschaft gedrängt und in Slums oder Gefängnissen gettoisiert werden.

Beim Freihandel ist es das Problem, dass er normalerweise nur den Reichen und den Kapitalisten nützt. Es müsste Schutzgesetze für die Armen geben. Das wäre das Prinzip der sozialen Marktwirtschaft. Das ist weltweit sehr schwer durchzusetzen. So fischen die großen Fabrikschiffe den armen Fischern in den Entwicklungsländern die Fische weg und die Fischer verhungern. Genauso ist es bei den Bauern. Die Großbauern können mit ihren Maschinen und Chemikalien viel billiger produzieren als die armen Bauern. Die Kleinbauern können dann ihre teuren Waren nicht verkaufen.

Es wird weltweit in Afrika und Indien ein großes Bauernsterben geben, wenn sich dort die industrialisierte Landwirtschaft durchsetzt. Das beginnt jetzt schon und ist sehr dramatisch. In Indien haben 300 000 Kleinbauern Selbstmord gemacht, weil sie nicht mit ansehen konnten wie ihre Familien verhungern. Bald werden Millionen Bauern und ihre Familien verhungern oder in die Großsstadtslums abwandern.

Das Ende der Entwicklung wird sein, dass es einige festungsähnliche Reichensiedlungen und ansonsten eine weltweite Slumkultur gibt. Slumkultur bedeutet psychische Verelendung, ausufernde Kriminalität, keine ausreichende Gesundheitsvorsorge und unkontrollierbare Suchtprobleme (Alkohol, Drogen, Tabletten). Viele Staaten zerfallen oder werden von Verbrecherorganisationen kontroliert. Das beginnt derzeit schon.

Deutschland ist nicht unabhängig von der Entwicklung zur Selbstzerstörung der Menschheit. Wir sind ein Teil und ein Motor des Systems. Das westliche Konsumfernsehen zerstört weltweit das innere Glück und die Beziehungsfähigkeit der

Menschen. Der westliche Kapitalismus verschärft weltweit die Verelendung und Umweltzerstörung, weil er den äußeren Reichtum einer Minderheit und nicht das Glück aller Menschen im Blickwinkel hat.

Im Moment profitieren viele Menschen in Deutschland von der Ausbeutung der Welt, weil wir Exportweltmeister sind. Aber langfristig wird die soziale Verelendung auch bei uns zunehmen, weil die Löhne in Deutschland sich immer mehr an die Entwicklungsländer anpassen werden. Gleichzeitig werden immer mehr Unternehmen ihre Betriebe ins Ausland verlagern, weil sie dort mehr verdienen können. Das führt dazu, dass der Leistungsdruck in den Betrieben zunehmen und sich die Arbeitslosigkeit verstärken wird.

Auch in Deutschland wird die Gesellschaft immer mehr zerfallen. Bereits jetzt können wir beobachten, dass sich die Schere zwischen Armen und Reichen immer weiter öffnet. Durch Steuerentlastungen und andere Geschenke versucht der Staat die großen Unternehmen im Land zu halten. Die Unternehmen wiederrum können die einzelnen Länder der Welt gegeneinander ausspielen und dadurch eine große Reichtumsverschiebung zu ihren Gunsten bewirken.

In einer globalisierten Welt besteht die einzige Lösung darin, dass wir weltweit eine Kultur der Liebe, der Weisheit und des Glücks aufbauen. Die globalen Unternehmen müssen global kontrolliert werden. Die Armen müssen global beschützt werden. Die Menschheit ist eine Familie. In einer guten Familie tragen alle Familienmitglieder zum Gelingen der Gesamtfamilie bei. Mögen wir das begreifen, unsere persönliche Aufgabe erkennen und rechtzeitig tatkräftig handeln.

Wie können wir gegensteuern? Wir können fair gehandelte Produkte kaufen, durch die die Menschen in der Dritten Welt einen fairen Preis für ihre Arbeit erhalten und vor

Gesundheitszerstörung geschützt werden. Wir können auf umweltschonende Anbaumethoden achten und keine Produkte aus Kinderarbeit kaufen. Auch als Käufer haben wir eine gewisse Macht, die wir nutzen sollten.

Wir können Parteien wählen, die eine echte Entwicklungshilfe betreiben und nicht nur mit dem Geld der Steuerzahler die Absatzbedingungen unserer Unternehmen in den Entwicklungsländern verbessern wollen. Wir können darauf achten, dass sich die Parteien ökologisch, sozial und demokratisch verhalten. Wir können im Internet für Weisheit, eine offene Spiritualität und eine glückliche Welt eintreten.

Persönlich sollte jeder sein eigenes inneres Glück entwickeln. Nur glückliche Menschen können eine glückliche Welt aufbauen. Spirituelle Übungen (Yoga, Gehen, Meditation, Lesen, positives Denken) gehören in den Tagesablauf jedes Glücksmenschen. Ansonsten sollte jeder seine persönlichen Fähigkeiten und Möglichkeiten betrachten. Dann wird er wissen, was er tun kann und was er zu tun hat. Er wird wissen, was seine Aufgabe und sein Ort des Wirkens für eine bessere Welt ist.

„terre des hommes" kritisiert deutsche Entwicklungspolitik

http://www.tagesschau.de/inland/niebel-bilanz100.html

Danuta Sacher ist Vorstandsvorsitzende des internationalen Kinderhilfswerks „terre des hommes". Davor leitete sie die entwicklungspolitische Abteilung von „Brot für die Welt". Sacher hat u.a. Geographie und Soziologie studiert. Sie gehört der Kammer für Nachhaltige Entwicklung der EKD an.

tagesschau.de: Wo sehen Sie den Schwerpunkt der Niebel'schen Politik?

Sacher: Deutsche Entwicklungszusammenarbeit ist stärker interessensgeleitet als früher. So formuliert es auch die Bundesregierung: Entwicklungszusammenarbeit ist interessensgeleitete Zukunftspolitik. Wir finden die deutlich erkennbare Orientierung an Außenwirtschaftsinteressen bedauerlich. Wir halten es nicht für richtig, dass die vergleichsweise bescheidenen Mittel für die Entwicklungszusammenarbeit vor allem der Außenwirtschaftsförderung dienen sollen.

tagesschau.de: Was vermissen Sie grundsätzlich in der deutschen Entwicklungspolitik?

Sacher: Es fehlt die stärkere Ausrichtung an den wirklich brennenden Zukunftsfragen. Seit Jahren erleben wir eine Bündelung und Zuspitzung globaler Krisen und Herausforderungen. Aber die Entwicklungszusammenarbeit operiert immer noch mit den Instrumenten von gestern. Steueroasen austrocknen oder den Finanzsektor bändigen, das könnte unglaubliche Auswirkungen auf die Entwicklungschancen und auf die Politik zugunsten der armen Bevölkerung in vielen Ländern haben. Der Betrag, der an den Steuersystemen vorbei offshore angelegt wurde, ist um ein Vielfaches größer als der weltweit benötigte Betrag, um die Armut zu halbieren. Gleiches gilt für die Bekämpfung der Lebensmittelspekulation. Das sind unverzichtbare Beiträge für die Entwicklungszusammenarbeit von morgen. Da vermissen wir deutliche Worte unseres Entwicklungsministers.

tagesschau.de: Als Säulen der Entwicklungspolitik gelten die Bekämpfung von Armut, die Förderung von Rechtsstaatlichkeit und der Schutz der Menschenrechte. Sind das noch die bestimmenden Prinzipien oder fand eine Akzentverschiebung statt?

Sacher: Diese Herausforderung beschreiben auch die Konzepte des Ministeriums. Aber es fehlt die Übereinstimmung von Wort und Tat. Womöglich tun sich Widersprüche auf, zum Beispiel zwischen Außenwirtschaftsorientierung und Armutsbekämpfung. Wirtschaftsunternehmen investieren in der Regel ja nicht in den armutsrelevanten Sektoren. Mit Grundbildung und Basis-Gesundheitsversorgung lässt sich kaum Gewinn machen. Besonders problematisch ist es, wenn das BMZ Entwicklungshilfegelder in Gemeinschaftsprojekte mit Banken und Investmentfonds steckt.

Was ist Kapitalismus

Kommunismus & Sozialismus erklärt

Gregor Gysi erklärt Unterschied zwischen Demokratischem Sozialismus und Kommunismus

Zerstört sich der Kapitalismus selbst? - Doku Arte

https://www.linksjugend-solid.de/positionen/kapitalismus/was-ist-kapitalismus/

Kapitalismus ist ein Wirtschaftssystem, in dem der größte Teil des Wirtschaftens und Arbeitens auf Profit ausgerichtet ist. Es wird nicht direkt für menschliche Bedürfnisse produziert, sondern nur für einen zahlungsfähigen Bedarf (Ein Brot wird nicht gebacken, weil es Hunger gibt, sondern um es zu verkaufen.) Da im Kapitalismus die Produktionsmittel (wie Fabriken, Grundstücke oder der Zugang zu Rohstoffen) in Privatbesitz sind, darf ein Großteil der Bevölkerung nicht mitentscheiden was und wie produziert wird. Da diese Menschen im Normalfall nichts weiter besitzen, sind sie gezwungen ihre Arbeitskraft zu verkaufen, um leben zu können. Sie sind lohnabhängig – und als solche dem Arbeitsmarkt komplett ausgeliefert.

Alle Menschen stehen im Kapitalismus in Konkurrenz zueinander – um Jobs, Geld, Schulnoten etc. Beschönigend wird dies Wettbewerb genannt, obwohl es um nicht weniger als das eigene Leben geht. Unternehmen stehen in einer ständigen und unmittelbaren Konkurrenz zueinander. Aus diesem Grund müssen sie, um nicht pleite zu gehen, mehr Profit als die Konkurrenten erwirtschaften. Tun sie dies nicht, kann der Konkurrent sie mit Hilfe des zusätzlichen Gewinns bald vom Markt drängen. Deshalb werden – immer wenn möglich – Löhne gekürzt, Pausen gestrichen, Leute entlassen oder

Produktionsstätten verlagert. Auch vor Umweltzerstörung wird nicht zurückgeschreckt, wenn es Kosten spart. Da nur für jene produziert wird, die sich die Dinge auch leisten können, nützen moralische Apelle an die Wirtschaft rein gar nichts (z.b. Medikamente billiger oder kostenlos für Entwicklungsländer zur verfügung zu stellen). Die Konkurrenz würde jedes moralisch handelnde Unternehmen vom Platz fegen.

Die Gesetze der Konkurrenz und der Profitmaximierung müssen befolgt werden, damit das Unternehmen nicht pleite geht. Deswegen basiert die Zerstörung von Mensch und Natur nicht auf besonders unmenschlichen Entscheidungen, sondern sie enspringt den ureigensten Gesetzen des Kapitalismus. Diese ständige Jagd nach Profiten entwickelt enorme, zerstörerische Kräfte – und unterwirft die Menschen einer Ellenbogengesellschaft, in der Leistung und Konsum den Alltag bestimmen. Als Folge davon dominieren oft Egoismus und soziale Kälte unsere Gesellschaft.

Wie könnte eine andere Gesellschaft aussehen?

In vielen Belangen richtet sich der Kapitalismus gegen die Interessen der Menschheit. Er ist unsozial, unökologisch und ineffizient. Er basiert auf Zwangsgesetzen, die der Markt den Menschen diktiert. Das Ziel kann also nur die Vergesellschaftung der Produktionsmittel sein (nicht nur die Verstaatlichung), damit alle Menschen bestimmen können, was und wie produziert werden soll. Nicht nur das können sie dann selbstständig und basisdemokratisch festlegen, sondern auch die notwendige Arbeitszeit sinnvoll auf alle verteilen, da das Konkurrenzprinzip wegfiele. Somit würde der technische Fortschritt nicht mehr – wie im Kapitalismus – zu Entlassungen, sondern zu Entlastungen führen und die Arbeitszeit könnte für alle gesenkt werden.

Die Bedeutung der Arbeit wäre dann auf das reduziert, was sie ist. Nämlich das notwendige Übel, Dinge herzustellen und zu tun, die uns die Natur nicht bietet, wir aber für ein gutes Leben brauchen. Statt Panzer zu bauen oder Call-Center-Anrufen könnten wir unsere Zeit dann sinnvoll nutzen, unabhängig von materieller Not. Die Überwindung des Kapitalismus hin zu einer kooperativen Wirtschaft, die versucht Bedürfnisse zu befriedigen und durch alle Menschen geplant und reguliert wird, wäre ein Befreiungsschlag, der es Gesellschaften endlich erlauben würde frei zu denken und zu handeln. Niemand müsste hungern, an heilbaren Krankheiten sterben oder den ganzen Tag arbeiten. Technisch ist schon vieles möglich – wir müssen dafür kämpfen dass es auch Wirklichkeit wird!

Nils: Das Kernproblem ist der menschliche Egoismus. Deshalb scheitert sowohl der Kapitalismus als auch der Kommunismus. Ein ungezügelter Raubtierkapitalismus führt zur Zerstörung von Mensch und Natur. Weltweit beuten einige wenige Superreiche ihre Mitmenschen aus. Der Kommunismus führt zur Diktatur einer kleinen Parteielite, die ebenfalls die Mitmenschen unterdrückt. In der Praxis haben sich wirtschaftliche Mischsysteme aus gesamtgesellschaftlicher Planung und Marktwirtschaft am besten bewährt, verbunden mit einer parlamentarischen Demokratie. Aber auch dort herrscht der Egoismus und der Materialismus. Letztlich hilft nur die klare Verankerung in der Erleuchtung und die Orientierung an positiven Werten wie Frieden, Liebe, Wahrheit und Glück.

Wir müssen als Philosoph leben. Wir müssen immer wieder genau hinspüren, was unser persönlicher Weg des Glücks ist. Wir müssen uns jeden Tag immer wieder neu besinnen, unseren Weg der Weisheit finden und sehen, wie wir die Welt positiv verändern können. Es gibt viele Dinge, die wir auch in Deutschland tun können. Wir können jeden Tag Yoga und Meditation praktizieren. Wir können in den Schulen das Fach Glück einführen. Wir können in den Universitäten das Studienfach Erleuchtung einrichten. In Indien gibt es schon Erleuchtungsuniversitäten. Im Westen müssen wir die dogmatische Erstarrung der Psychologie, der Philosophie und der Theologie auflösen und zu einem offenen Weg der Sinnfindung kommen. Es gibt viele erleuchtete Meister auf der Welt. Warum sollen sie nicht auch an den deutschen Universitäten lehren?

Wir können in die Volkswirtschaft die Erkenntnisse der Glücksforschung einbringen. Wir können in der Politik die Streitkultur zu einer Weisheitskultur verändern, in der das Miteinander und nicht das Gegeneinander herrscht. Wir können die Inhalte des Fernsehens von der Gewalt zur Liebe und Weisheit verändern. Es ist sogar möglich, dass weise und erleuchtete Menschen im Fernsehen gezeigt werden. Wir müssen nicht kollektiv in der Lüge leben. Es gibt die Wahrheit. Und sie ist für jeden Menschen mit gutem Willen leicht zu finden. Jeder kann für sich den Weg der Weisheit und Liebe gehen. Wenn wir unsere Welt postiiv verändern wollen, können wir das aber nur zusammen tun. Alle Menschen guten Willens sollten zusammenarbeiten. Dann können wir Berge versetzen.

https://de.wikipedia.org/wiki/Kommunismus

Kommunismus (lateinisch communis ‚gemeinsam') ist ein um 1840 in Frankreich entstandener politisch-ideologischer Begriff in mehreren Bedeutungen: Er bezeichnet erstens gesellschaftstheoretische Utopien, beruhend auf Ideen sozialer Gleichheit und Freiheit aller Gesellschaftsmitglieder, auf der Basis von Gemeineigentum und kollektiver Problemlösung.

Zweitens steht der Begriff, im Wesentlichen gestützt auf die
Theorien von Karl Marx, Friedrich Engels und Wladimir
Iljitsch Lenin, für ökonomische und politische Lehren, mit dem
Ziel, eine herrschaftsfreie und klassenlose Gesellschaft zu
errichten.

Drittens werden damit Bewegungen und politische Parteien
(vgl. Kommunistische Partei) bezeichnet, die das Ziel
verfolgen, Gesellschaften zum Kommunismus zu überführen
bzw. solche Lehren praktisch umzusetzen.

Viertens bezeichnet er daraus hervorgegangene
Herrschaftssysteme. Das mächtigste dieser war die
Sowjetunion, die mit ihren Verbündeten, den sogenannten
Ostblockstaaten, zu Beginn des Kalten Krieges etwa ein
Fünftel der Erdoberfläche beherrschte. In einigen dieser
kommunistischen Parteidiktaturen (Realsozialismus) kam es zu
Massenverbrechen (etwa dem Großen Terror in der
stalinistischen Sowjetunion der 1930er Jahre oder in der
maoistischen Kulturrevolution in der Volksrepublik China in
den 1960er und 1970er Jahren). Die meisten realsozialistischen
Staaten brachen um das Jahr 1990 zusammen.

Um die Jahrhundertwende bezog sich die europäische
Sozialdemokratie theoretisch meist auf Marx und das
Kommunistische Manifest. Sozialistische Parteien teilten trotz
vorhandener interner Konflikte das Ziel einer kommunistischen
Gesellschaftsordnung, die sie begrifflich allenfalls graduell
vom Sozialismus unterschieden. Ende der 1890er-Jahre
verloren die Begriffe jedoch ihre Eindeutigkeit, da sich nun ein
Gegensatz zwischen den eher gewerkschaftlich orientierten
„Reformisten" und den revolutionären Marxisten entwickelte.
Sowohl 1899 in der deutschen wie 1903 in der russischen

Arbeiterbewegung gab es einen Machtkampf beider Richtungen.

In der SPD löste der Mitautor des Erfurter Programms von 1890, Eduard Bernstein, die Revisionismusdebatte aus. Er forderte Verzicht auf das Ziel der proletarischen Revolution, da der Kapitalismus sich flexibel zu modernisieren und der Arbeiterschaft auch auf parlamentarischem Weg Teilhabe am gesellschaftlichen Wohlstand zu erlauben schien. Obwohl die Parteimehrheit dies ablehnte, setzte sich der Reformismus bis zum Ersten Weltkrieg in der SPD durch.

Der Hauptgrund war die materielle und rechtliche Besserstellung der Arbeiter und die Verwischung der Klassengrenzen durch Bildung und die steigende Bedeutung der geistigen Arbeit. Im Zuge des erfolgreichen Kampfes um bessere Lebensbedingungen geriet das Ziel der Umwälzung der Produktionsverhältnisse aus dem Blick. Die politische Machteroberung schien vielen auf dem legalen Wege ebenfalls erreichbar. Das Heraufziehen des Ersten Weltkriegs verstärkte auch bei anderen sozialistischen Parteien nationalstaatliche Prioritäten und untergrub den proletarischen Internationalismus, den Marx postuliert hatte. Dies war eine wesentliche Voraussetzung für die Zustimmung der SPD-Reichstagsfraktion zu den Kriegskrediten. Daran zerbrach die Zweite Internationale. Darauf spalteten sich revolutionäre Gruppen von den meisten sozialistischen und sozialdemokratischen Parteien ab und gründeten neue, nun ausdrücklich kommunistische Parteien.

Die Volksrepublik China sah sich nach der Revolution 1949 unter Führung Maos als besonderer Teil des „Weltkommunismus" und pflegte die „Bruderfreundschaft" mit der Sowjetunion unter Stalin. Nach dessen Tod 1953 leitete sein Nachfolger Nikita Sergejewitsch Chruschtschow 1956 eine Entstalinisierung ein. Dann trennten sich die Wege: Mao kündigte der Sowjetunion die Gefolgschaft. Seitdem war das „kommunistische Lager" in zwei verfeindete Großstaaten mit ähnlicher Staatsideologie, aber konkurrierenden Führungsansprüchen gespalten. Die Sowjetunion vertrat nun die Linie einer friedlichen Koexistenz mit dem kapitalistischen Westen, während China auf der sozialistischen Weltrevolution bestand. Zu seinem Einflussbereich gehörten vor allem Nordkorea und Nordvietnam, zeitweise auch Kambodscha und Laos, während Indien und die Kaukasusregion sich eher an die Sowjetunion anlehnten. Das von Mao verfolgte Programm des Großen Sprung nach vorn, mit welchem China in wenigen Jahren zu einer industriellen Großmacht werden sollte, scheiterte und führte zu einer der größten Hungersnöte der Geschichte der Menschheit (20 bis 40 Millionen Tote).

In vielen Staaten Asiens, Afrikas und Lateinamerikas führten die „Blockmächte" USA, UdSSR und VR China Stellvertreterkriege miteinander. Der Koreakrieg (1950–1953) z. B. war eigentlich ein chinesisch-amerikanischer Konflikt, in dem die USA erstmals nach 1945 wieder den Einsatz von Atomwaffen erwogen. In der Mongolei wiederum stritten die Sowjetunion und China mit Drohgebärden und militärischen Scharmützeln um Grenzverläufe. Sie unterstützten auch in der „Dritten Welt" verschiedene revolutionäre Gruppen und Ziele. Die Roten Khmer in Kambodscha etwa beriefen sich zeitweise auf den „Maoismus". Ihrer kurzen Herrschaft (1975–1979) fielen bis zu zwei Millionen Menschen zum Opfer. Auch in Europa fand der Maoismus Beachtung, so orientierte sich Albanien unter Enver Hoxha zwischen 1968 und 1978 an dessen Politik.

Unter der Kommunistischen Partei Chinas kam es in den

1980er-Jahren zu einer demokratischen Protestbewegung, die jedoch blutig niedergeschlagen wurde. Danach wurde in einigen Provinzen und Städten die kapitalistische Produktionsweise zugelassen, um die Produktivität zu steigern. Dies wirkte sich einerseits erheblich auf die Prosperität des Landes und die Konsumgüterproduktion aus. Anderseits verschärfte diese Maßnahme die Klassengegensätze zwischen einem neureichen Bürgertum privater Unternehmer und Staatsfunktionäre und einer rechtlosen proletarischen Wanderarbeiterschaft. Auch die Masse der rechtlosen Kleinbauern verarmt zunehmend und wird von der Wirtschaftsentwicklung weitgehend abgekoppelt. Am 14. März 2004 wurde die Abschaffung des Privateigentums auch offiziell zurückgenommen und der Schutz des Privateigentums in der Verfassung verankert.

Die Kritik an den real existierenden Systemen mit kommunistischem Anspruch setzt an mehreren Aspekten an:

Fehlende Basisdemokratie: Das von Lenin verhängte Partei- und Fraktionsverbot lähme die notwendige gesellschaftliche Partizipation und Eigeninitiative der Arbeiter und gefährde so den Aufbau des Sozialismus (Rosa Luxemburg).

Bürokratie: Durch die Isolierung Sowjetrusslands konnte eine neue Bürokratenschicht die „Macht an sich reißen", was zu einer „Entartung" des Arbeiterstaates führte (Leo Trotzki).

Berechnungsproblem: Die Verteilung von Leistungen und Gütern sei ohne eine freie Preisbildung kaum sinnvoll möglich, da sie keine Berechnungsbasis habe und unmöglich die Interessen aller Individuen sinnvoll miteinander koordinieren und gegeneinander aufwiegen kann. (Ludwig von Mises, Friedrich August von Hayek)

Zentralismus: Die von oben nach unten aufgebaute sowjetische Kaderpartei sei strukturell unfähig, die Wirtschaftsprobleme des Landes zu lösen (Wolfgang

Leonhard).

Ideologische Manipulation: Stalins und Maos „Marxismus-Leninismus" sei ein Bruch mit den ursprünglichen Ideen von Marx, Engels und Lenin und pervertiere sie (George Orwell, Oskar Negt, Iring Fetscher).

Totalitarismus: Die Herrschaftsform der UdSSR lasse strukturell keine Demokratisierung zu und schalte die freie Entfaltung der Menschen ähnlich total aus wie der Faschismus (Hannah Arendt).

Die Gesellschaftsformation der Sowjetunion und Chinas sei kein Sozialismus/Kommunismus, sondern eine bürokratisch erstarrte Form des asiatischen Despotismus (Karl August Wittfogel, Rudolf Bahro, Rudi Dutschke),

Imperialismus: Die innerstaatliche Diktatur und ökonomische Schwäche der Sowjetunion führe zu äußerem Expansionsdrang und Hegemonialansprüchen, die den Weltfrieden gefährden (Konsens von Reformkommunisten, Antikommunisten und manchen Befreiungsbewegungen der Dritten Welt).

Im Zentrum vieler Kritikansätze steht die Einparteienherrschaft, die das gemeinsame Kennzeichen der „Volksdemokratien" war und ist. Formell konnten z. B. im Blockparteiensystem der DDR weitere kleine Parteien existieren, die aber gleichgeschaltet mit der SED waren und deren Mehrheit nie gefährden durften.

Weltretter und Frustration

<u>Unser Traum 1 Frieden und Liebe (Song von Human Race)</u>

Ein Weltretter braucht einen langen Atem. Er wird oft frustriert sein, weil sich die Dinge nicht so entwickeln wie es wünscht. Es ist schwer für eine bessere Welt zu kämpfen, wenn die Mehrheit der Menschen den Weg des Egoismus, des Konsums und des maximalen äußeren Genusses geht. Es ist schwer gegen die multinationalen Konzerne zu kämpfen, die viel Geld haben, damit Politiker kaufen können, das Privatfernsehen kaufen können, die Menschen geistig manipulieren können. Es ist schwer die Menschen zu überzeugen, dass der Weg des äußeren Konsums ein Irrweg ist und wir äußerlich genügsam sein und unseren Genugpunkt kennen sollten. Es ist schwer die Disziplin aufzubringen, dass innere Glück zu entwickeln, jeden Tag spirituelle Übungen zu machen und sich klar gegen weltliche Energien abzugrenzen.

Wenn wir genau hinsehen, nehmen die Dinge ihren Lauf. Das Leben hat seinen eigenen Weg. Wir Menschen haben nur eine begrenzte Macht die äußeren Dinge auf der Welt zu verändern. Die kapitalistische Globalisierung wird immer weiter voranschreiten. Es wird immer mehr Arme, Hungernde, körperlich und seelisch kranke Menschen geben. Es wird ewig Kriege zwischen den Staaten, den gesellschaftlichen Gruppen und auch zwischen den einzelnen Menschen geben. Es wird ewig Verbrecher geben, die den guten Menschen das Leben schwer machen.

Durch die kapitalistische Globalisierung wird die Umwelt immer weiter zerstört werden. Es werden immer mehr Kleinbauern, Fischer und Einzelhändler ihren Beruf verlieren. Sie werden vom Land in die Städte flüchten und dort die immer größer werdenden Slums besiedeln. Sie werden sich dort von Verbrechen ernähren oder von einer ewig zu kleinen Sozialhilfe. Die Jugendlichen werden Aufstände gegen die Herrschenden und die Polizei machen, wie es gerade in Frankreich der Fall war. Und sie werden verlieren.

Es wird radikale Rattenfänger aller Art geben, die die leidenden Menschen auf den Weg der Gewalt führen. Es wird Terroristen geben, wie derzeit den islamischen Terrorismus. Es wird rechte Parteien geben, die den Armen viel versprechen und sie letztlich nur in sinnlose Kriege führen. Sie knüpfen an dem persönlichen und nationalen Egoismus an und sagen "unser

Land zuerst". Wenn alle das sagen, gibt es notwendig ewige Kämpfe zwischen den Nationen. America first (Trump). Frankreich first (Front National). Deutschland first (AfD).

Wir müssen sagen "die Welt first"!! Wir haben keine zweite Welt, auf die wir uns flüchten können, wenn die erste Welt zerstört ist. Die Welt ist ein zusammenhängender Organismus. Stirbt die Umwelt, sterben wir alle. Gibt es einen globalen Atomkrieg, sterben alle. Gibt es einen globalen Kapitalismus, wird es einige wenige Superreiche geben und die Masse der Menschen wird im äußeren oder inneren Elend leben. Wir und unsere Kinder werden leiden. Wir sind das Volk. Wir sind die Erdbevölkerung. Wir dürfen uns nicht von einigen wenigen verwirrten Egoisten unsere Erde und unser Leben zerstören lassen.

Wir müssen die Dinge klar sehen. Es gibt nur sehr wenige Menschen, die sich für eine bessere Welt engagieren. Und diese wenigen Menschen bekämpfen sich meistens gegenseitig. Alle großen gesellschaftlichen Utopien sind gescheitert. Der Kommunismus in Russland, China und vielen anderen Staaten der Welt ist gescheitert. Wo Menschen ihren Staat selbst in die Hand genommen haben, sind sie normalerweise gescheitert wie in Haiti, Venezuela, Kuba, Nicaragua und auch Deutschland.

Es gibt Zeiten auf der Welt, wo man viel bewegen kann und Zeiten, wo man nur wenig bewegen kann. Viel bewegen konnten wir in der französischen Revolution, wo die Werte "Gleichheit, Freiheit und Brüderlichkeit" geschaffen wurden. Viel bewegen konnten wir nach dem zweiten Weltkrieg, wo die Uno und die Menschenrechtscharta geschaffen wurden. Viel bewegen konnte die 68iger Studentenbewegung, die neue Werte in Deutschland eingeführt und letztlich zum Entstehen der Grünen und der Linkspartei geführt haben. Sie haben auch die Politik der CDU beinflusst, die diese Werte teilweise aufnehmen musste, um Wahlen zu gewinnen. So wurden in

Deutschland die Atomkraftwerke abgeschafft, ein Mindestlohn eingeführt und hohe Umweltschutzstandarts erreicht.

Viel bewegen konnten Menschen wie Buddha, Jesus, Krishna, Sokrates und Epkiur, die der Menschheit positive Orientierungen gaben. Die Lösung aller Probleme liegt in der Verbindung von sozialem Engagement und eigener innerer Entwicklung (Spiritualität). Wenn wir im eigenen Glück und inneren Frieden ruhen, können uns äußere Frustrationen nicht so viel anhaben. Wir können das tun, was zu tun ist, ohne unbedingt gewinnen zu müssen. Wir können sogar verlieren und es bringt uns trotzdem innerlich voran. Wer den Weg der umfassenden Liebe geht, wächst daran spirituell zur Erleuchtung, egal ob er äußerlich gewinnt oder verliert. Ein Weltretter, der nur für äußere Erfolge lebt, wird dabei seine Energie verbrauchen und letztlich zerbrechen. Wer als Weltretter gut für sein inneres und äußeres Wohlbefinden sorgt, wächst in seiner Energie und in seinem Glück.

Das große Geheimnis eines erfolgreichen Weltretters ist der Doppelweg der Liebe. Jesus hat es als Weg der Liebe zu Gott und zu dem Nächsten formuliert. Wenn wir für Gott die Begriffe Erleuchtung (im Licht leben), Stille (in der Ruhe leben, Kontemplation, Meditation) und inneres Glück (positives Denken), Liebe zu sich selbst (Selbstverwirklichung) einsetzen, begreifen wir die Kraft des Doppelweges des Liebe. Wir können lieben, weil wir auch gut für uns selbst sorgen und deshalb aus der inneren Fülle und nicht aus dem inneren Mangel heraus handeln.

Im Buddhismus gibt es den Weg des Mahayana. Sein großes Ideal ist der Bodhisattva, der in der umfassenden Liebe lebt. Er verbindet Meditation (gut für sich selbst sorgen, die eigene Erleuchtung) mit seinem sozialen Engagement. Er wünscht das Glück aller und ist gleichzeitig in sich selbst glücklich, wie es der Dalai Lama erfolgreich vorlebt.

Im Yoga gibt es den Weg des Neohinduismus. Der Neohinduismus verbindet Erleuchtung und umfassende Liebe. Er engagiert sich für eine Welt der Liebe und des Friedens und arbeitet gleichzeitig an der eigenen Erleuchtung. Er verbindet Hatha-Yoga (Körperübungen und Meditation), Jnana-Yoga (Nachdenken über sich selbst, tägliche Selbstbesinnung), Bhakti-Yoga (Vorbild-Yoga, Gottheiten-Yoga, Meister-Yoga) und Karma-Yoga (Gutes tun) zu einer Einheit. Viele moderne Meister lehren diesen Weg wie Amritanandamayi, Mutter Meera, Sai Baba und Swami Sivananda. Der Leitsatz von Swami Sivananda lautet: "Diene, liebe, gib, meditiere, reinige und verwirkliche dich."

Diskussion

Frau AB: Hallo Herr Horn! Wenn wir uns das Ziel setzen, die Welt verändern zu wollen, dann erwarten uns jede Menge Ohnmachtserlebnisse. Spirituelle Übungen können uns helfen, besser mit Frustrationen umzugehen. Wenn wir meditieren, werden wir glücklich. So schaffen wir es auch in aussichtslosen Situationen noch Happiness zu erleben.

Nils: Liebe Frau AB! Ich stimme Ihnen zu. Es ist wichtig für eine bessere Welt einzutreten. Aber es ist auch ein langer Weg mit viel Stress und Frustration. Durch spirituelle Übungen kann man gut sein inneres Glück und seine innere Kraft bewahren.

Frau AB: Während Sie die ganze Menschheit verändern wollen, würde es mir schon reichen, wenn ich erfolgreich meinen spirituellen Weg gehen kann. Ich bin da eher bescheiden.

Nils: Unbescheidenheit ist eine Tugend, wenn es darum geht andere Menschen vor dem Verhungern zu retten oder die kommende Klimakatastrophe aufzuhalten. Ich bin ein Anhänger der umfassenden Liebe. Ich wünsche allen Wesen

Glück und helfe ihnen im Rahmen meiner Möglichkeiten. Das Glück aller Wesen ist ein sehr unbescheidenes Ziel. Aber gerade dafür habe ich beim Dalai Lama das Bodhisattva-Gelöbnis abgelegt.

Wir brauchen eine globale Umkehr zur Vernunft. Sich selbst zu erleuchten ist gut, dadurch werden aber nicht automatisch auch alle unsere Mitmenschen erleuchtet. Es ist wichtig den Weg der Weisheit und der Liebe in die Welt zu tragen und viele Mitmenschen dafür zu gewinnen. Ich glaube an die Macht der guten Argumente. Ich glaube an das Gute in den Menschen. Langfristig werden sich die Wahrheit und die Liebe durchsetzen.

Weltretterprojekte

Lebensretter statt Mörder | Weltspiegel

China: Keine Armen mehr bis 2020? | Weltspiegel
Nice View Hilfsprojekte in Kenia / Projekt Schwarz-Weiß e.V.
Durch Spenden helfen - 55.000 Euro Spende für Kölner Hilfsprojekte
Tue Gutes! Wie sich Studenten engagieren - ARD-alpha
Jugendliche und soziales Engagement
Dich engagieren? Tu's doch!

Es gibt viele Projekte für eine bessere Welt. Du findest sie im Internet. Überlege wo du mitarbeiten möchtest. Ich habe einfach nur gegoogelt "soziale Projekte in Afrika und Indien" und vieles Interessante gefunden. Es gibt sehr viele Hilfsorganisationen. Sie machen die Welt ein Stückchen besser.

https://www.bundesfreiwilligendienst.de/

Im Bundesfreiwilligendienst (BFD) engagieren sich Frauen und Männer (als sog. Bufdis) für das Allgemeinwohl, insbesondere im sozialen, ökologischen und kulturellen Bereich sowie im Bereich des Sports, der Integration und des Zivil- und Katastrophenschutzes (§ 1 BFDG). Er ist 2011 als Initiative zur freiwilligen, gemeinnützigen und unentgeltlichen Arbeit in Deutschland eingeführt worden. Er soll die bestehenden Freiwilligendienste Freiwilliges Soziales Jahr und Freiwilliges Ökologisches Jahr ergänzen und das bürgerschaftliche Engagement fördern. Ziel ist es unter anderem auch, das Konzept des Freiwilligendienstes auf eine breitere gesellschaftliche Basis zu stellen, da der Bundesfreiwilligendienst auch für Erwachsene über 27 Jahre offen ist. Der Freiwillige soll ein angemessenes Taschengeld erhalten; die Höchstgrenze ist derzeit (2016) auf einen monatlichen Betrag von 372 Euro begrenzt. Zusätzlich kann der Freiwillige Verpflegung, Unterkunft und Kleidung erhalten bzw. den entsprechenden Gegenwert ausbezahlt bekommen.

http://www.aswnet.de/asw.html

Aktionsgemeinschaft solidarische Welt

Bereits 1957 gegründet, ist die Aktionsgemeinschaft Solidarische Welt e.V. (ASW) eine der ältesten unabhängigen entwicklungspolitischen Organisationen Deutschlands. Wir fördern Projekte in Indien, Brasilien und mehreren Ländern Afrikas, die zur Stärkung von Frauen, zum Schutz der Umwelt und zur Durchsetzung der Menschenrechte beitragen.

Jedes Jahr unterstützen wir rund 60 Projekte – unbürokratisch, partnerschaftlich und schnell. Wir leisten Hilfe zur Selbsthilfe für eine nachhaltige und ökologische Entwicklung und fördern ausschließlich Projekte, die vor Ort angestoßen, geleitet und durchgeführt werden. Schon früh haben wir uns gegen Kinderpatenschaften und die Entsendung von EntwicklungshelferInnen ausgesprochen. Denn wir bauen auf das Wissen und den leidenschaftlichen Einsatz unserer ProjektpartnerInnen.

Gemeinsam mit anderen engagierten Menschen und Organisationen treten wir für eine solidarische Welt und einen grundlegenden gesellschaftlichen Wandel ein. Denn nur durch eine politische, wirtschaftliche und soziale Veränderung in den Ländern des Nordens und Südens ist eine Verbesserung der Lebensverhältnisse aller möglich.Wir informieren Menschen in Deutschland über die Forderungen unserer PartnerInnen, über ihr Engagement in zivilgesellschaftlichen Netzwerken und über ihre konkrete Arbeit an der Basis. Hierfür erstellen wir Informationsmaterial, Broschüren und unsere Zeitschrift SOLIDARISCHE WELT (SW). Mit kontinuierlicher

Medienarbeit und Kampagnen sorgen wir für eine breite Öffentlichkeit. Gemeinsam mit unseren Regionalgruppen und Ehrenamtlichen organisieren wir bundesweit PartnerInnenreisen, Podiumsdiskussionen und Ausstellungen. Wir finanzieren uns überwiegend über Spenden von Privatpersonen und sind politisch, wirtschaftlich und religiös unabhängig.

Landgrabbing, die Ausbreitung der industriellen Landwirtschaft sowie Wetterextreme wie Dürren und Überschwemmungen in Folge des Klimawandels treiben immer mehr Menschen zur Migration in die Städte oder ins Ausland. Heute schon leben weltweit mehr Menschen in Städten als auf dem Land – sehr oft unter prekären Lebensumständen.

Unsere ProjektpartnerInnen setzen sich gezielt gegen die Ursachen der Landflucht ein und schaffen Perspektiven im ländlichen Raum. Sie unterstützen KleinbäuerInnen bei ressourcenschonenden und Kosten sparenden Anbaumethoden. Sie begleiten sie bei der Weiterzucht ihrer lokalen Kulturpflanzen und bei der Bodenverbesserung und Aufforstung. Und sie stehen ihnen beim Kampf gegen die Agrarindustrie und gegen zerstörerische Großprojekte bei.

Wir denken die Ansätze der klassischen Entwicklungshilfe weiter und entsenden selbst kein Personal. Die von uns geförderten Selbsthilfeprojekte entstehen im lokalen Kontext und werden durch die Menschen vor Ort realisiert.

Insofern bedeutet bei uns 'Hilfe zur Selbsthilfe' eher Unterstützung bei Selbstorganisation und Empowerment von unten. Wichtig ist uns, dass alle Entscheidungen demokratisch gefällt werden, dass Frauen in alle Prozesse integriert sind und dass das Projekt in der jeweiligen lokalen Gemeinschaft verankert ist. Nur so ist Nachhaltigkeit gewährleistet. Wir geben bewusst kleineren Strukturen mit kreativen Ideen, die eine langfristige Veränderung anvisieren, eine Chance.

Wir unterstützen Initiativen der Selbsthilfe in Ländern, in denen wir über langjährige Erfahrung verfügen, die wirtschaftliche und politische Situation einschätzen und daher die Ansätze beurteilen können. Das sind zurzeit Brasilien, Indien und auf dem afrikanischen Kontinent Burkina Faso, Senegal, Westsahara und Simbabwe. Unsere Förderschwerpunkte sind Frauenrechte, Umweltschutz und die politischen sowie die wirtschaftlichen, sozialen und kulturellen Menschenrechte (WSK-Rechte).

http://www.projects-abroad.de/projekte/sozialarbeit/

Projects Abroad ist führender Anbieter von Freiwilligenarbeit und Praktika weltweit. Unsere Organisation wurde 1992 in England gegründet, als eine der ersten Freiwilligenorganisationen überhaupt. Seit 2001 sind wir auch in Deutschland vertreten, wie auch in vielen weiteren Ländern, aus denen Freiwillige kommen, beispielsweise Frankreich, die USA oder Japan.

Im Mittelpunkt des Programms steht der kultureller Austausch zwischen Freiwilligen und Einheimischen, so dass beide Seiten von den Aufenthalten profitieren. Die Freiwilligen bringen sich vor Ort sinnvoll in einem Projekt ein, dafür sammeln sie wertvolle Berufserfahrung, verbessern ihre Sprachkenntnisse und lernen dabei Land und Leute kennen.

Mittlerweile organisieren wir Freiwilligendienste und Praktika in 30 Ländern in Afrika, Asien, Lateinamerika, der Karibik, Osteuropa und der Südsee, und arbeiten in etwa 215 verschiedenen Projektbereichen. Weltweit arbeiten etwa 700 Mitarbeiter/innen für Projects Abroad, die meisten davon direkt vor Ort in unseren Projektländern. So werden unsere Projekte direkt vor Ort organisiert und du hast als Freiwillige/r direkte

Ansprechpartner/innen.

Jedes Jahr organisieren wir Auslandsaufenthalte für etwa 10.000 Freiwillige aus aller Welt. Seit der Gründung von Projects Abroad im Jahre 1992 sind schon fast 100 000 Freiwillige mit uns verreist. Mach' auch du mit!

Mit uns kannst du dich freiwillig in einem Waisenhaus, einem Kinderheim, im Kindergarten und vielen anderen sozialen Einrichtungen engagieren. Auch viele Projekte mit Menschen mit Behinderungen oder die Arbeit mit Straßenkindern stehen dir offen. Du solltest motiviert sein und Freude am Umgang mit Kindern haben. Ein Studium oder andere Erfahrung im sozialen Bereich können hilfreich sein, Voraussetzung sind diese jedoch nicht. Wenn du eine Ausbildung im sozialen Bereich abgeschlossen hast, interessierst du dich wahrscheinlich für unser Programm für ausgebildete Freiwillige. Wenn du noch mitten in deiner Ausbildung steckst, kannst du mit uns in einigen Zielländern auch ein Pflichtpraktikum absolvieren.

Bei der Freiwilligenarbeit in einem Kindergarten oder in einer Tagesstätte arbeitest du mit Kindern aus verschiedenen Altersgruppen. Du kannst dich auf eine Arbeit einstellen, die sowohl spielerische als auch Lernaspekte beinhaltet. Gestalte die Entwicklung der Kinder mit und vermittle Lerninhalte durch Spiele, Lieder und Kunst – deiner Kreativität sind dabei keine Grenzen gesetzt. Unterstütze die einheimischen Mitarbeiter bei ihrer Arbeit und nimm dir Zeit für Kinder, die vielleicht etwas mehr Aufmerksamkeit benötigen. Du wirst schnell bemerken, dass sich die Kinder unglaublich über die Zeit mit den Freiwilligen freuen und davon profitieren.

Die Arbeit mit Straßenkindern ist in einigen unserer Projektländer möglich. Hier kannst du bei den alltäglichen Abläufen helfen, das Essen vorbereiten, Grundlagen im Lesen und Schreiben vermitteln oder den Kindern ein Hygiene –

Training geben. Die Kinder werden über den Tag betreut und ihnen soll das Gefühl vermittelt werden, dass für sie eine sichere Umgebung geschaffen wird, in der sie lernen und spielen können und versorgt werden.

Soziale Projekte mit Menschen mit Behinderungen

Als Freiwilliger in einem sozialen Projekt mit Menschen mit Behinderungen kannst du in Tagesstätten oder Schulen für Kinder mit Behinderungen arbeiten oder dich z.b. für Taubstumme oder Blinde Menschen einsetzen. Die Einrichtungen sind häufig sehr einfach ausgestattet und die Mitarbeiter stark ausgelastet, denn die Arbeit mit Menschen mit Behinderungen ist sehr zeitintensiv aber auch unglaublich lohnenswert.

Du kannst vor Ort bei alltäglichen Aufgaben in der Einrichtung helfen und die Kinder und Erwachsenen intensiv betreuen und ihre Entwicklung unterstützen und sie dadurch selbstständiger machen. Ein solcher Freiwilligendienst eignet sich besonders für dich, wenn du Sonder- oder Heilpädagogik studierst oder studieren möchtest. Natürlich auch, wenn du gerne mit Menschen mit Behinderungen arbeiten willst. Du wirst schnell sehen, dass du nicht nur in unseren Einrichtungen unterstützen kannst, sondern auch viel über dich selbst lernst und an Selbstständigkeit gewinnst.

In vielen unserer Projektländer arbeiten wir in Kinderheimen und Waisenhäusern. Besonders Kinder ohne Eltern benötigen viel Zuwendung und Aufmerksamkeit, dennoch ist natürlich auch die Arbeit in anderen Einrichtungen wichtig und sehr sinnvoll.

Deine Aufgabe bestehen vor allem darin, für die Kinder da zu sein: Weltweit sind Kids begeistert von Sport und Spiel, Herumtoben, Basteln sowie Singen. In einigen Einrichtungen gibt es auch körperlich und geistig behinderte Kinder, für die es viel bedeuten kann, wenn jemand auch nur für ein paar

Monate, ihre motorischen Fähigkeiten fördert.

Ältere Kinder kannst du bei ihren Hausaufgaben betreuen, oder ihnen helfen, ihre Sprachkenntnisse zu verbessern. Die Aufgaben sind vielseitig und abwechslungsreich und jede helfende Hand wird benötigt um die Mitarbeiter vor Ort bei ihrer Arbeit zu unterstützen.

Studierst du soziale Arbeit oder einen ähnlichen Studiengang und bist auf der Suche nach einem sozialen Pflichtpraktikum im Ausland? Mit Projects Abroad hast du die Möglichkeit einen Freiwilligendienst im sozialen Bereich zu absolvieren, der von deiner Universität als Pflichtpraktikum angerechnet werden kann. Möglich ist dies in unseren Sozialarbeits – Projekten in Bolivien, auf den Galapagos – Inseln (Ecuador), in Ghana, Mexiko, der Mongolei und in Rumänien. Hier arbeitest du unter der Aufsicht von staatlich anerkannten Sozialarbeitern und Psychologen und kannst dein im Studium erlerntes Wissen um wertvolle Praxiserfahrung in einer sozialen Einrichtung in einem Entwicklungs- oder Schwellenland bereichern.

Das Praktikum im Bereich Soziale Arbeit ist ab einer Projektdauer von 4 Wochen möglich. In einigen Projektländern werden außerdem Sprachkenntnisse vorausgesetzt. Du hast alternativ auch die Möglichkeit, dich im Vorfeld deines Praktikums oder parallel dazu mit einem Intensiv – Sprachkurs vorzubereiten. Solltest du an einem Pflichtpraktikum im Bereich soziale Arbeit im Ausland interessiert sein, helfen wir dir gerne bei der Klärung aller Voraussetzungen und Optionen für dich.

Wenn du gerne ein soziales Projekt mit der Arbeit mit Tieren kombinieren möchtest, haben wir auch hierfür passende Projekte: In Argentinien, Bolivien und Südafrika bieten wir Pferdetherapie - Projekte an. Diese Art von Therapie hilft Kindern oder Erwachsenen Traumata aufzuarbeiten oder ihr Leben mit einer körperlichen oder geistigen Behinderung zu erleichtern. Die speziell trainierten Pferde helfen den Patienten, sich auf ihre Bewegung, räumliche Orientierung, Körperhaltung, Sprache und Muskelkontrolle zu konzentrieren und tragen so zu deren Genesungen bei.

Darüber hinaus bieten wir auch ein Hundetherapie - Projekt in Bolivien und ein Hundetherapie - Projekt in Argentinien an. Hier arbeitest du zusammen mit Kindern und Jugendlichen, die an körperlichen oder geistigen Einschränkungen leiden, und hilfst ihnen durch den Umgang mit Hunden.

In einigen Ländern, wie Ghana und Nepal arbeiten wir außerdem mit HIV – Zentren zusammen. In diesen Projekten kümmerst du dich beispielsweise um Kinder oder auch Erwachsene, die mit dem Virus infiziert worden sind, und leistest Aufklärungsarbeit rund um das Thema HIV und Aids. Wenn du dich darüber hinaus für eine bestimmte Zielgruppe oder spezielle Einrichtungen interessierst, kannst du uns direkt kontaktieren. Seit Juli 2016 kannst du dich außerdem als Freiwillige/r im Flüchtlingshilfe - Projekt in Italien engagieren.

http://www.freiwilligenarbeit.de/

Freiwilligenarbeit.de ist der große unabhängige Wegweiser für flexible Freiwilligenarbeit, Freiwilligendienst, soziales Engagement & Volunteering in internationalen Hilfsprojekten im Ausland. Volunteers finden hilfreiche Infos zu Freiwilligenarbeit und Volunteer-Projekten in vielen Ländern weltweit, z.B. Südafrika, Ghana & Kenia in Afrika sowie Peru, Venezuela und Brasilien in Lateinamerika. Oder als Freiwilliger nach Asien, z.B. nach Nepal, Thailand oder Vietnam? Auch in Kanada, USA, in Australien, Neuseeland und Europa ist internationale Freiwilligenarbeit möglich.

Tipp: Als Volunteer mit Kindern, im Naturschutz, Wildlife oder vielen anderen Tätigkeitsbereichen sich im Ausland sozial engagieren - der Freiwilligenarbeit-Projektfinder weist dir den Weg direkt zum passenden Hilfsprojekt weltweit!

Für Freiwilligenarbeit bzw. Volunteering im Ausland gibt es weltweit viele verschiedene Zielländer. Die meisten Möglichkeiten für ein freiwilliges Engagement findest du unter Freiwilligenarbeit in Afrika, aber auch in Südamerika und Asien gibt es viele tolle Projekte, in denen du als Volunteer tatkräftig mithelfen kannst. Nicht ganz so viele, aber genau so spannende Möglichkeiten für Volunteering / Freiwilligenarbeit bieten sich dir in Nordamerika, in Ozeanien sowie auch in Europa.

Udaipur wird oft als das Venedig des Ostens und die "Stadt der Seen" bezeichnet. In Udaipur gibt es alte Tempel, spannende Architektur und Kunst. Der Jag Niwas (ein Palast) in der Mitte des Pichola Sees ist ein architektonisches Wunder. Der große Stadtpalast am Ufer des Sees sowie der Monsoon Palast Sajjan Garh auf dem Berg über der Stadt machen die Schönheit von Udaipur vollkommen. In Udaipur kannst du zum Beispiel in einem Slum-Projekt, einer Schule für Kinder mit Behinderungen und einer Schule für taubstumme Kinder helfen. In den verschiedenen Projekten aus dem Bereich Unterricht & Bildung, kannst du Kindern die englische Sprache beibringen, mit ihnen Sport treiben oder einfach mit ihnen spielen und dich unterhalten. Informiere dich jetzt, welche Projekte auf dich warten und entdecke schon bald das atemberaubende Indien.

https://www.amnesty.de/

Rund um den Globus treten Menschen mit Amnesty dafür ein, dass Menschenrechtsverletzungen gestoppt werden. Sei dabei und unterstütze unsere weltweiten und regionalen Kampagnen!

Auch in jüngster Zeit gibt es viele Beispiele für die Einschränkung der Menschenrechte: Massenverhaftungen in der Türkei, Einwanderungsdekrete in den USA, Folter in ägyptischen Gefängnissen und zahllose Menschenrechtsverletzungen in Syrien. Es gilt, diesen Entwicklungen entgegenzutreten und die Menschenrechte entschlossen zu verteidigen!

Amnesty International ist die weltweit größte Bewegung, die für die Menschenrechte eintritt. Amnesty ist von Regierungen, Parteien, Ideologien, Wirtschaftsinteressen und Religionen unabhängig. Um diese Unabhängigkeit zu sichern, finanzieren wir unsere Menschenrechtsarbeit allein aus Spenden und Mitgliedsbeiträgen. Unsere Kampagnen und Aktionen basieren auf den Grundsätzen der Allgemeinen Erklärung der Menschenrechte.

Die große Stärke von Amnesty liegt im freiwilligen Engagement von mehr als sieben Millionen Mitgliedern, Unterstützerinnen und Unterstützern in über 150 Ländern. Es sind Menschen verschiedenster Altersgruppen, Nationalitäten und Kulturen. Zusammen setzen wir alle Mut, Kraft und Fantasie ein, um eine Welt zu schaffen, in der die Menschenrechte für alle gelten.

Für diesen Einsatz erhielt Amnesty 1977 den Friedensnobelpreis. In der Begründung hieß es, Amnesty zeichne sich durch eine klare Haltung aus: "Nein zu Gewalt, Folter und Terrorismus. Auf der anderen Seite ein Ja zur Verteidigung der Menschenwürde und Menschenrechte". Für diese Werte setzt sich Amnesty bis heute ein.

https://www.unicef.de/

Das Kinderhilfswerk der Vereinten Nationen ist eines der entwicklungspolitischen Organe der Vereinten Nationen. Es wurde am 11. Dezember 1946 gegründet, zunächst um Kindern in Europa nach dem Zweiten Weltkrieg zu helfen. Heute arbeitet das Kinderhilfswerk vor allem in Entwicklungsländern und unterstützt in ca. 190 Staaten Kinder und Mütter in den Bereichen Gesundheit, Familienplanung, Hygiene, Ernährung sowie Bildung und leistet humanitäre Hilfe in Notsituationen. Außerdem betreibt es auf politischer Ebene Lobbying, so etwa gegen den Einsatz von Kindersoldaten oder für den Schutz von Flüchtlingen.

Als eigenständige Nichtregierungsorganisationen fungieren in den Industriestaaten so genannte „nationale Komitees". Diese sind vertraglich an UNICEF gebunden und wurden von den jeweiligen Regierungen anerkannt. Ihre Hauptaufgabe besteht darin, Mittel für die weltweiten UNICEF-Projekte zu sammeln, über die Situation der Kinder auf dem Globus zu informieren und die Umsetzung der Konvention zu den Rechten der Kinder zu begleiten. UNICEF finanziert sich ausschließlich über Spenden.

https://www.greenpeace.de/

Greenpeace ist eine internationale Umweltorganisation, die mit direkten gewaltfreien Aktionen für den Schutz der natürlichen Lebensgrundlagen von Mensch und Natur und Gerechtigkeit für alle Lebewesen kämpft. Greenpeace wurde 1971 gegründet und hat heute über 40 Ländervertretungen. Mehr als drei Millionen Menschen unterstützen uns weltweit, davon rund 580.000 Fördermitglieder in Deutschland.

Die Deutsche Welthungerhilfe e. V., kurz Welthungerhilfe, ist eine konfessionell und politisch unabhängige, gemeinnützige und nichtstaatliche Hilfsorganisation der Entwicklungszusammenarbeit und der Nothilfe. Seit ihrer Gründung im Jahr 1962 hat sie mit rund 3,27 Milliarden Euro über 8.500 Hilfsprojekte in 70 Ländern Afrikas, Lateinamerikas und Asiens durchgeführt. Die Welthungerhilfe hat sich zum Ziel gesetzt, Welthunger und Armut aus der Welt zu schaffen. Nach dem Grundprinzip Hilfe zur Selbsthilfe unterstützt sie gemeinsam mit lokalen Partnerorganisationen Menschen in Entwicklungsländern dabei, sich aus Hunger und Armut zu befreien und nachhaltig zu versorgen. Außerdem möchte die Welthungerhilfe durch Projekte in Deutschland das Bewusstsein für globale Probleme in der deutschen und europäischen Öffentlichkeit und Politik stärken.

Oxfam ist eine globale Nothilfe- und Entwicklungsorganisation, die mit Überzeugung, Wissen, Erfahrung und vielen Menschen leidenschaftlich für ein Ziel arbeitet: eine gerechte Welt ohne Armut. Bei Krisen und Katastrophen retten wir Leben und helfen, Existenzen wieder aufzubauen. Doch kurzfristige Hilfe alleine reicht nicht. Deshalb arbeiten wir langfristig in über 90 Ländern mit rund 3.500 lokalen Partnern daran:

die Verfügbarkeit von Land und Wasser zu sichern,
ressourcenschonende Landwirtschaft zu betreiben,
demokratische Teilhabe zu ermöglichen,
Geschlechtergerechtigkeit zu fördern,
den Zugang zu Bildung und Gesundheitsversorgung zu

schaffen.

Außerdem machen wir Druck bei Politik und Wirtschaft. Mit Kampagnen, Lobbyarbeit und öffentlichen Aktionen drängen wir sie zu entwicklungsgerechtem Handeln. Oxfam steht für Oxford Committee for Famine Relief. Gegründet wurde es 1942 in Großbritannien als Reaktion auf das Leid der Zivilbevölkerung im von Deutschland besetzten Griechenland. Seit 1995 gibt es Oxfam Deutschland. Wir finanzieren unsere Arbeit zum Teil über die 52 Oxfam Shops, in denen etwa 3.200 ehrenamtliche Mitarbeiter/innen gespendete hochwertige Secondhand-Waren verkaufen.

https://www.fian.de/

FIAN, das FoodFirst Informations- und Aktions-Netzwerk, setzt sich als internationale Menschenrechtsorganisation dafür ein, dass alle Menschen frei von Hunger leben und sich selbst ernähren können. FIAN kämpft für das Recht auf angemessene Ernährung auf Basis internationaler Menschenrechtsabkommen, insbesondere des Sozialpaktes. FIAN International hat Mitglieder und Sektionen in 60 Staaten Afrikas, Amerikas, Asiens und Europas. FIAN wurde 1986 gegründet. Die Gründungsmitglieder waren als Menschenrechtsaktivisten u.a. bei amnesty international aktiv gewesen. FIAN legte jedoch von Anfang an sein Hauptaugenmerk auf das Recht auf Ernährung und eine parteiischere, sozial-kämpferischer Grundausrichtung als Amnesty international.

FIAN hat mehrere Tausend Mitglieder in über 50 Ländern. FIAN hat Beraterstatus bei den Vereinten Nationen und ist unabhängig von politischen und konfessionellen Gruppen, Parteien, Regierungen und Ideologien. FIAN setzt sich für

Personen und Gruppen ein, die bei Verletzungen ihres Rechts auf Ernährung nicht stark genug sind, ihre Interessen alleine zu vertreten: Kleinbauern, Kleinpächter, Landarbeiter, Landlose, von Frauen geführte Familien. Dabei sucht die Organisation die Zusammenarbeit mit den Betroffenen.

Zu konkreten ihr bekannt gewordenen Fällen der Verletzung des Rechts auf Ernährung, z.b. Vertreibung von Bauern von dem Land, das sie benötigen, um sich zu ernähren, organisiert die Organisation Protestbriefkampagnen und appelliert öffentlich an die für die Menschenrechtsverletzungen verantwortlichen politischen Stellen. Die dazu nötige Faktensammlung und Falldokumentation gründet FIAN oft auf politische Rechercereisen an die Orte des Geschehens. Zusammen mit dem weltweiten Kleinbauernnetzwerk Via Campesina führt FIAN bereits seit mehreren Jahren eine „Weltkampagne für Agrarreformen" durch.

http://www.attac-netzwerk.de/?id=1532

Attac ist eine gemeinnützige, globalisierungskritische Nichtregierungsorganisation. Attac hat weltweit ca. 90.000 Mitglieder und agiert in fünfzig Ländern, hauptsächlich jedoch in Europa. Attac Deutschland besteht aus Mitgliedsorganisationen und Einzelmitgliedern (über 29.000, Stand: Dezember 2015) aber auch vielen mitarbeitenden Nicht-Mitgliedern. Attac versteht sich als „Bildungsbewegung" mit Aktionscharakter und Expertise. Über Vorträge, Publikationen, Podiumsdiskussionen und Pressearbeit sollen die Zusammenhänge der Globalisierungsthematik einer breiten Öffentlichkeit vermittelt und Alternativen zum „neoliberalen Dogma" aufgezeigt werden. Seit mehreren Jahren begleitet ein wissenschaftlicher Beirat die Arbeit von Attac. Mit Aktionen soll Druck auf Politik und Wirtschaft zur Umsetzung der

Alternativen erzeugt werden.

Attac versteht sich als Netzwerk, in dem sowohl Einzelpersonen als auch Organisationen aktiv sein können. In Deutschland gehören circa 200 Organisationen Attac an, darunter ver.di, BUND, Pax Christi, Evangelische StudentInnengemeinde in Deutschland (Bundes-ESG) Deutsche Friedensgesellschaft – Vereinigte KriegsdienstgegnerInnen (DFG-VK), Medico international und viele entwicklungspolitische und kapitalismuskritische Gruppen. Momentan sind von den über 29.000 Mitgliedern viele in den etwa 170 Regionalgruppen oder den bundesweiten Arbeitsgruppen aktiv.

Attac sagt über sich selbst, Grundsatz sei ein ideologischer Pluralismus. Inhaltlich bestehe allerdings auch ein unüberbrückbarer Gegensatz zum wirtschaftlichen Liberalismus. Attac lehnt Gewalt als Mittel der politischen Auseinandersetzung ab. Entscheidungen werden bei Attac nicht nach dem Mehrheits-, sondern nach dem Konsensprinzip getroffen.

http://www.geo.de/geolino/wissen/18729-thma-weltretter

Es gibt einen Riesenhaufen Probleme auf der Welt. Doch jeder kann etwas tun, und schon kleine Aktionen haben oft große Wirkung. Darum stellen wir euch Menschen, Projekte, Tipps und Ideen vor, die unseren Planeten verändern. Manche Ideen sind ebenso einfach wie genial! Beispiel gefällig?

Der "Soziale Zaun Darmstadt". Daran hängen Menschen Spenden für Wohnungs- und Obdachlose - und Bedürftige. Wollen Menschen etwas spenden, verpacken sie die Dinge – Socken, Hundefutter, Pullis oder Zahnpasta etwa – in durchsichtige Plastiktüten und beschriften diese. "Pulli, Größe 52" beispielsweise. Die Tüten sind praktisch: So werden die Spenden nicht nass, und jeder kann sehen, was darin ist. Viele Obdachlose haben ein Lächeln im Gesicht, wenn sie eine Spende erhalten. Und oft bleiben Passanten stehen und finden das Projekt so toll, dass sie selbst zu Spendern werden: https://www.youtube.com/watch?v=5BVp7EPuNeQ

Mit unserem Einkaufsverhalten können wir viel bewirken. Mit dem Einkauf von "Fair Trade" Produkten unterstützen wir fair gehandelte Produkte. Kaffee aus Tansania, Zucker aus Kuba, Bananen aus Costa Rica: Kleinbauern bekommen weltweit oft zu wenig Lohn für ihre harte Arbeit. Über 90 Prozent der Einnahmen aus dem Verkauf verteilen sich auf Herstellerfirmen, Großhändler und Supermärkte. "Fairtrade" heißt übersetzt gerechter Handel. Organisationen kümmern sich darum, dass die Bauern gute Arbeitsbedingungen haben und garantieren ihnen Mindestpreise. In Deutschland gibt es mehr als 2000 verschiedene fair gehandelte Produkte. Sie werden in Afrika, Asien oder Lateinamerika produziert. Am meisten verkaufen sich Bananen, Kaffee, Kakao und Baumwolle. Pro Kopf geben die Deutschen jährlich zwölf Euro für Fairtrade-Produkte aus, die Schweizer 58 Euro und die Österreicher 21,50 Euro.
Kurz erklärt: Fairer Handel: https://www.youtube.com/watch?v=Q8j5Ha0Fkg8
Kurzfilm: Was ist FAIRTRADE?
https://www.youtube.com/watch?v=cz0qq2dtquk

So könnt ihr älteren Menschen helfen: Mitstreiter suchen! Fragt Freunde und Mitschüler, sprecht Lehrer an, die ihr mögt. Sie können euch dabei helfen, Kontakt zu Alten- und Pflegeheimen aufzunehmen. Startet dann gemeinsam eine AG oder ein Projekt während der Projekttage. Viele Heime freuen sich, wenn junge Menschen ein bisschen Freizeit mit den Bewohnern verbringen – vor allem, wenn dies regelmäßig geschieht. Etwa jeder dritte Mensch in Deutschland über 65 Jahre lebt allein. Das sind 5,5 Millionen Personen. Die meisten von ihnen sind zwar nicht pflegebedürftig, können aber ein bisschen Hilfe gebrauchen: beim Einkaufen und Rasenmähen zum Beispiel. Schaut euch mal in der Nachbarschaft um - vielleicht freut sich jemand über eure Unterstützung?

Alt und allein: Wachsende Einsamkeit unter deutschen Rentnern: https://www.youtube.com/watch?v=M1b0ZrDV3PM

Yogi Nils: Wöchentliches Singen im Altersheim

Ich singe jede Woche im Altersheim mit alten Menschen. Das gibt ihnen jeden Woche Glück und Lebensfreude. Ich habe einige einfache Kinder- und Wanderlieder auf der Ukulele gelernt. Jedes Altenheim freut sich, wenn du etwas Freude zu den Senioren bringst. Du kannst mit einigen Freunden einen kleinen Singkreis organisieren. Oder du kannst auch mit alleinstehenden alten Menschen singen, die in deiner Umgebung leben. Gut ist es auch alte Menschen regelmäßig einmal in der Woche eine Stunde zu besuchen und einfach nur mit ihnen zu reden. Sie haben oft sonst keinen zum Reden und freuen sich über jeden Kontakt. **Hallo, hallo, schön, dass ihr da seid**

Gewaltlos für Frieden, Glück und Liebe auf der Welt

Nicole - Ein Bisschen Frieden (1982)

Weltweit hungern etwa 800 Millionen Menschen. 700 Mio. Menschen leben in extremer Armut und zwei Milliarden Menschen mangelt es an Nährstoffen. In Deutschland ist das Hauptproblem das innere Leid der Menschen. In den letzten 40 Jahren hat sich der Zahl der psychischen Erkrankungen vervielfacht. Etwa ein Drittel der Bevölkerung leidet heute unter Ängsten, Süchten und Depressionen. Wir sind eine Gesellschaft des äußeren Reichtums und des inneren Unglücks. Wobei der äußere Reichtum sehr ungleich verteilt ist. Die reichsten 10 % besitzen 60 % des Vermögens. Die unteren 50 % verfügen nur über 1 % des Nettovermögens. In keinem Land Europas ist der Reichtum so ungleich verteilt wie in Deutschland. Das ist eine Folge der derzeitigen Politik der Bundesregierung, die auf eine ausreichende Besteuerung der Reichen verzichtet. Wichtige Forderungen wären eine ausreichende Vermögenssteuer, eine ernsthafte Entwicklungshilfe und die Einführung des Schulfaches Glück in Deutschland.

In meiner Jugend war ich politisch sehr aktiv. Ich war Vorsitzender des Sozialistischen Hochschulbundes in Hamburg und als Rechtsreferendar habe ich mein Praktikum in der Hamburger Bürgerschaft gemacht. Ich habe die Innenseiten der Politik kennengelernt. Dabei habe ich erkannt, dass die Dinge im Prinzip ganz einfach sind. Es gibt die Guten und die Bösen. Politik ist ein ständiges Ringen zwischen diesen Kräften. Natürlich wird die Welt von den Bösen beherrscht, fast überall. Wir leben in einem globalisierten Kapitalismus. Es geht darum, wer die Welt am besten ausbeuten kann und am meisten Vermögen anhäuft. Es geht nicht darum die Menschen auf der Welt glücklich zu machen. Dieses Ziel wird nur propagiert um Wählerstimmen zu bekommen.

Donald Trump gehört nicht zu den Guten, Putin nicht und Erdogan auch nicht. Die Guten sind wir, das Volk, die Nichtregierungsorganisation und einige wenige Menschen in den Parteien und in den Massenmedien. Die Guten müssen Druck machen, damit sich etwas bewegt. Die Lösungen zur Rettung der Welt gibt es. Auch das Hungerproblem ist leicht lösbar. Es scheitert letztlich an der Macht der Bösen. Ich glaube, dass wir derzeit nur wenig bewirken können. Aber wir sollten alle unsere Einflussmöglichkeiten nutzen. Langfristig braucht die Welt eine völlige Neubesinnung auf positive Werte wie Frieden, Liebe und allgemeines Glück. Das schaffen wir nur auf der Grundlage des Erleuchtungswissen.

Irgendwann werden die Reichen erkennen, dass man Geld nicht essen kann, dass äußerer Reichtum nicht wirklich glücklich macht, dass das Glück in einem selbst entwickelt werden muss und dass der Weg der umfassenden Liebe glücklich macht. Ich glaube daran, dass eines schönen Tages in ferner Zukunft die Weisheit über die Dummheit siegen wird. Dann wird es das

Paradies auf der Erde geben. Bis dahin können wir nur das Paradies in unserem persönlichen Lebensbereich erschaffen und den leidenden Wesen auf der Welt helfen soweit es uns möglich ist. Ich spende regelmäßig Geld für die Hungernden, unterstütze Hilfsorganisationen, gehe wählen und trete überall für die Rechte der Armen, Ausgebeuteten, Leidenden und Unterdrückten ein. Ich helfe, wo ich es persönlich kann.

Wie lebt man glücklich als Weltretter?

Es ist Zeit eine Welt der Liebe, des Friedens und des Glücks aufzubauen. Reichtum und Wissen dafür sind ausreichend da, allein es fehlt der Wille. Und zwar bei der Mehrheit der Menschen. Sonst könnten wir einfach eine andere Regierung wählen. Wir könnten an den Schulen das Fach Glück einführen, die Reichen stärker besteuern, die Lebensbedingungen der Armen verbessern, die Gewaltverherrlichung im Fernsehen verbieten, den Konsumwahn überwinden und die Menschen innerlich glücklicher machen.

Ich betrachtete heute das viele Leid auf der Welt und es betrübte mich. Ich versuchte positiv zu denken. Wenn es viel Leid gibt, werden viele Weltretter gebraucht. Und die Welt zu retten macht glücklich. Es gibt einem eine sinnvolle Aufgabe im Leben. Man bekommt Liebe und Dankbarkeit von den Menschen. Man entwickelt sich zur Erleuchtung, wenn man als Bodhisattva oder als Karma-Yogi lebt. Man muss aber gut für sich selbst sorgen. Sonst verbraucht man seine Energie beim Weltretten. Man sollte für genug Ruhe und Erholungszeiten sorgen, sich mit seinen spirituellen Übungen immer wieder aufbauen und auch das Leben genießen.

Das tat ich heute bei meinem Besuch im Altersheim. Ich aß Kuchen bis ich (fast) platzte. Ich machte mit meiner Mutter einen schönen Spaziergang durch den Park bei herrlichem Sommerwetter. Und ich sang wieder mit meinen alten Freundinnen. Sie waren alle da und nach kurzer Zeit hatten alle gute Laune. Ich vergaß das Leid auf der Welt und tankte neue Kraft auf.

Christiane: "Super gesagt."

Birgit: Ich selbst kann die Welt nicht retten. Ich möchte Vorbild sein mit meinem Leben, selbst die Gier ablegen, Liebe leben, Mitgefühl, Mutter Erde schonen mit meiner Lebensweise.

Nils: Ich kann die Welt auch nicht retten. Nur wir zusammen können es tun. Jeder an seinem Ort und mit seinen Möglichkeiten. Jeder kann wählen, den Hilfsorganisationen spenden und seine Stimme gegen den Krieg und für die Liebe auf der Welt erheben.

Diana: Die meisten wollen lieber " gute Buddhisten " sein. Lass uns erstmal den " Pfad des Sehens " erreicht haben. Was aus all den Anderen wird ? Keine Ahnung. Sag ich dir wenn ich "erleuchtet" bin .

Nils: Der Weg des Bodhisattvas ist es im Gleichgewicht von

Meditation und Liebe zu leben. Mein Vorbild ist insofern der Dalai Lama.

Diana: Muss ich da etwa meinen Hintern aus dem Sessel bewegen ?

Nils: Es ist hilfreich aktiv zu werden. Der Dalai Lama sagt, dass hilfreiches Tun besser als Beten ist.

Diana: Wie " sehe" ich was hilfreich ist ?

Nils: Du siehst es mit deinem Herzen. Du spürst, was anderen Menschen und Wesen gut tut. Und etwas Verstand und Weisheit beim Helfen sind auch gut. Letztlich ist es ganz einfach. Du tust das, was sich in deinem Leben als Möglichkeit ergibt. Und du wünscht immer allen Wesen Glück und sendest jeden Tag allen Wesen und der ganzen Welt Licht. So kommst du in die Einheit, ins Licht und in die Erleuchtung.

Ich praktiziere das tägliche Lichtsenden. Im Buddhismus wird normalerweise jeden Tag das Bodhisattva-Gelöbnis gesprochen und Bodhichitta (Mitgefühl mit allen Wesen entwickelt.) Im Christentum gibt es den zentralen Grundsatz der Liebe zu Gott und zu allen Menschen (dem Nächsten). Im Yoga gibt es das Mantra Lokah Samastah Sukhino Bhavantu (Mögen alle Wesen an allen Orten glücklich sein). Wir singen es so lange, bis wir in der umfassende Liebe sind.

Diana: Wie kann der im Berufsleben stehende Mensch , der mit den alltäglichen Problemen von Familie , Arbeit, Freunden, Verkehrschaos, Weiterbildung, Schule, Krankheiten, Einkaufen , Kochen beschäftigt ist, hilfreich sein, wenn er eigentlich überbelastet ist. Wird dann die gesamte Praxis nicht zur Phrase?

Nils: Überlastung ist nicht gut. Dann kommt man in den Burnout. Ein Weltretter muss auch gut für sich sorgen. Ansonsten bietet gerade das Berufs- und Familienleben vielfältige Möglichkeiten anderen Menschen Gutes zu tun. Letztlich sollte das gesamte Leben zur spirituellen Praxis werden. Das hast du gut erkannt. Es gibt keine Trennung von Erleuchtung und Leben. Das konkrete Leben ist für jeden Menschen der Erleuchtungsweg. Wir sollten versuchen erleuchtet zu leben. Das ist der Weg eines glücklichen und erfüllten Lebens.

Wir müssen es lernen mit Weisheit und Verstand zu leben. Wir haben immer die Wahl zwischen Licht und Dunkelheit. Manchmal erfordert es etwas Mut und Willenskraft mit falschen Gewohnheiten zu brechen. Aber es lohnt sich immer.

www.ingramcontent.com/pod-product-compliance
Lightning Source LLC
Chambersburg PA
CBHW071411180526
45170CB00001B/63